Moses Ender

Mikrostrukturelle Charakterisierung, Modellentwicklung und Simulation poröser Elektroden für Lithiumionenzellen

Mikrostrukturelle Charakterisierung, Modellentwicklung und Simulation poröser Elektroden für Lithiumionenzellen

Schriften des Instituts für Werkstoffe der Elektrotechnik,
Karlsruher Institut für Technologie

Band 26

Eine Übersicht über alle bisher in dieser Schriftenreihe
erschienene Bände finden Sie am Ende des Buchs.

Mikrostrukturelle Charakterisierung, Modellentwicklung und Simulation poröser Elektroden für Lithiumionenzellen

von
Moses Ender

Dissertation, Karlsruher Institut für Technologie
Fakultät für Elektrotechnik und Informationstechnik, 2014

Impressum

 Scientific
Publishing

Karlsruher Institut für Technologie (KIT)
KIT Scientific Publishing
Straße am Forum 2
D-76131 Karlsruhe

KIT Scientific Publishing is a registered trademark of Karlsruhe
Institute of Technology. Reprint using the book cover is not allowed.

www.ksp.kit.edu

Print on Demand 2014

ISSN 1868-1603
ISBN 978-3-7315-0205-0
DOI: 10.5445/KSP/1000040284

Mikrostrukturelle Charakterisierung, Modellentwicklung und Simulation poröser Elektroden für Lithiumionenzellen

Zur Erlangung des akademischen Grades eines

DOKTOR-INGENIEURS

von der Fakultät für

Elektrotechnik und Informationstechnik
des Karlsruher Instituts für Technologie (KIT)

genehmigte

DISSERTATION

von

Dipl.-Phys. Moses Johannes Ender
geb. in Freiburg im Breisgau

Tag der mündlichen Prüfung: 10.02.2014
Hauptreferentin: Prof. Dr.-Ing. Ellen Ivers-Tiffée
Korreferent: Prof. Dr. rer. nat. Hans-Dieter Wiemhöfer

Danksagung

Zuallererst möchte ich Frau Professor Ivers-Tiffée danken, die mir die Promotion an ihrem Institut ermöglicht und mich während dieser spannenden Jahre hervorragend betreut hat. Ich betrachte es als großes Glück ein so erstklassig geführtes Institut gefunden zu haben. Außerdem gilt mein Dank natürlich Herrn Professor Wiemhöfer, der das Korreferat der Arbeit übernommen hat.

Mein Dank gilt auch Professor Bazant und seiner Gruppe am MIT, die mich für drei Monate willkommen geheißen und mir wertvolle Erfahrungen ermöglicht haben. Der Auslandsaufenthalt wurde vom Karlsruhe House of Young Scientists (KHYS) gefördert, wofür ich sehr dankbar bin.

Ebenfalls danken möchte ich allen meinen Kollegen, wobei ein besonderer Dank Jörg Illig und Jochen Joos gebührt, mit denen ich viele Aspekte meiner Arbeit diskutiert habe. Unserem Gruppenleiter André Weber, sowie den anderen Kollegen der Batteriegruppe, Jan Philipp Schmidt, Thorsten Chrobak, Michael Schönleber, Michael Weiss, Christian Uhlmann und Daniel Manka danke ich für die freundliche Atmosphäre und die hilfreichen Diskussionen. Allen weiteren Kollegen des Instituts danke ich für die gute Zusammenarbeit und das angenehme Umfeld. Außerdem möchte ich allen Studenten, deren Arbeiten ich betreut habe, sowie meinen Hiwis Andreas Messner, Christine Dörflinger und Anne Wannenwetsch für die Unterstützung danken.

Bedanken möchte ich mich auch bei Stefan Ziegler und seinen Mitarbeitern aus der mechanischen Werkstatt, sowie bei Christian Gabi und Torsten Johannsen, für die zahlreichen Diskussionen und die professionelle Umsetzung meiner Ideen. Sylvia Schöllhammer und Sarah van den Hazel gebührt Dank für die die tatkräftige Unterstützung bei chemischen Fragen. Den beiden Sekretärinnen Andrea Schäfer und Marika Schäfer danke ich für die stete Unterstützung bei organisatorischen Angelegenheiten.

Des Weiteren danke ich allen Projektpartnern aus dem KoLiWIn Projekt, sowie Herrn Markus Heneka und Thomas Carraro für die vielen interessanten Diskussionen und die gute Zusammenarbeit.

Dank gebührt auch meinen Eltern, die mich während meiner Schul- und Studienzeit unterstützt haben und mir immer ermöglichten, meine Ideen zu verfolgen. Meiner Familie und meinen Freunden danke ich für den Rückhalt und den Ausgleich während all dieser Jahre.

Abschließend möchte ich von ganzem Herzen meiner Freundin Sabine Frech danken, die mich in dieser teils anstrengenden Zeit ertragen musste und mir immer unterstützend zur Seite gestanden ist.

Moses Ender

Karlsruhe, April 2014

Inhaltsverzeichnis

1. Einleitung

Die Entwicklung wiederaufladbarer elektrochemischer Zellen zur Speicherung elektrischer Energie ist fast so alt wie die Nutzung der elektrischen Energie selbst. Nachdem Alessandro Volta Ende des 18. Jahrhunderts die erste Batterie entwickelt hatte, erfanden Wilhelm Josef Sinsteden und Gaston Planté in den Jahren 1854 bis 1859 die erste wiederaufladbare Batterie [Wal12, Jos06]. Dieser Bleiakkumulator ist bis heute der am häufigsten eingesetzte wiederaufladbare Batterietyp. Auf der Suche nach noch leistungsfähigeren wiederaufladbaren Batterietypen wurden zahlreiche andere Elektroden- und Elektrolytmaterialien getestet. Dabei hat sich Lithium als aktive Spezies auf Grund seiner Eigenschaften als besonders interessant erwiesen.

Zum einen ist Lithium das leichteste, unter Standardbedingungen als Festkörper vorliegende Element und verspricht damit ein geringes Elektrodengewicht. Zum anderen stellt das Potential des Lithiums das untere Ende der elektrochemischen Spannungsreihe dar und ermöglicht damit, je nach verwendeter Gegenelektrode, die höchsten Zellspannungen. Aus beiden Eigenschaften resultiert eine potentiell hohe spezifische Energie einer elektrochemischen Zelle mit Lithium als aktiver Spezies.

Obwohl das Prinzip der wiederaufladbaren Lithiumbatterie mit zwei Elektroden, in die das Lithium eingelagert wird, bereits in den 1970er Jahren entwickelt und erforscht wurde, hat es noch fast zwanzig Jahre bis zum ersten Einsatz einer Lithiumionenbatterie in kommerziellen Produkten gedauert [Wal12]. Ihren Siegeszug hat die Lithiumionenzelle erst mit dem Aufkommen leistungshungriger mobiler Elektronik und ihrer Einführung durch SONY im Jahr 1991 begonnen [Jos06]. Im Laufe weiterer zwanzig Jahre wurde die Technologie kontinuierlich weiterentwickelt, ohne jedoch das grundlegende Konzept zu verändern [Whi04]. Die meist empirisch betriebene Weiterentwicklung hat zur Optimierung der Zellen für den Einsatz in allen Arten von portablen Geräten geführt. Heute ist die Lithiumionenzelle in jedem Mobiltelefon, jedem Tabletcomputer und jedem Laptop vertreten.

Auch in der Automobilindustrie gilt die Lithiumionenbatterie inzwischen als aussichtsreicher Kandidat für die Versorgung von Batterie- und Hybridfahrzeugen. Die Entwicklung elektrischer Antriebssysteme wird dabei durch die drohende Knappheit fossiler Energieträger, sowie dem Wunsch nach sauberer individueller Mobilität getrieben. Da sich die Anforderungen an eine Traktionsbatterie von denen an eine Batterie für mobile Elektronik stark unterscheiden [Whi04], muss die Technologie der Lithiumionenzelle entsprechend angepasst werden. Einerseits stehen dabei Sicherheitsaspekte auf Grund des wesentlich größeren Energieinhalts einer Traktionsbatterie und dem damit verbundenen größeren Gefahrenpotential stärker im Vordergrund. So sollte sich die Batterie beispielsweise im Fall eines Unfalls nicht entzünden oder explodieren. Andererseits spielt die Hochstromfähigkeit für automobile Anwendungen eine große Rolle. Denn auch Elektrofahrzeuge sollen stark beschleunigen können, was großen Entladeströmen entspricht. Hinzu kommt, dass die Ladevorgänge kurz sein sollen und die beim Bremsen zur Verfügung stehende Energie wieder möglichst vollständig in die Batterie zurückgespeichert werden kann. Dafür sind hohe Ladeströme erforderlich.

Für die Anpassung an diese veränderten Anforderungen ist ein detailliertes Verständnis der eingesetzten Materialien, der stattfindenden chemischen und physikalischen Prozesse, sowie deren Kopplung an die mikroskopische Struktur der Komponenten unumgänglich. Während auf der Materialseite intensiv geforscht wird [Goo10, Whi04, Win98], ist die detaillierte Untersuchung der Mikrostruktur sowie deren Einflüsse auf die Transport- und Reaktionsmechanismen noch ein recht junges Forschungsfeld.

Ziele der Arbeit:
Um den Ausgangspunkt für die Anpassung an die speziellen Anforderungen der Elektromobilität zu erfassen, muss die dreidimensionale Mikrostruktur der Elektroden rekonstruiert werden. Das erste Ziel der vorliegenden Arbeit ist daher die Adaption hochauflösender tomographischer Verfahren, sodass diese für die Rekonstruktion der Elektrodenstrukturen eingesetzt werden können. Die Rekonstruktionen bilden zukünftig die Basis für die modellgestützte Optimierung der Elektrodenstrukturen und erlauben eine Korrelation der Herstellungsparameter mit der entstandenen Struktur.

Will man verschiedene Strukturen miteinander vergleichen und die Eigenschaften einer Mikrostruktur mit dem elektrochemischen Verhalten der Elektrode korrelieren, muss die Mikrostruktur nach der Rekonstruktion quantifiziert werden. Das zweite Ziel stellt somit die quantitative Charakterisierung der Mikrostrukturen mit numerischen Methoden dar. Das Ergebnis sind Zahlenwerte wichtiger Mikrostrukturparameter wie Volumenanteile, Oberflächen, Partikelgrößen und Tortuosität.

Um Vorhersagen über die Leistungsfähigkeit einer Elektrodenstruktur treffen zu können, müssen alle wichtigen Eigenschaften der Mikrostruktur in einem elektrochemischen Modell enthalten sein. Das dritte Ziel stellt deshalb die Entwicklung eines Modells für poröse Elektroden dar, das die Nutzung der gewonnenen Mikrostrukturinformationen in den Simulationen von Lade- und Entladevorgängen erlaubt. Die mit diesem Modell durchgeführten Simulationen sollen ein Verständnis für das komplexe Zusammenspiel von Elektrochemie und Mikrostruktur liefern.

Die im Rahmen dieser Arbeit entwickelten Methoden werden auf die Elektroden einer Energiezelle und einer Leistungszelle angewendet. Damit wird zum einen die Anwendbarkeit der Methoden unter praktischen Gesichtspunkten demonstriert. Zum anderen werden auf Basis der Ergebnisse die Unterschiede zwischen den Elektroden der Zellen diskutiert. Bei den für die Untersuchung eingesetzten Zellen handelt es sich um kommerzielle zylindrische Zellen. Beide Zellen spiegeln den aktuellen Stand der Technologie etablierter Batteriehersteller für kleine Rundzellen wider.

Ein Fernziel der mit dieser Arbeit begonnen Aktivitäten stellt die orts- und zeitaufgelöste Simulation der elektrochemischen Prozesse in der Elektrode auf Basis rekonstruierter Elektrodenstrukturen dar.

Aufbau der Arbeit:
Im ersten Teil der Arbeit (Kapitel 2) wird auf die Grundlagen der Lithiumionenzelle, ihre Thermodynamik, sowie auf die Grundlagen der im Verlauf der Arbeit eingesetzten Methoden eingegangen. Diesen Grundlagen folgt in Kapitel 3 eine Darstellung des aktuellen Stands der Technik im Hinblick auf die Mikrostrukturcharakterisierung und die Modellierung poröser Elektroden, um die Einordnung der Arbeit gegenüber Forschungsaktivitäten anderer Gruppen zu erleichtern. In diesem Kapitel ist auch eine Darstellung des von John Newman entwickelten Modells für poröse Elektroden, sowie ein Überblick zur Modellierung des Aktivmaterials Lithiumeisenphosphat enthalten.

Die Ergebnisse der Arbeit sind auf drei Kapitel aufgeteilt. Zunächst werden in Kapitel 4 die verwendeten kommerziellen Zellen, sowie die in ihnen enthaltenen Elektroden vorgestellt. Außerdem werden die elektrochemischen Messungen an den Zellen und den Elektroden gezeigt und diskutiert.

Kapitel 5 widmet sich der Rekonstruktion und der Analyse von Mikrostrukturen für Lithiumionenzellen. Für die Anoden wird dazu die Mikroröntgentomographie eingesetzt, für die Kathoden die FIB-Tomographie. Die für die quantitative Analyse entwickelten Methoden und Algorithmen werden im Detail vorgestellt und im Anschluss auf die vier Datensätze der rekonstruierten Elektroden angewendet. Die Ergebnisse der Analysen werden im Hinblick auf die Unterschiede in der Mikrostruktur der jeweiligen Elektroden diskutiert.

Kapitel 6 behandelt die Simulationen der während des Ladens und Entladens ablaufenden elektrochemischen Prozesse. Dafür wurde ein erweitertes homogenisiertes Modell entwickelt, das die Verwendung der aus den Rekonstruktionen gewonnenen Information über die Partikelgrößenverteilung erlaubt. Dieses Modell wurde in der Finite-Elemente-Software COMSOL Multiphysics implementiert. Auf Basis der Simulationsergebnisse werden zum einen das Modell selbst, zum anderen die Konsequenzen der unterschiedlichen Mikrostrukturen diskutiert.

In Kapitel 7 erfolgt eine Zusammenfassung der Ergebnisse und ein Ausblick zur Mikrostrukturmodellierung von Elektroden für Lithiumionenzellen. Zusätzliche Angaben zur vorliegenden Arbeit, sowie eingesetzten Methoden befinden sich im Anhang. Eine graphische Darstellung der Gliederung ist in Abbildung 1.1 gegeben.

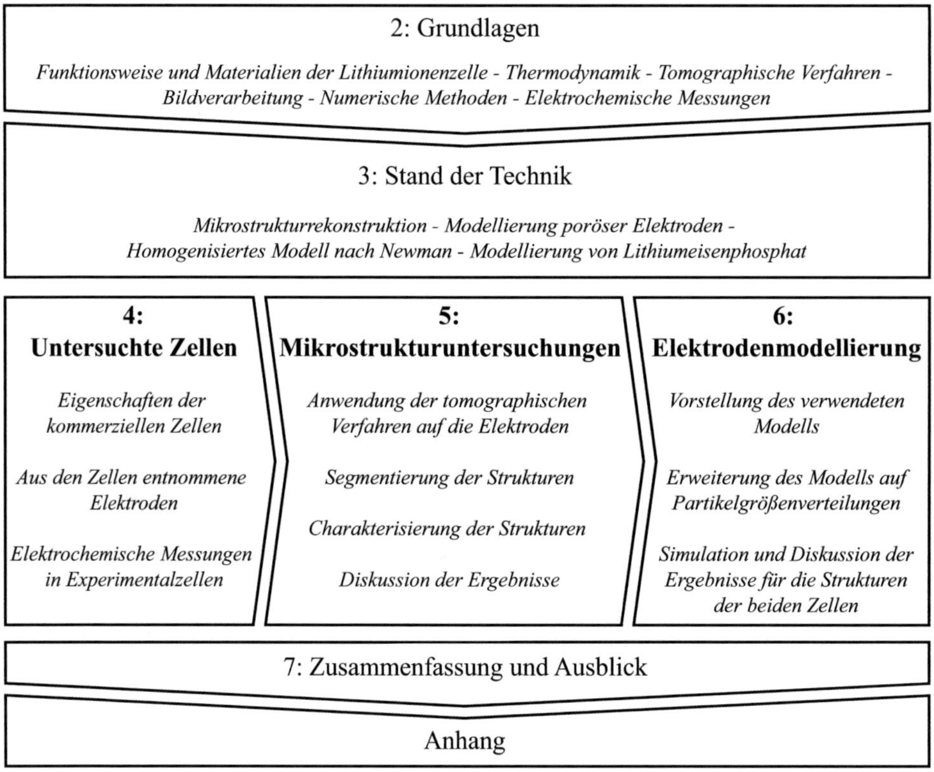

Abbildung 1.1.: Graphische Darstellung der Gliederung der vorliegenden Arbeit.

2. Grundlagen

In dem nun folgenden Grundlagenteil wird das zum Verständnis der späteren Kapitel benötigte Wissen dargestellt. Neben den Grundlagen zur Lithiumionenzelle und ihrer Thermodynamik deckt dies auch Gebiete der tomographischen Verfahren, der Bildverarbeitung und numerischer Methoden ab. Außerdem ist ein kurzer Überblick über die im Rahmen der Arbeit verwendeten elektrochemischen Messverfahren gegeben.

2.1. Die Lithiumionenzelle

2.1.1. Prinzipielle Funktionsweise

Eine Lithiumionenzelle besteht aus zwei Elektroden, in denen das Lithium gespeichert werden kann. Dieser Speichervorgang findet bei den meisten Aktivmaterialien durch eine Einlagerung in das Kristallgitter statt. Dieser Vorgang, bei dem die Struktur des Kristallgitters erhalten bleibt, wird auch als Interkalation bezeichnet [Win98]. Außerdem gibt es Aktivmaterialien, mit denen das Lithium eine chemische Bindung eingeht, beispielsweise in Form einer Legierung. Diese Materialien werden auch als Konversionselektroden bezeichnet.

Grundsätzlich unterscheidet man zwischen der negativen Elektrode, die meist als Anode bezeichnet wird (bezogen auf die Oxidation des Lithiums während des Entladens der Zelle), und der positiven Elektrode (Kathode). Im vollständig geladenen Zustand der Zelle befindet sich das Lithium in der negativen Elektrode und wird während des Entladens zur positiven Elektrode transportiert und dort eingelagert. Dazu sind die beiden Elektroden über einen lithiumionenleitenden Elektrolyten verbunden. Im Falle eines flüssigen oder gelförmigen Elektrolyten befindet sich zwischen den Elektroden zusätzlich ein Separator aus einem isolierenden Material, dessen Porosität vom Elektrolyten ausgefüllt wird und auf diese Weise Transportpfade für die Ionen zur Verfügung stellt.

In allgemeiner Form lassen sich die Reaktionen an den beiden Elektroden in Form der Halbzellenreaktionen schreiben als:

$$\text{Li}[A] \quad \underset{\text{laden}}{\overset{\text{entladen}}{\rightleftharpoons}} \quad [A] + \text{Li}^+ + e- \tag{2.1}$$

$$[K] + \text{Li}^+ + e^- \quad \underset{\text{laden}}{\overset{\text{entladen}}{\rightleftharpoons}} \quad \text{Li}[K] \tag{2.2}$$

Dabei steht [A] für die Formeleinheit des Wirtsgitters der negativen Elektrode und [K] für das der positiven Elektrode. Die bei der Oxidation aufgenommenen und bei der Reduktion abgegebenen Elektronen werden über die Stromableiter einem äußeren Stromkreis zugeführt, in dem Arbeit verrichtet (entladen) oder über den der Zelle Energie zugeführt werden kann (laden). Ohne Last stellt sich an den Elektroden ein Gleichgewichtszustand ein, der zur Leerlaufspannung der Zelle führt. Diese Leerlaufspannung ergibt sich aus der Differenz der chemischen Potentiale des Lithiums in den Elektroden und hängt in der Regel von den Lithiumkonzentrationen ab. Die Lithiumkonzentration in den Elektroden definiert somit den Ladezustand (SoC, engl. *state of charge*) der Zelle. Der schematische Aufbau einer solchen Zelle, in der das Lithium nie als reines Element, sondern immer als solvatisiertes Ion oder als Bestandteil einer Verbindung vorliegt, ist in Abbildung 2.1 gezeigt.

Für das Funktionieren der Zelle ist das Zusammenspiel verschiedener Transport- und Reaktionsprozesse von Bedeutung, wobei die zugrundeliegenden Mechanismen dieser Prozesse in Abschnitt 2.2 genauer betrachtet werden. Beim Entladen der Zelle sind folgende Prozesse notwendig:

1. Transport des Lithiums im Anodenmaterial an die Grenzfläche zum Elektrolyten

2. Ausbau des Lithiums aus dem Wirtsgitter der Anode, gekoppelt mit der Ladungstransferreaktion und dem Solvatisieren des Lithiumions im Elektrolyten

3. Transport des abgegebenen Elektrons in der Anode zum Stromableiter

4. Transport des Lithiumions im Elektrolyten an die Grenzfläche zum Kathodenmaterial

5. Transport eines Elektrons in der Kathode an die Grenzfläche zum Elektrolyten

6. Ladungstransferreaktion an der Kathode, gekoppelt mit dem Abstreifen der Solvathülle und dem Einbau in das Wirtsgitter

7. Transport des Lithiums im Kathodenmaterial in das Innere der Kathode

Wird die Zelle belastet, treten sowohl bei den Reaktionen an den Grenzflächen, als auch während des Transports in allen Zellkomponenten, Verluste auf. Dadurch sinkt die Betriebsspannung relativ zur Leerlaufspannung. Die umgewandelte Energie steigert die Temperatur in der Zelle, was zu beschleunigter Alterung durch parasitäre Nebenreaktionen oder zur sofortigen Zerstörung der Zelle (thermisches Durchgehen)

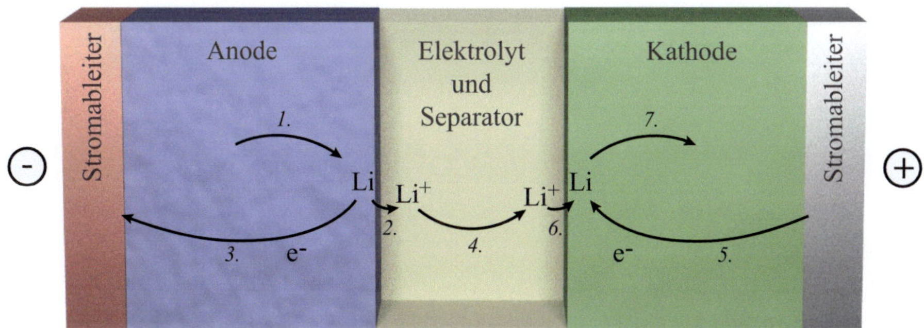

Abbildung 2.1.: Schematischer Aufbau einer Lithiumionenzelle. Diese besteht aus den beiden Elektroden auf metallischen Stromableitern, und dem dazwischenliegenden Elektrolyten mit dem Separator. Die eingezeichneten Transportrichtungen beziehen sich auf den Entladefall. Die Nummerierung der Prozesse bezieht sich auf die Aufzählung im Text.

führen kann. Die Transportparameter (Leitfähigkeiten und Diffusionskoeffizienten) und die Austauschparameter (Kontaktwiderstände und Geschwindigkeitskonstanten) sind durch die gewählten Werkstoffe festgelegt. Um die Verluste innerhalb der Zelle gering zu halten, müssen vor allem die Elektrodenstrukturen entsprechend angepasst werden, damit

1. die Kontaktflächen, an denen Austauschreaktionen (2,6) stattfinden, möglichst groß sind, und

2. die Längen der ionischen (1,4,7) und elektronischen (3,5) Transportwege möglichst klein sind.

Beides wird über den Einsatz poröser Elektrodenstrukturen erreicht. Somit wird die Mikrostruktur der porösen Elektroden zum wichtigsten Parameter, um die Eigenschaften einer Zelle mit gegebener Materialkombination zu beeinflussen. Der mikroskopische Aufbau der Elektroden ist in Abschnitt 2.1.3 näher beschrieben.

Die Gesamtkapazität der Zelle wird in der Regel durch die Kapazität der Kathode bestimmt, da die Zelle im entladenen Zustand zusammengebaut wird. In diesem Zustand befindet sich alles Lithium in der Kathode. Um die Zelle vollständig laden zu können, muss die Kapazität der Anode größer sein als die der Kathode. Andernfalls würde es zur Abscheidung von metallischem Lithium auf der Anode führen, wenn die Maximalkonzentration im Anodenmaterial erreicht ist. Da ein Teil des Lithiums durch Nebenreaktionen (z.B. Bildung der SEI, *solid electrolyte interphase*) verloren geht, wird in späteren Entladezyklen die Maximalkonzentration im Kathodenmaterial nicht mehr erreicht. Die Elektroden werden also nicht über den gesamten möglichen

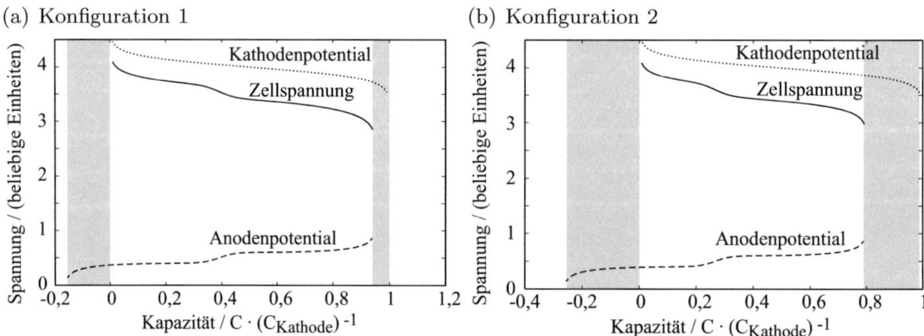

Abbildung 2.2.: Je nach Wahl der Elektrodenkapazitäten, sowie dem Anteil der noch zur Verfügung stehenden Lithiummenge relativ zur Ursprungszustand, ergeben sich unterschiedliche Verläufe der Leerlaufspannung als Funktion des Ladezustands. Sowohl die aktive Lithiummenge, als auch die Kapazitäten der Elektroden können sich durch Alterung der Zelle verändern. Die im Vollzellbetrieb nicht ausgenutzten Elektrodenkapazitäten sind grau hinterlegt hervorgehoben.

Konzentrationsbereich betrieben. Je nach aktivem Konzentrationsbereich der beiden Elektroden verschieben sich die in Abbildung 2.2 dargestellten Leerlaufpotentiale relativ zueinander. Dadurch wird auch die Leerlaufspannung der Zelle beeinflusst, die sich aus der Differenz der beiden Leerlaufpotentiale ergibt. Dieser Effekt ist in Abbildung 2.2 dargestellt, wobei unterschiedliche Werte für das Verhältnis zwischen Anoden- und Kathodenkapazität gewählt wurden, was sich auf den ungenutzten Kapazitätsbereich der Anode auswirkt. Dieser ist im linken Teil der Grafiken grau hinterlegt. Zusätzlich unterscheiden sich die in Abbildung 2.2 gezeigten Fälle auch in der Menge des noch vorhandenen aktiven Lithiums. Diese wirkt sich auf die ungenutzte Kathodenkapazität aus, die im rechten Teil der Grafiken grau hinterlegt ist. Das aufeinander Abstimmen der Elektrodenkapazitäten wird als *balancing* bezeichnet. Da sowohl die Menge des aktiven Lithiums, als auch die Kapazitäten der beiden Elektroden durch Alterungseffekte abnehmen kann, kann sich der Verlauf der Leerlaufspannung über die Lebensdauer einer Zelle ändern.

2.1.2. Eingesetzte Materialsysteme

Die in der Zelle eingesetzten Werkstoffe haben einen großen Einfluss auf die Kapazität, die Spannung und das Verhalten der Zelle. Im folgenden Abschnitt werden deshalb die wichtigsten Materialien für die Zellkomponenten kurz vorgestellt, basierend auf [Bes99] und [Jos06].

Anodenseitiges Aktivmaterial

Metallisches Lithium besitzt zum einen das niedrigste Redoxpotential aller Elemente mit einem Wert von $-3{,}04\,\mathrm{V}$ gegenüber der Normal-Wasserstoffelektrode. Zum anderen ist es das leichteste Element, das bei Standardbedingungen als Festkörper vorliegt. Aus diesen Gründen ist es aus Gesichtspunkten der erzielbaren Zellspannung, sowie der hohen spezifischen Kapazität von $3861\,\mathrm{mA\,h\,g^{-1}}$ das ideale Anodenmaterial. Einem Einsatz in kommerziellen Anwendungen stehen jedoch gravierende Sicherheits- und Haltbarkeitsaspekte entgegen. Durch die tiefe Potentiallage des Lithiums sind die meisten Materialien im direkten Kontakt mit elementarem Lithium nicht stabil, was zu Nebenreaktionen und somit zu Alterungserscheinungen führt. Die hohe Reaktivität führt außerdem zu Sicherheitsrisiken, wenn das Zellgehäuse beschädigt wird und das Lithium in Kontakt mit Luft oder Feuchtigkeit kommt. Des Weiteren kann die ungleichmäßige Abscheidung des Lithiums beim Zyklieren zu Dendritenwachstum und somit zur Bildung interner Kurzschlüsse der Zelle führen.

In der Forschung wird metallisches Lithium trotzdem gerne als Anodenmaterial eingesetzt, solange es nicht auf die Langzeitstabilität ankommt. Hauptgründe für die Beliebtheit des metallischen Lithiums als Gegenelektrode sind das konstante Leerlaufpotential, sowie seine sehr hohe Kapazität. Es ist in Bezug auf die Materialien der Lithiumionenzelle üblich, das Potential des Lithiums ($-3{,}04\,\mathrm{V}$ gegenüber der Wasserstoffnormalelektrode) als Nullpunkt der Potentialskala zu verwenden.

In kommerziellen Zellen werden heute fast ausschließlich kohlenstoffbasierte Anodenmaterialien eingesetzt. Während bei den 1991 von SONY eingeführten Lithiumionenzellen noch amorpher Kohlenstoff eingesetzt wurde [Jos06], kommen inzwischen meist graphitartige Kohlenstoffe zum Einsatz. Als Klassifizierungsmerkmal für nichtgraphitartige Kohlenstoffe kann man die für größere Distanzen fehlende Ordnung in Richtung der c-Achse der Kristallite anführen. Der Übergang zwischen den nichtgraphitartigen und den graphitartigen Kohlenstoffen ist fließend. Als Graphite werden deshalb meistens auch Materialien bezeichnet, die polykristallin mit nur kleinen graphitartigen Bereichen sind [Bes99, S. 439]. Oft findet man die Klassifizierung nach Herstellungsmethode und bezeichnet die Materialien deshalb als natürlicher, künstlicher und pyrolytischer Graphit (HOPG, *highly oriented pyrolytic graphite*). Aber auch innerhalb einer Herstellungsmethode führen unterschiedliche Herstellungsparameter zu Unterschieden in den Eigenschaften. Allgemein kann man festhalten, dass graphitartige Kohlenstoffe eine theoretische Kapazität von $372\,\mathrm{mA\,h\,g^{-1}}$ aufweisen, geht man von einem Lithiumatom je sechs Kohlenstoffatome aus. Das Potential variiert dabei ungefähr zwischen $0{,}1$ und $0{,}25\,\mathrm{V}$, wobei die Potentialkurve in der Regel mehrere Plateaus aufweist. Die Ausprägung, die genaue Lage der Plateaus, sowie der Verlauf außerhalb der Plateaus, können sich für die verschiedenen graphitartigen Kohlenstoffe unterscheiden. Allen kohlenstoffbasierten Anoden ist jedoch gemeinsam, dass ein stabiler Betrieb nur durch die Verwendung eines geeigneten Elektrolyten möglich wird, der zur Bildung einer Reaktionsschicht auf der Partikeloberfläche

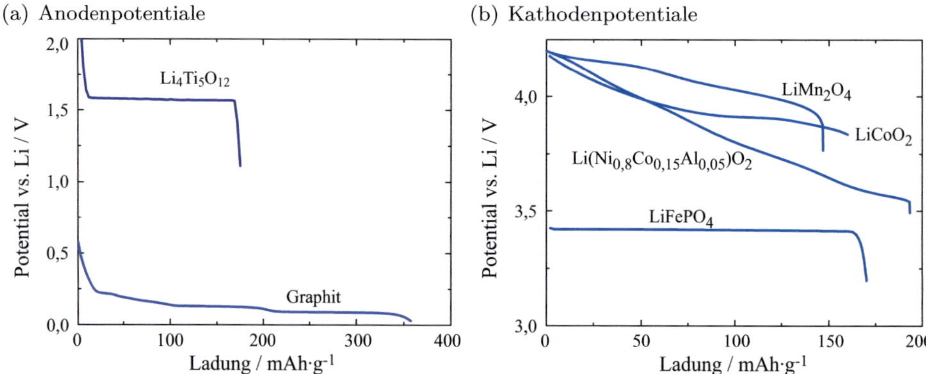

Abbildung 2.3.: Verlauf der Potentiale verschiedener Anoden- und Kathodenwerkstoffe aufgetragen über der theoretischen Kapazität. Für $LiCoO_2$ wurde die entnehmbare Lithiummenge als 0,6 Atome je Formeleinheit angenommen, für das $Li(Ni_{0,8}Co_{0,15}Al_{0,05})O_2$ als 0,7 Atome. Die Kennlinien wurden am Institut für Werkstoffe der Elektrotechnik (IWE) des Karlsruher Instituts für Technologie (KIT) gemessen.

führt und den Elektrolyten so bei den tiefen Anodenpotentialen stabilisiert (siehe Abschnitt Elektrolytlösung in 2.1.2).

Ein weiteres interessantes Anodenmaterial ist das Lithiumtitanat mit der Zusammensetzung $Li_4Ti_5O_{12}$. In dieses können je Formeleinheit drei zusätzliche Lithiumatome eingebaut werden. Die Besonderheit dieses Materials ist, dass sein Potential dabei konstant bei etwa 1,56 V bezogen auf Lithium bleibt. Obwohl auf Grund der Potentiallage die möglichen Zellspannungen geringer ausfallen, und die theoretische spezifische Kapazität von $167\,\mathrm{mA\,h\,g^{-1}}$ deutlich geringer als bei den kohlenstoffbasierten Materialien ist, ist Lithiumtitanat interessant für Zellen mit einer hohen Leistungsdichte. Der Grund hierfür liegt darin, dass sich das Potential noch innerhalb des Stabilitätsfensters des Elektrolyten befindet. Es bildet sich also keine anodenseitige Reaktionsschicht aus. In Verbindung mit dem großen Abstand zum Lithiumpotential lassen sich so hohe Ladeströme realisieren, ohne dass die Gefahr der Abscheidung von metallischem Lithium auf der Partikeloberfläche besteht.

Abbildung 2.3a zeigt die Verläufe der Gleichgewichtspotentiale von $Li_4Ti_5O_{12}$ und einer Graphitanode im Vergleich.

Kathodenseitiges Aktivmaterial

Für das kathodenseitige Aktivmaterial kommt eine Vielzahl von Materialklassen in Frage. Die wichtigste Klasse bilden dabei die Übergangsmetalloxide, die in einer

Schichtstruktur vorliegen. Außerdem werden Metalloxide in Spinellstruktur sowie Phosphoolivine als Kathodenmaterialien eingesetzt.

Das Lithiumkobaltoxid $LiCoO_2$, das von SONY in der ersten Lithiumionenzelle eingesetzt wurde, war lange Zeit das wichtigste Kathodenmaterial. In diesem liegen die Elemente schichtweise entlang der c-Achse in einer Natriumchlorid-Struktur vor: $-O-Co-O-Li-O$. Dieser Aufbau führt zu einer hohen Beweglichkeit der Lithiumionen innerhalb der Schichten, wobei der Diffusionskoeffizient nicht isotrop ist. Lithiumkobaltoxid weist ein hohes Elektrodenpotential (siehe Abbildung 2.3b) sowie eine gute Kapazität von theoretisch $273{,}8\,mA\,h\,g^{-1}$ auf. Diese kann in der Praxis jedoch nicht voll ausgenutzt werden, da bei der Entnahme von mehr als 0,6 Lithium je Formeleinheit die Kristallstruktur instabil wird und es zur Freisetzung von Sauerstoff kommt. Obwohl weitere Schichtoxide der Form $Li(M)O_2$ existieren, wobei (M) beispielsweise für die Elemente Nickel oder Mangan stehen kann, ist $LiCoO_2$ das einzige Schichtoxid, das in seiner reinen Form kommerziell eingesetzt wurde und immer noch wird.

Die Weiterentwicklung des Lithiumkobaltoxids besteht in der teilweisen Substitution des teuren und giftigen Kobalts durch andere Elemente. Ziel ist dabei, das Material hinsichtlich Kosten-, Verfügbarkeits- und Sicherheitsaspekten zu optimieren. Dabei haben sich vor allem Zusammensetzungen der Form $Li(Ni_xCo_yMn_{1-x-y})O_2$ und $Li(Ni_xCo_yAl_{1-x-y})O_2$ durchgesetzt. Diesen ist gemein, dass sie in der gleichen Kristallstruktur vorliegen wie das reine $LiCoO_2$. Der Verlauf ihrer Potentialkennlinie hängt jedoch ebenso von der genauen Zusammensetzung ab, wie die erzielbare Kapazität.

Der Manganspinell $LiMn_2O_4$ ist ein weiteres interessantes Kathodenmaterial, das ein hohes Gleichgewichtspotential aufweist. Dabei ist es weitgehend resistent gegen Überladung und relativ günstig herzustellen [Jos06]. Seine Kapazität ist mit $148\,mA\,h\,g^{-1}$ etwas geringer als die der Schichtoxide. Dafür bietet die Spinellstruktur Diffusionspfade in allen drei Raumrichtungen. Ein Problem stellt die chemische Stabilität im Elektrolyten bei niedrigen Lithiumkonzentrationen im Gitter dar, die zur Auslösung von Mangan führt.

Eine Sonderstellung bei den Kathodenmaterialien nimmt das Lithiumeisenphosphat $LiFePO_4$ ein, das in der Olivinstruktur vorliegt. Dieses weist eine deutlich geringere Potentiallage von $3{,}42\,V$ gegenüber Lithium auf. Diese ist jedoch über den gesamten Konzentrationsbereich konstant, da es während des (De-)Lithiierens zu einer Phasenumwandlung zwischen $FePO_4$ und $LiFePO_4$ kommt. Praktisch einsetzbar wird dieses Material jedoch nur bei Verwendung als Nanopartikel einer Größe unter $200\,nm$ bei gleichzeitigem Einsatz einer Beschichtung der Partikel mit einem dünnen Kohlenstofffilm. Auf diese Weise kann die theoretische Kapazität von $170\,mA\,h\,g^{-1}$ fast vollständig genutzt werden. Eine weitere Besonderheit des Materials ist die Tatsache, dass der Transport der Lithiums im Kristallgitter lediglich entlang einer Raumrichtung erfolgen kann. Das Lithiumeisenphosphat ist der prominenteste Vertreter der Phosphoolivine, wobei das Eisen auch komplett oder teilweise durch Kobalt, Nickel oder Mangan ersetzt werden kann. Die Potentiallage dieser aus dem $LiFePO_4$ abgeleiteten Materialien ist mit 4,8 bis 5,1 V jedoch zu hoch für konventionelle Elektrolyte [Bes99, S. 371].

Seit einigen Jahren wird stark auf den Gebiet der Verbindungen mit Polyanionen geforscht. Vertreter der Klasse $Li_3M_2(PO_4)_3$ mit M = Vanadium, Eisen oder Titan, sowie Strukturen wie $LiVPO_4F$, $Li_5V(PO_4)_3$ und $LiVOPO_4$ bieten teils sehr gute elektrochemische Eigenschaften sowie eine gute Stabilität [Bes99, S. 370].

Inzwischen findet man bei kommerziellen Zellen immer häufiger Kathoden, die aus einer Mischung mehrerer Aktivmaterialien bestehen. Diese sogenannten Blendelektroden (*blend*, engl. für Mischung) kombinieren Eigenschaften verschiedener Aktivmaterialien, um ein bestimmtes Verhalten zu erzielen. So können die Sicherheits- und Stabilitätseigenschaften einer Elektrode verbessert, sowie ihre Leerlaufkennlinie gezielt beeinflusst werden (siehe Abschnitt 6.8).

Elektrolytlösung

Der Elektrolyt in einer Lithiumionenzelle hat die Aufgabe, die Elektroden ionisch miteinander zu verbinden, während er elektronisch isolierend sein muss. Auf Grund der Potentialdifferenz zwischen den eingesetzten Anoden- und Kathodenmaterialien, können keine wässrigen Elektrolyte verwendet werden, da sich diese sonst zersetzen würden. Ein typischer nicht-wässriger Flüssigelektrolyt besteht aus einem Lithiumsalz (z.B. $LiClO_4$ oder $LiPF_6$), das in einem organischen Lösungsmittel gelöst ist. Dieses muss aprotisch sein, das heißt, es darf keine funktionelle Gruppe besitzen, aus der ein Proton abgespalten werden kann. Ein protisches Lösungsmittel würde mit Lithium an der Anode unter Wasserstoffbildung reagieren [Bes99, S. 527]. Eine weitere Anforderung an das oder die eingesetzten Lösungsmittel ist die elektrochemische Stabilität sowohl gegenüber der Anode als auch der Kathode. Diese wird durch die elektronische Struktur des Lösungsmittelmoleküls bestimmt. Das Stabilitätsfenster des Elektrolyten wird durch den höchsten besetzten Zustand (engl. *highest occupied molecular orbit*, HOMO) und den niedrigsten unbesetzten Zustand (engl. *lowest unoccupied molecular orbit*, LUMO) begrenzt. Liegt entweder das chemische Potential der Anode höher als der LUMO, oder das der Kathode niedriger als der HOMO, so kommt es zur Elektrolytzersetzung [Goo10].

Im Fall der Lithiumionenzelle mit einer Lithium- oder Kohlenstoffanode, ist die anodenseitige Elektrolytzersetzung ein unvermeidbarer und gleichzeitig unverzichtbarer Vorgang, der den stabilen Betrieb der Zelle überhaupt erst ermöglicht. Die Zersetzungsprodukte bilden einen passivierenden Oberflächenfilm, die SEI (engl. *solid electrolyte interphase*), die die weitere Zersetzung des Elektrolyten verhindert [Bes99, S. 574]. Da diese Reaktionsschicht allerdings zusätzliche Verluste während des Ein- und Ausbaus von Lithium verursacht, ist die Ausbildung einer möglichst dünnen und gleichzeitig stabilen SEI Gegenstand aktueller Forschung.

Die gängigen Elektrolyte bestehen zumindest aus zwei Lösungsmittelkomponenten, wobei eine Komponente stark polar ist (typischerweise Ethylencarbonat, EC), und die andere zur Herabsetzung der Viskosität dient, was die Leitfähigkeit und den möglichen Temperaturbereich des Elektrolyten bestimmt. Gängige Lösungsmittel hierfür sind beispielsweise Dimethylcarbonat (DMC), Ethylmethylcarbonat (EMC) und Diethylcarbonat (DEC), die in verschiedensten Kombinationen und Verhältnissen eingesetzt werden. Um vor allem die chemischen Eigenschaften zu beeinflussen, sind kommerzielle Elektrolyte mit weiteren Zusätzen versehen [Bes99, S. 525-530].

Neben den organischen Flüssigelektrolyten gibt es alternative Ansätze, die momentan jedoch noch keine großen Marktanteile erzielen. Die ionischen Flüssigkeiten (Lithium enthaltende Salzschmelzen) weisen eine nur geringfügig bessere Leitfähigkeit als die organischen Flüssigelektrolyte auf. Allerdings besitzen sie in der Regel einen größeren elektrochemischen und thermischen Stabilitätsbereich [Bes99, S. 537-539].

Die Klasse der Polymerelektrolyte umfasst mehrere Unterklassen und ist bereits begrenzt kommerziell im Einsatz. Die Polymerelektrolyte weisen zwar im Gegensatz zu den Flüssigelektrolyten um den Faktor 100 bis 1000 schlechtere Leitfähigkeiten bei Raumtemperatur auf [Bes99, S. 629], was jedoch durch die größere Überführungszahl teilweise ausgeglichen werden kann [Doy94].

Festelektrolyte auf Basis von Metalloxiden befinden sich derzeit noch in der Entwicklung. Ihr besonderer Reiz liegt zum einen in der Überführungszahl von Eins. Das bedeutet, dass der Ionentransport ausschließlich durch Migration in einem elektrischen Feld und nicht durch Diffusion stattfindet. Damit bleibt die Lithiumkonzentration im Elektrolyten konstant und Verarmungseffekte treten nicht auf. Zum anderen besteht die Möglichkeit, Dünnschichtelektrolyte herzustellen. Diese können durch ihre geringere Dicke, die bei Raumtemperatur um einen Faktor 100 bis 1000 schlechtere Leitfähigkeit [Bes99] der Festelektrolyte im Vergleich zu Flüssigelektrolyten ausgleichen. Außerdem bieten sie einen inhärenten mechanischen Schutz gegen Dendriten beim Einsatz von Lihtiummmetallelektroden. Das Hauptproblem für den praktischen Einsatz besteht derzeit in der mechanischen Stabilität des Interfaces zwischen Festelektrolyt und den Elektrodenmaterialien während des Zyklierens [Goo10].

Separator

Die primäre Aufgabe des Separators ist es, den direkten elektrischen Kontakt zwischen den beiden Elektroden zu verhindern und damit einen internen Kurzschluss der Zelle zu verhindern. Um dabei die Funktion der Zelle zu gewährleisten, müssen dennoch ausreichend ionische Transportwege für den Elektrolyten zur Verfügung stehen. Er muss also aus einem isolierenden porösen Material bestehen, das in der Zelle zugleich mechanisch und chemisch stabil ist. Außerdem soll er möglichst dünn sein, um den Innenwiderstand der Zelle klein zu halten. Die nachfolgende Beschreibung der Materialien und Herstellungsmethoden ist an [Bes99, S. 693-707] angelehnt.

Als Separator-Werkstoffe haben sich die Polyolefine Polypropylen (PP) und Polyethylen (PE) durchgesetzt. Die Gründe hierfür liegen in dem günstigen Preis, den mechanischen Eigenschaften, sowie der chemischen Stabilität gegenüber den Elektrolytlösungen.

Prinzipiell kann ein Separator als Vlies (engl. *nonwoven*) aus Fasern hergestellt werden. Diese Produktionsmethode hat sich jedoch nicht durchgesetzt, da es schwierig ist, dünne Separatoren mit homogenen Eigenschaften zu produzieren. Deshalb kommen diese nur in Systemen mit geringen Entladeströmen (beispielsweise in Knopfzellen) zum Einsatz. Um dünne, mikroporöse Separatoren herzustellen, haben sich zwei andere Verfahren durchgesetzt. Diese sind der Nass- und der Trockenprozess, wobei ein Harz die Ausgangskomponente darstellt.

Im Nassprozess wird das Polyolefin-Harz mit einem Kohlenwasserstoff gemischt. Beim Abkühlen kommt es zur Phasenseparation. Nach der Extraktion des Kohlenwasserstoffs bleibt eine poröse Membran zurück. Im Trockenprozess wird die Folie einem Kristallisationsschritt unterworfen. Beim anschließenden Strecken der Folie bilden sich Mikroporen. In beiden Fällen kann die Struktur des Separators durch weitere Ausrichtungs- und Streckvorgänge beeinflusst werden. Abbildung 2.4 zeigt zwei unterschiedlichen Separatorstrukturen, die aus verschiedenen Prozessen resultieren können.

Eine zusätzliche Aufgabe des Separators ist eine Notabschaltung der Zellreaktion im Falle einer Überhitzung, um Brand oder Explosion der Zelle zu verhindern. Das Grundprinzip hierbei liegt im Schließen der Porosität ab einer bestimmten Temperatur. Dies passiert automatisch, wenn die eingesetzten Werkstoffe ihre Schmelztemperatur erreichen. Da dies aber mit einer Schrumpfung verbunden ist, müssen zusätzliche Vorkehrungen getroffen werden, um die mechanische Integrität des Separators zu gewährleisten. Dazu können der Membran keramische Partikel beigemischt werden, die als Abstandshalter zwischen den Elektroden fungieren. Alternativ kann eine Dreischichtstruktur verwendet werden, bei der die mittlere Schicht einen niedrigeren Schmelzpunkt hat. Wird dieser erreicht, so werden bei dem Schmelzvorgang die Poren verschlossen. Die umgebenden Schichten bieten dabei weiterhin ausreichend Stabilität, um den direkten Kontakt zwischen den Elektroden zu verhindern. Diese Notabschaltung der Zelle ist irreversibel.

(a) Zelle A (b) Zelle B

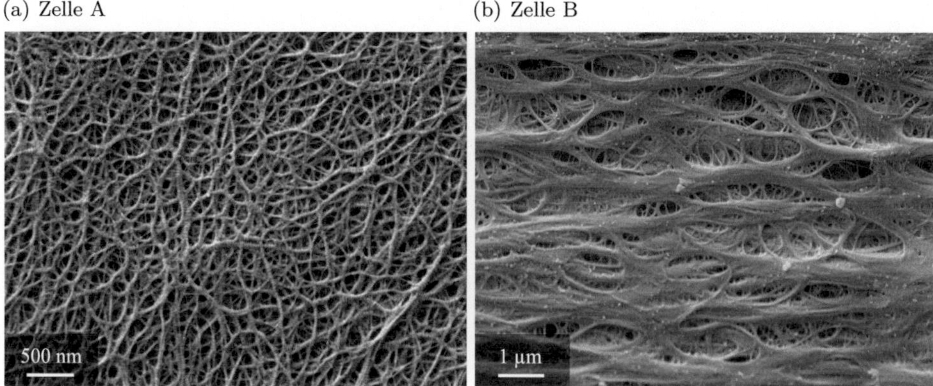

Abbildung 2.4.: Gegenüberstellung elektronenmikroskopischer Aufnahmen der Oberflächen zweier verschieden hergestellter Separatoren. Da diese aus den im Rahmen dieser Arbeit verwendeten kommerziellen Zellen stammen, kann das jeweilige Herstellungsverfahren nicht mit Sicherheit angegeben werden. Der Vergleich der Aufnahmen mit [Bes99] lässt die Annahme zu, dass Separator (a) im Nassverfahren hergestellt wurde. Für Separator (b) liegen keine Angaben zum Herstellungsverfahren vor.

2.1.3. Mikroskopischer Aufbau und technische Realisierung

In technisch relevanten Lithiumionenzellen werden poröse Elektroden bestehend aus kleinen Partikeln des Aktivmaterials eingesetzt. Diese werden zusammen mit einem Binder und einem Lösungsmittel zu einer Paste verarbeitet und auf eine Metallfolie beschichtet, die als Stromableiter dient. Nach dem Trocknungsprozess bleibt eine poröse Struktur zurück [Bes99, S. 941-942]. Die Porosität der Elektrode wird während der Zellherstellung mit dem flüssigen Elektrolyten gefüllt. Der schematische Aufbau der Mikrostruktur einer solchen Lithiumionenzelle ist in Abbildung 2.5 dargestellt.

Dieser Aufbau führt zu einer Vergrößerung der Grenzfläche zwischen Aktivmaterial und Elektrolyt, gegenüber einem Schichtaufbau aus massiven Schichten. Neben einer vergrößerten elektrochemisch aktiven Oberfläche führt das zu verkürzten Transportwegen innerhalb des Aktivmaterials. An die Struktur einer porösen Elektrode lassen sich folgende Anforderungen stellen:

1. hoher Volumenanteil des Aktivmaterials

2. große elektrochemisch aktive Oberfläche

3. kurze Transportwege in den Aktivmaterialpartikeln

4. gute Perkolation und kurze Transportwege sowohl in der festen, als auch in der flüssigen Matrix

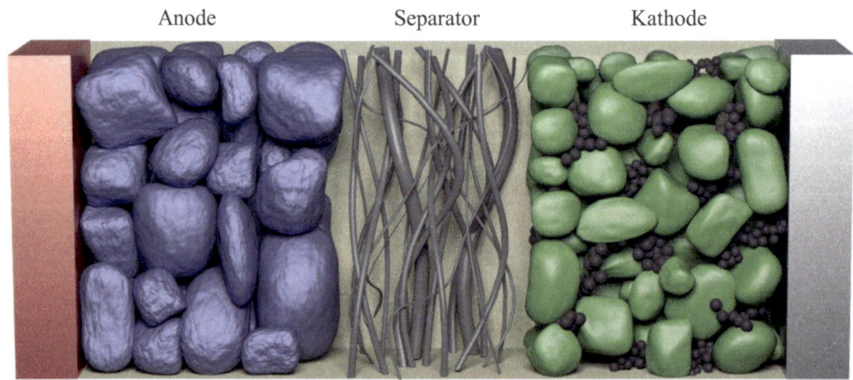

Abbildung 2.5.: Darstellung des mikrostrukturellen Aufbaus einer Lithiumionenzelle. Diese besteht aus zwei porösen Elektroden (links: Anode, rechts: Kathode), sowie dem Separator (Mitte). Alle Hohlräume werden durch den Flüssigelektrolyten aufgefüllt.

Während der Volumenanteil des Aktivmaterials zusammen mit der Schichtdicke der Elektrode deren Kapazität bestimmt, wirken sich die anderen Eigenschaften auf das dynamische Verhalten der Elektrode unter Last aus. Die aktive Oberfläche bestimmt die lokale Stromdichte an der Partikeloberfläche und damit die Verluste bei der Ladungstransferreaktion. Die Transportverluste skalieren mit der Länge der Transportpfade und mit dem Kehrwert der zur Verfügung stehenden Querschnitts-fläche. Je mehr Aktivmaterial also in der Elektrode vorhanden ist, desto weniger Volumen steht für den Elektrolyten zur Verfügung. Das führt zu einem Anstieg der Transportverluste im Elektrolyten. Die Elektrodeneigenschaften lassen sich also nicht unabhängig voneinander verändern. Deshalb existiert keine universelle optimale Mikrostruktur. Die Mikrostruktur muss entsprechend des Einsatzzwecks der Elektrode und unter gegebenen Randbedingungen optimiert werden.

Von besonderer Bedeutung in den porösen Strukturen ist der Transport, der für die elektrochemische Reaktion benötigten Elektronen. Dieser erfolgt anodenseitig durch das Aktivmaterial selbst, das meist ein guter elektronischer Leiter ist (vgl. Abschnitt 2.1.2). Im Gegensatz dazu sind die verbreiteten Kathodenwerkstoffe sehr schlechte elektronische Leiter. Deshalb wird der Kathode ein Kohlenstoffzusatz beigemischt, um den Transport der Elektronen durch die Elektrodenmatrix zu begünstigen. Zusätzlich wird bei Aktivmaterialien mit besonders geringer Leitfähigkeit eine Beschichtung der Partikeloberfläche mit einer wenige Nanometer dicken Kohlenstoffschicht eingesetzt. Auch wenn der prinzipielle Aufbau durch die Anforderungen an die Elektrode klar definiert ist, so unterscheiden sich die fertigen Elektrodenstrukturen je nach Ausgangsmaterial, Herstellungsmethode und Einsatzzweck stark. Abbildung 2.6 zeigt mehrere Kathoden im Vergleich. Werden die Ausgangsmaterialien lediglich gemischt und beschichtet, resultiert daraus in der Regel eine ungeordnete Struktur,

(a) nicht-optimierte LiFePO$_4$-Elektrode

(b) kommerzielle LiCoO$_2$-Elektrode

(c) kommerzielle LiFePO$_4$-Elektrode

Abbildung 2.6.: Gegenüberstellung von Rasterelektronenmikroskopaufnahmen der Oberflächen verschiedener Elektrodenstrukturen: (a) nicht-optimierte Elektrode, (b) auf Energieinhalt und (c) auf Leistung optimierte kommerzielle Elektroden.

bei der das Aktivmaterial von dem Leitzusatz umgeben ist, zum Beispiel *carbon black*, einem feinkörnigen Ruß. Die Poren sind dann in der gleichen Größenordnung wie die eingesetzten Partikel, wie in Abbildung 2.6a für eine LiFePO$_4$-Elektrode gezeigt ist.

Durch genaue Kontrolle der Parameter während des Mischens, Beschichtens und Trocknens lassen sich Strukturen erzeugen, bei denen der Rußzusatz die Partikel netzartig umschließt, gleichzeitig jedoch große Poren zurücklässt. Das führt zu einer guten elektronischen Anbindung der Partikel, ohne den Elektrolyttransport zu beeinträchtigen. Zur Einstellung der endgültigen Porosität, sowie zur Verringerung der Kontaktwiderstände, werden die Elektroden unter hohem Druck verdichtet (kalandriert). Abbildung 2.6b zeigt die daraus resultierende Struktur im Fall einer LiCoO$_2$-Elektrode, die im Vergleich zur LiFePO$_4$-Elektrode größere Aktivmaterialpartikel aufweist. Eine gezielte Beeinflussung der Partikeleigenschaften spielt ebenfalls eine wichtige Rolle bei der Optimierung der Elektrodenstruktur. So kann das verwendete Aktivmaterial beispielsweise aus Agglomeraten kleiner Primärpartikel bestehen. Dadurch entsteht ein zweiskaliger Elektrodenaufbau, der Transportpfaden in die Elektrodenschicht durch die Makroporen bietet. Gleichzeitig sind die Aktivmaterialpartikel durch die Mikroporen gut an den Elektrolyten angebunden. Zusätzlich besteht der Vorteil der kurzen Transportpfade in den kleinen Primärpartikeln des Aktivmaterials. Abbildung 2.6c zeigt einen solchen Aufbau am Beispiel einer LiFePO$_4$ Elektrode, bei der der Leitzusatz größtenteils aus Kohlenstofffasern besteht. Diese bilden, verglichen mit dem feinkörnigen Ruß, bereits bei wesentlich geringeren Volumenanteilen ein perkolierendes Netzwerk um die Aktivmaterialpartikel und stellen damit den Elektronentransport sicher.

2.2. Thermodynamik der Lithiumionenzelle

Elektrochemischen Systemen liegt ein komplexes Zusammenspiel verschiedener physikalisch-chemischer Transport- und Reaktionsprozesse zu Grunde. Die treibenden Kräfte für diese Prozesse haben ihre Ursachen in der Thermodynamik dieses Mischsystems. Deshalb werden im Folgenden die thermodynamischen Grundlagen der Lithiumionenzelle beschrieben, die für das Aufstellen und das Verständnis der elektrochemischen Modelle wichtig sind (auf Grundlage von [Bar01] und [Baz11]).

Die Basis zur Beschreibung der Prozesse in einem elektrochemischen System wie der Lithiumionenzelle, ist die Freie Energie G (Gibbs Energie) des Systems, bestehend aus N Teilchen:

$$G = H - TS + zeN\phi \tag{2.3}$$

Dabei ist T die absolute Temperatur, z die Ladungszahl der betrachteten Spezies, e die Elementarladung und ϕ das elektrostatische Potential. H bezeichnet die Enthalpie und S die Entropie des Systems. Das elektrochemische Potential $\tilde{\mu}$ ist nun definiert als die Freie Energie pro Teilchen, also der Änderung der Freien Energie, wenn die Teilchenzahl der Spezies i um eins geändert wird.

$$\tilde{\mu}_i = \left(\frac{\Delta G}{\Delta N_i} \right)_{T,p,\phi} \tag{2.4}$$

In einem realen System mit sehr großer Teilchenzahl (Thermodynamischer Grenzfall) lässt sich dieser Zusammenhang kontinuierlich ausdrücken:

$$\tilde{\mu}_i = \left(\frac{\partial G}{\partial N} \right)_{T,p,\phi} = \frac{\partial H}{\partial N} - T \cdot \frac{\partial S}{\partial N} + ze\phi \tag{2.5}$$

Beschränkt man sich nicht nur auf den Fall idealer und stark verdünnter Systeme, so ist es sinnvoll, den Begriff des Überschusspotentials μ_i^{ex} (engl. *excess chemical potential*) einzuführen:

$$\tilde{\mu}_i = R_g T \cdot \ln \xi_i + \mu_i^{ex} \tag{2.6}$$

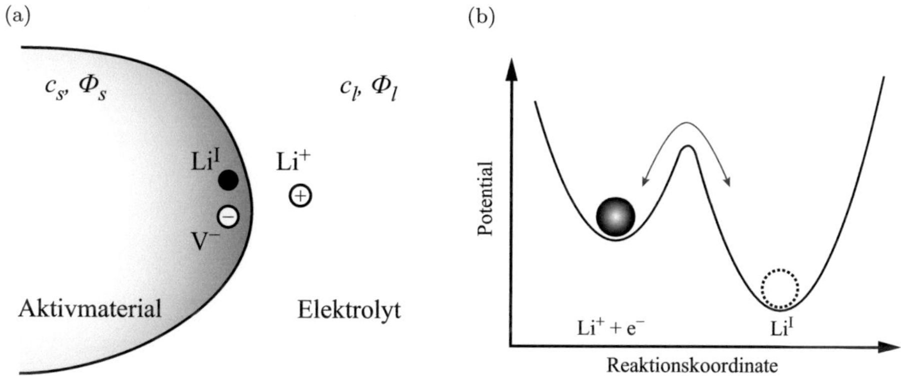

Abbildung 2.7.: Skizze der in der Umgebung der Grenzfläche vorliegenden Größen (a). Dabei bezeichnet Li^+ das Lithiumion im Elektrolyten, Li^I das eingebaute Lithium und V^- eine Leerstelle im Gitter mit zugehörigem Elektron. Die Energielandschaft (b) über der Reaktionskoordinate für den Einbau von einem Lithiumatom in das Kristallgitter weist eine Energiebarriere auf.

Dabei beschreibt der erste Teil die Entropieeffekte, wobei $\xi_i = N_i/N$ der Molenbruch der Spezies i ist, und der zweite Teil Alles, was mit Wechselwirkungen der Teilchen zu tun hat. Ohne Definition eines Referenzzustandes lässt sich also zunächst schreiben:

$$\mu_i^{ex} = R_g T \cdot \ln \gamma_i + z_i F \phi. \tag{2.7}$$

Dabei ist γ_i der dimensionslose Aktivitätskoeffizient, z_i die Ladungszahl der Spezies i, R_g die allgemeine Gaskonstante, F die Faradaykonstante und ϕ das elektrische Potential. Im Folgenden werden nun die elektrochemische Reaktion und die Transportvorgänge im Festkörper sowie im Flüssigelektrolyten, auf Basis thermodynamischer Erwägungen betrachtet.

2.2.1. Faraday'sche Reaktionen

Betrachtet man eine Faraday'sche Reaktion an einer Grenzfläche in einem elektrochemischen System (Abbildung 2.7a), so kann die Reaktionsrate als Summe der Hin- und der Rückreaktion ausgedrückt werden. Während der Reaktion befindet sich das Teilchen in einer Landschaft des Überschuss-Potentials (Abbildung 2.7b) und oszilliert um die Ruhelage in einem der Zustände. Die Wahrscheinlichkeit, dass das Teilchen bei einem Anlauf die Energiebarriere überquert ergibt sich aus dem

Boltzmann-Faktor. Die Übergangsrate (auf ein Teilchen in einem Zustand an der Grenzfläche bezogen) lässt sich also schreiben als

$$\nu = \nu_0 \cdot \xi_i \cdot \exp\left(-\frac{\Delta\mu^{ex}}{R_g T}\right) = \nu_0 \cdot \exp\left(-\frac{\mu_{TS}^{ex} - \mu_i}{R_g T}\right), \tag{2.8}$$

wobei ν_0 die Oszillationsrate ist. Die zweite Form der Gleichung erhält man, wenn der Faktor ξ_i als entropischer Term in die Exponentialfunktion absorbiert wird, wobei μ_{TS}^{ex} das Überschuss-Potential im Übergangszustand (engl. *transition state* bezeichnet. Damit ergibt sich für die Gesamtrate der Reaktion:

$$\nu = \nu_{0,f} \cdot \exp\left(-\frac{\mu_{TS}^{ex} - \mu_1}{R_g T}\right) - \nu_{0,b} \cdot \exp\left(-\frac{\mu_{TS}^{ex} - \mu_2}{R_g T}\right). \tag{2.9}$$

Da im Gleichgewicht der Gesamtfluss verschwinden muss und die chemischen Potentiale per Definition gleich sein müssen, gilt außerdem, dass die Rate der Hinreaktion $\nu_{0,f}$ und der Rückreaktion $\nu_{0,b}$ gleich sind:

$$\nu_{0,f} = \nu_{0,b} = \nu_0. \tag{2.10}$$

Damit kann man die resultierende Gesamtreaktionsrate ν als

$$\nu = \nu_0 \cdot \left(\exp\left(-\frac{\mu_{TS}^{ex} - \mu_1}{R_g T}\right) - \exp\left(-\frac{\mu_{TS}^{ex} - \mu_2}{R_g T}\right)\right). \tag{2.11}$$

schreiben. Damit wird nun mikroskopisch die Übergangsrate für ein Teilchen an der Grenzfläche beschrieben. Für die Betrachtung eines realen Systems ist es praktischer, den Teilchenfluss durch die Grenzfläche statt der Übergangsrate eines Teilchens zu betrachten. Der Teilchenfluss ergibt sich aus der Anzahl der zur Verfügung stehenden Oberflächenplätzen, also der Fläche, an der die Reaktion stattfindet, und der Ausdehnung der Reaktionszone. Drückt man also den Teilchenfluss $\mathcal{N}$ als flächenspezifische Größe aus, so lässt dieser sich schreiben als

$$\mathcal{N} = k_{0,f} \cdot c_{1,max} \cdot \exp\left(-\frac{\mu_{TS}^{ex} - \mu_1}{R_g T}\right) - k_{0,b} \cdot c_{2,max} \cdot \exp\left(-\frac{\mu_{TS}^{ex} - \mu_2}{R_g T}\right), \tag{2.12}$$

wobei $k_{0,f/b}$ die Geschwindigkeitskonstante für die Hin- beziehungsweise Rückreaktion mit der Dimension $\mathrm{m\,s^{-1}}$ ist. Betrachtet man nun konkret die Oxidation beziehungsweise Reduktion von Lithium an einer Grenzfläche (Abbildung 2.7), so lässt sich die Reaktion schreiben als

$$\mathrm{Li}^+ + \mathrm{e}^- \underset{k_{ox}}{\overset{k_{red}}{\rightleftharpoons}} \mathrm{Li}^{\mathrm{I}} \tag{2.13}$$

wobei die Reduktion als Vorwärtsrichtung der Reaktion angenommen wurde. Damit gilt

$$\mu_1 = \mu_{ox} + F\phi_l - F\phi_s \tag{2.14}$$

$$\mu_2 = \mu_{red} \tag{2.15}$$

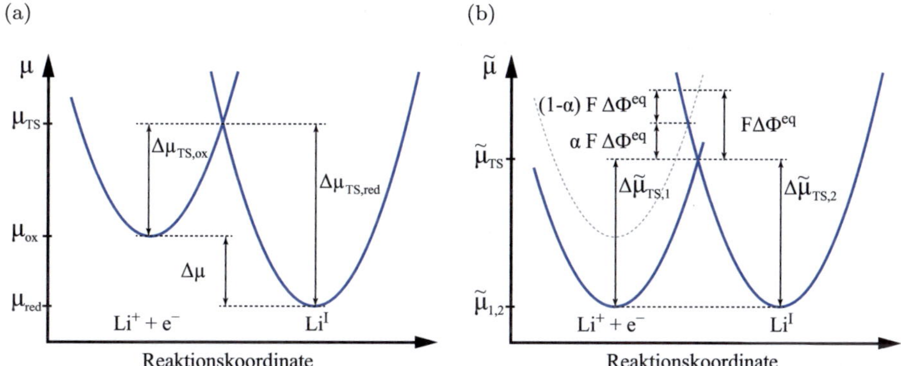

Abbildung 2.8.: Darstellung der Energielandschaft des Überschusspotentials, wobei (a) nur den Anteil der chemischen Potentiale μ des oxidierten und des reduzierten Zustands im Gleichgewicht zeigt. Durch Berücksichtigung der elektrostatischen Beiträge (b) erhält man die elektrochemischen Überschusspotentiale $\tilde{\mu}$.

wobei ϕ_l und ϕ_s die elektrischen Potentiale in der Flüssigphase (Elektrolyt) beziehungsweise im Elektrodenmaterial sind. Aus der Bedingung, dass die Reaktionsraten im Gleichgewicht gleich sind, lässt sich für die Potentialdifferenz die Beziehung

$$\Delta\phi^{eq} = \frac{R_g T}{F} \cdot \ln\left(\frac{a_{ox}}{a_{red}}\right) \tag{2.16}$$

herleiten. Setzt man die Aktivitäten in Beziehung zu einem Referenzzustand, so erhält man die bekannte Form der Nernstgleichung

$$\Delta\phi^{eq} = \Delta\phi^\circ + \frac{R_g T}{F} \cdot \ln\left(\frac{a_{ox}/a_{ox}^\circ}{a_{red}/a_{red}^\circ}\right), \tag{2.17}$$

wobei $\Delta\phi^\circ$ das Standardpotential bei definierten Referenzaktivitäten a_i° ist.

Für die Betrachtung des Lastfalls muss zunächst ein Blick auf den Übergangszustand geworfen werden. Betrachtet man das chemische Potential, so ergibt sich dieser aus dem Schnittpunkt der Potentialverläufe von Ausgangs- und Endzustand (Abbildung 2.8a). Da die elektrochemischen Potentiale im Gleichgewicht identisch sein müssen, werden die Potentialkurven durch den elektrostatischen Beitrag entsprechend verschoben (Abbildung 2.8b). In dem Spezialfall des einfach geladenen Lithiumions wird nur der Ausgangszustand verschoben, da der Endzustand elektrisch neutral ist. Daraus resultiert jedoch auch eine Änderung des Potentials des Übergangszustands. Allgemein lässt sich die Verschiebung des Übergangszustands, die gerade dem elektrostatischen Energiebeitrag entspricht, als ein gewichteter Mittelwert der elektrostatischen Energiebeiträge des Ausgangs- und des Endzustands schreiben, mit den Gewichtungsfaktoren α, beziehungsweise $(1 - \alpha)$.

Sind die Potentialverläufe im Bereich des Schnittpunkts ausreichend linear und haben die gleiche Steigung, so lässt sich aus geometrischen Betrachtungen ein Wert von $\alpha = 0,5$ ableiten. Allgemein kann α Werte zwischen Null und Eins annehmen. Ohne weitere Annahmen zu machen kann man also schreiben:

$$\mu_{TS}^{ex} = R_g T \cdot \ln \gamma_{TS} + \alpha \left(F \phi_l - F \phi_s \right). \tag{2.18}$$

Durch Einsetzen in Gleichung 2.12, mit der allgemeinen Schreibweise für die Potentialdifferenz

$$\Delta \phi = \Delta \phi^\circ - \eta \tag{2.19}$$

und der Definition des Gleichgewichtspotentials (Gleichung 2.16) erhält man schließlich die Teilchenstromdichte $\mathcal{N}$

$$\mathcal{N} = \frac{k^\circ a_{ox}^{\alpha} a_{red}^{1-\alpha}}{\gamma_{TS}} \cdot \left(\exp \left(\frac{(1 - \alpha)F}{R_g T} \eta \right) - \exp \left(-\frac{\alpha F}{R_g T} \eta \right) \right). \tag{2.20}$$

Das Vorzeichen der Überspannung η wurde dabei so gewählt, dass eine positive Überspannung die Reduktionsreaktion begünstigt. Diese verallgemeinerte Form der Butler-Volmer-Gleichung dient als Grundlage für die Implementierung der Modelle, für die zusätzliche vereinfachende Annahmen getroffen werden (siehe Abschnitt 6.1).

Die Potentiale wurden bisher in Bezug auf das Potential im flüssigen Elektrolyten betrachtet. Für reale Systeme ist es zweckmäßig, sich einen reproduzierbaren und stabilen Bezugspunkt für das Potential zu definieren. Dies ist die Aufgabe einer Referenzelektrode. Für die Lithiumionenzelle bietet sich dabei an, das Potential des metallischen Lithiums als Nullpunkt zu wählen. Damit lässt sich das Potential der unbelasteten Elektrode schreiben als:

$$\phi^{eq} = \phi^\circ + \frac{R_g T}{F} \cdot \ln \left(\frac{a_{ox}/a_{ox}^{ref}}{a_{red}/a_{red}^{\circ}} \right) \tag{2.21}$$

wobei a_{ox}^{ref} nun die Aktivität der Lithiumionen am Ort der Referenzelektrode ist. Das bedeutet nichts anderes, als dass ein Konzentrationsunterschied im Elektrolyten zwischen den Orten der Elektrode und der Referenzelektrode zu einer zusätzlichen Potentialverschiebung führt, der Konzentrationsüberspannung im Elektrolyten. Wie die Aktivität des reduzierten Lithiums im Aktivmaterial die Form der Potentialkurve beeinflusst ist in Abschnitt 2.2.4 beschrieben.

2.2.2. Transportvorgänge im Festkörper

Im Festkörperanteil der Elektroden einer Lithiumionenzelle finden zwei unterschiedliche Transportvorgänge statt. Zum einen der Transport der Elektronen von und zu der Grenzfläche zwischen Aktivmaterial und Elektrolyt, an dem die elektrochemische Reaktion stattfindet. Zum anderen der Transport des Lithiums im Kristallgitter des Aktivmaterials von und zu der Reaktionszone an der Oberfläche der Partikel.

Der gängige Modellierungsansatz für den Transport der Elektronen besteht in der Annahme einer elektronischen Leitfähigkeit der Elektrodenmatrix (siehe beispielsweise [New75] und [New04, S. 517-565]. Der Transport wird dann durch das Ohm'sche Gesetz beschrieben:

$$\vec{j}_s = \sigma_s \nabla \phi_s, \tag{2.22}$$

wobei ϕ_s das elektrische Potential und $\vec{j}_s$ die homogenisierte Stromdichte in der Elektrode sind. Während zur homogenisierten Beschreibung der makroskopischen Elektrode eine effektive Leitfähigkeit $\sigma_{s,eff}$ ausreichend ist, setzt sich diese auf mikroskopischer Ebene aus unterschiedlichen Beiträgen zusammen. Neben den unterschiedlichen Leitfähigkeiten der Elektrodenbestandteile (Aktivmaterial und Leitadditive) spielen auch die Kontaktwiderstände zwischen den Partikeln eine Rolle. Während die kohlenstoffbasierten Anodenwerkstoffe und Leitadditive eine gute elektronische Leitfähigkeit aufweisen, sind die meisten Kathodenwerkstoffe schlechte Elektronenleiter (siehe Abschnitt 2.1.2). Die Aktivmaterialpartikel werden deshalb oft mit einer dünnen Kohlenstoffschicht versehen, die den Transport der Elektronen entlang der Partikeloberfläche zu dem Ort der elektrochemischen Reaktion ermöglichen soll. Obwohl diese Beschichtung den Einsatz bestimmter Kathodenwerkstoffe wie des $LiFePO_4$ überhaupt erst ermöglicht, wird sie in der Modellierung bisher nicht explizit berücksichtigt.

Wie bereits in Abschnitt 2.1.2 gezeigt, gibt es eine Vielzahl verschiedener Elektrodenwerkstoffe mit unterschiedlichsten Eigenschaften. Zur Beschreibung des Lithiumtransports im Aktivmaterial kommt deshalb zunächst eine allgemeingültige Beschreibung zum Einsatz (basierend auf [Baz11, Nau01, Meh07]), die sich je nach Werkstoff auf einen einfacheren Fall reduziert.

Das Lithium kann im Gitter des Aktivmaterials nur bestimmte Plätze einnehmen. Damit existiert eine maximale Lithiumkonzentration im Aktivmaterial, die genau dann erreicht ist, wenn alle dem Lithium zur Verfügung stehenden Gitterplätze besetzt sind. Das System kann folglich durch eine Mischung von eingelagertem Lithium und leeren Gitterplätzen beschrieben werden. Der Transport von einem Gitterplatz zum nächsten erfolgt wie bei der elektrochemischen Reaktion über einen Übergangszustand.

Zur Herleitung des Transportprozesses betrachtet man zunächst die Selbstdiffusion eines Stoffes. Diese beschreibt, wie sich ein Teilchen im Gitter bewegt, wenn kein Konzentrationsgradient vorliegt (Abbildung 2.9a). Im Experiment kann diese Art der Diffusion näherungsweise durch die Verwendung von Isotopen desselben Elements untersucht werden. Geht man von einer Energielandschaft aus, in der Ausgangs- und Endzustand das gleiche chemische Potential haben, so gilt für die Übergangsrate

$$\nu = \nu_0 \cdot \exp\left(-\frac{\mu_{TS}^{ex} - \mu^{ex}}{R_g T}\right) \qquad (2.23)$$

wobei ν_0 wieder die Oszillationsfrequenz bezeichnet. Die mittlere Zeit Δt, die ein Teilchen an einem Ort verweilt, lässt sich dann als Kehrwert der Übergangsrate schreiben:

$$\Delta t = \Delta t_0 \cdot \exp\left(\frac{\mu_{TS}^{ex} - \mu^{ex}}{R_g T}\right) = \Delta t_0 \cdot \frac{\gamma_{TS}}{\gamma} \cdot \exp\left(\frac{\mu_{TS}^{\circ} - \mu^{\circ}}{R_g T}\right). \qquad (2.24)$$

mit $\Delta t_0 = \nu_0^{-1}$. Diese mittlere Dauer zwischen zwei Übergängen ist nach Albert Einstein [Ein05] über die Gleichung

$$D = \frac{(\Delta l)^2}{2\Delta t} \qquad (2.25)$$

mit dem Diffusionskoeffizienten D korreliert. Dabei ist im Falle eines Kristalls die mittlere Verschiebung Δl im Zeitintervall Δt gerade die Gitterkonstante in der betrachteten Transportrichtung. Allgemein lässt sich der Selbstdiffusionskoeffizient in einem Kristall schreiben als

$$D = \frac{(\Delta l)^2}{2\Delta t_0} \cdot \frac{\gamma}{\gamma_{TS}} \cdot \exp\left(-\frac{\Delta E}{R_g T}\right) \qquad (2.26)$$

wobei ΔE die Höhe der Energiebarriere bezeichnet. Für den Fall einer idealen und stark verdünnten Mischung sind die Aktivitätskoeffizienten γ und γ_{TS} gleich Eins und der Diffusionskoeffizient wird konstant:

$$D_0 = \frac{(\Delta l)^2}{2\Delta t_0} \cdot \exp\left(-\frac{\Delta E}{R_g T}\right). \qquad (2.27)$$

Als nächstes betrachtet man, wie sich die Situation im Falle eines Gradienten im chemischen Potential ändert. Dadurch kommt es zu einem Unterschied zwischen benachbarten Gitterplätzen und damit zu einem Nettofluss. Dieser lässt sich wie schon im Fall der Faraday'schen Reaktion als Summe der beiden Einzelflüsse schreiben:

$$\mathcal{N} = \mathcal{N}_{1\to2} - \mathcal{N}_{2\to1} = c_{max}\Delta l \cdot \nu_{1\to2} - c_{max}\Delta l \cdot \nu_{2\to1} \qquad (2.28)$$

wobei c_{max} die maximale Konzentration im Gitter bezeichnet. Setzt man für die Raten ($\nu_{1\to2}$ und $\nu_{2\to1}$) die zuvor hergeleiteten Ausrücke ein (siehe Gleichung 2.8), so erhält man für den Nettofluss:

$$\mathcal{N} = \frac{\Delta l \cdot c_{max}}{2\Delta t_0 \cdot \gamma_{TS}} \cdot \left(\exp\left(\frac{\mu_1}{R_g T}\right) - \exp\left(\frac{\mu_2}{R_g T}\right)\right) \cdot \exp\left(-\frac{\mu_{TS}^{\circ}}{R_g T}\right) \qquad (2.29)$$

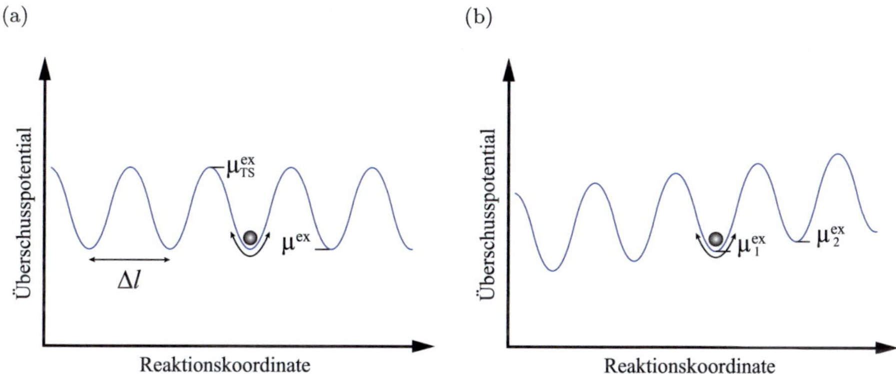

Abbildung 2.9.: Darstellung der Energielandschaft (a) für die Selbstdiffusion und (b) für die Diffusion auf Grund eines Gradienten im chemischen Potential.

wobei berücksichtigt wurde, dass die Übergangsrate Δt^{-1} sowohl Übergänge in positiver als auch in negativer Richtung beinhaltet, man jedoch jeweils nur an den Übergängen in eine Richtung interessiert ist. Nimmt man an, dass sich das chemische Potential auf atomaren Skalen nur langsam ändert

$$\left| \frac{\Delta l}{k_B T} \frac{\partial \mu}{\partial x} \right| \ll 1, \tag{2.30}$$

so lässt sich für die chemischen Potentiale benachbarter Gitterebenen schreiben:

$$\mu_{1,2} = \mu \mp \frac{\Delta l}{2} \frac{\partial \mu}{\partial x}. \tag{2.31}$$

Dabei bezeichnet μ das mittlere chemische Potential der beiden Gitterebenen. Unter Ausnutzung der Reihenentwicklungen der Exponentialfunktionen erhält man für den Gesamtfluss den folgenden Ausdruck:

$$\mathcal{N} = \frac{\Delta l}{2 \Delta t_0 \cdot \gamma_{TS}} \cdot \gamma c \cdot \left(-\frac{\Delta l}{R_g T} \frac{\partial \mu}{\partial x} \right) \cdot \exp\left(-\frac{\mu_{TS}^\circ - \mu^\circ}{R_g T} \right). \tag{2.32}$$

Verwendet man die Ergebnisse der Betrachtung des Selbstdiffusionskoeffizienten D_0 (Gleichung 2.27) kann man den Fluss als

$$\mathcal{N} = -\frac{D_0}{R_g T} \cdot \frac{\gamma}{\gamma_{TS}} c \cdot \frac{\partial \mu}{\partial x} \tag{2.33}$$

schreiben, wobei für das chemische Potential allgemein gilt:

$$\mu = \mu^\circ + R_g T \ln a = \mu^\circ + R_g T \ln \gamma \frac{c}{c_{max}}. \tag{2.34}$$

Betrachtet man eine ideale Elektrode, so lässt sich diese als ein System aus einer festen Anzahl an Gitterplätzen beschreiben, die durch Lithiumatome besetzt werden können. Man nimmt nach wie vor an, dass das eingelagerte Lithium nicht mit sich selbst oder der Umgebung wechselwirkt, lässt aber die Bedingung starker Verdünnung fallen. Eine Betrachtung der Entropie dieses Systems im Rahmen der statistischen Thermodynamik liefert

$$S = -R_g \cdot \left(\frac{c}{c_{max}} \ln \frac{c}{c_{max}} + \left(1 - \frac{c}{c_{max}}\right) \ln \left(1 - \frac{c}{c_{max}}\right) \right). \tag{2.35}$$

Nach entsprechender Differentiation erhält man für den Entropiebeitrag des chemischen Potentials

$$\mu_{Entropie} = R_g T \cdot \ln \frac{c}{c_{max} - c} \tag{2.36}$$

womit sich für den Aktivitätskoeffizienten

$$\gamma = \frac{1}{1 - c/c_{max}} \tag{2.37}$$

ergibt. Dieser berücksichtigt, dass bei zunehmender Konzentration Gitterplätze belegt werden, die ein anderes Teilchen folglich nicht mehr einnehmen kann. Eine analoge Betrachtung liefert für den Übergangszustand den Aktivitätskoeffizienten

$$\gamma_{TS} = \frac{1}{(1 - c/c_{max})^2}, \tag{2.38}$$

da für ein Teilchen im Übergangszustand zwei benachbarte unbesetzte Gitterplätze benötigt werden. Einsetzen dieser Aktivitätskoeffizienten in die allgemeine Gleichung liefert für ein ideales Aktivmaterial:

$$
\begin{aligned}
\mathcal{N} &= -D_0 \cdot c \cdot \left(1 - \frac{c}{c_{max}}\right) \cdot \left(\left(c \cdot \left(1 - \frac{c}{c_{max}}\right) \right)^{-1} \frac{\partial c}{\partial x} \right) \tag{2.39} \\
&= -D_0 \cdot \frac{\partial c}{\partial x} \tag{2.40}
\end{aligned}
$$

In diesem Fall heben sich also die Effekte des ausgeschlossenen Volumens auf den Diffusionskoeffizienten und auf den Gradienten des chemischen Potentials als Triebkraft gerade auf. Somit ist der Diffusionskoeffizient in diesem Fall identisch mit dem Selbstdiffusionskoeffizienten. Durch Einsetzen des Flusses in die Kontinuitätsgleichung erhält man das zweite Fick'sche Gesetz, das sich im dreidimensionalen Fall in der Form

$$\frac{\partial c}{\partial t} = -\nabla \mathcal{N} = \nabla \left(D_0 \cdot \nabla c \right) \tag{2.41}$$

schreiben lässt. Betrachtet man ein reales System, so kommt es natürlich zu Wechselwirkungen, sowohl zwischen den Lithiumatomen, als auch zwischen dem Lithium und dem Wirtsgitter. Diese gehen über die Freie Energie in das chemische Potential ein, wofür im Einzelfall ein Modell der Wechselwirkungen benötigt wird. Für den Spezialfall der phasenseparierenden Aktivmaterialien wird das in Abschnitt 2.2.4 diskutiert.

2.2.3. Transportvorgänge im Elektrolyten

Wie in Abschnitt 2.1.2 beschrieben, besteht der in einer Lithiumionenzelle typischerweise eingesetzte Flüssigelektrolyt aus einem Lithiumsalz, das in einem organischen Lösungsmittel gelöst ist. Dieses System aus einem gelösten Salz nennt man binärer Elektrolyt. Da die Salzkonzentrationen üblicherweise in der Größenordnung von $1\,\mathrm{mol\,L^{-1}}$ liegen, ist die Behandlung im Rahmen der Theorie der verdünnten Lösungen nicht gerechtfertigt.

John Newman [New04, S. 271-316] behandelt den Transport in konzentrierten Multikomponentensystemen ausführlich. Hier wird deshalb, basierend auf Newmans Arbeit, nur die Herleitung für den Fall einer moderat verdünnten binären Lösung skizziert. Diese beinhaltet einige Korrekturen gegenüber der Theorie der verdünnten Lösungen. Der Unterschied zur kompletten Theorie der konzentrierten Lösung besteht darin, dass der Transport der beiden Spezies in einer ruhenden Lösung betrachtet wird. In dieser wird das Lösungsmittel als dritte Phase der Mischung angesehen, für die ebenfalls Transportgleichungen formuliert werden müssen.

Ausgangspunkt der Herleitung ist wieder das elektrochemische Potential als treibende Kraft für den Transport. Beschränkt man sich auf den Fall der gängigsten Leitsalze, die in jeweils ein einfach geladenes Anion und Kation dissoziieren, so gilt für die entsprechenden Flüsse:

$$
\begin{aligned}
\mathcal{N}_\pm &= -u_\pm c_\pm \cdot \nabla\tilde{\mu}_\pm + c_\pm \vec{v} & (2.42)\\
&= -u_\pm c_\pm R_g T \cdot \nabla \ln a_\pm \mp u_\pm c_\pm F \cdot \nabla\phi + c_\pm \vec{v} & (2.43)
\end{aligned}
$$

Dabei ist $u_\pm$ die jeweilige Mobilität, $c_\pm$ die Konzentration und $\vec{v}$ die Geschwindigkeit der Lösung, die die Konvektion beschreibt. Diese wird im Folgenden vernachlässigen, da sich durch die kleinen Poren in den Elektroden und dem Separator keine nennenswerten Konvektionsströme ausbilden können. Durch Einsetzen der Aktivität $a_i = \gamma_i \cdot c_i$ und Anwenden der Kettenregel erhält man

$$
\mathcal{N}_\pm = -R_g T \cdot u_\pm \cdot \left(1 + \frac{\partial \ln \gamma_i}{\partial \ln c_i}\right) \cdot \nabla c_\pm \mp u_\pm c_\pm F \cdot \nabla\phi \qquad (2.44)
$$

Eine weitere wichtige Bedingung an den Elektrolyten ist, dass er insgesamt neutral ist. Vernachlässigt man die in konzentrierten Lösungen sehr dünne Ladungsträgerdoppelschicht am Interface, so gilt für jeden Punkt

$$
c_+ = c_- = c. \qquad (2.45)
$$

Eine Folge daraus ist, dass sich Anionen und Kationen gekoppelt im Elektrolyten bewegen. Die Diffusionskoeffizienten ergeben sich durch die Verwendung der Nernst-Einstein-Beziehung:

$$\mathcal{D}_\pm = \frac{u_\pm}{R_g T}. \tag{2.46}$$

Diese unterscheiden sich von im Experiment gemessenen Diffusionskoeffizienten $D_\pm$, da sie sich auf einen Gradienten im chemischen Potential als Triebkraft beziehen, und stehen mit diesen über die Gleichung

$$D_\pm = \mathcal{D}_\pm \cdot \left(1 + \frac{\partial \ln \gamma_\pm}{\partial \ln c_\pm} \right) \tag{2.47}$$

in Beziehung. Damit lässt sich der Gesamtfluss $\mathcal{N} = \vec{j}/F$ als Summe der Flüsse von Anionen und Kationen schreiben, wobei $\vec{j}$ die Stromdichte im Elektrolyten ist:

$$\begin{aligned}
\frac{\vec{j}}{F} &= -\left(u_+ + u_- \right) c \cdot F \cdot \nabla \phi - \left(D_+ - D_- \right) \cdot \nabla c \tag{2.48} \\
&= -\frac{\sigma_l}{F} \nabla \phi - \left(D_+ - D_- \right) \cdot \nabla c \tag{2.49}
\end{aligned}$$

Dabei wurde die Definition der Leitfähigkeit σ_l des Elektrolyten ausgenutzt. Aus dieser Gleichung wird auch ersichtlich, dass ein Konzentrationsgradient nur dann zu einem Stromfluss beiträgt, wenn sich die Diffusionkoeffizienten von Anionen und Kationen unterscheiden.

Für die Konzentration c gilt mit Gleichung 2.45, unter Vernachlässigung etwaiger Reaktionen

$$\frac{\partial c}{\partial t} = -\nabla \mathcal{N}_\pm. \tag{2.50}$$

Durch Einsetzen der Flüsse und Subtraktion der daraus erhaltenen Gleichungen, lässt sich das Potential aus einer der Gleichungen eliminieren. Unter Ausnutzung der Definition der Überführungszahl $t_\pm$ (engl. *tansference number*)

$$t_\pm = \frac{u_\pm}{u_+ + u_-} = \frac{\mathcal{D}_\pm}{\mathcal{D}_+ + \mathcal{D}_-}, \tag{2.51}$$

sowie des Diffusionskoeffizienten D_l der gekoppelten Diffusion des Salzes im Elektrolyten

$$D_l = \frac{u_+ D_- + u_- D_+}{u_+ + u_-} = \frac{\mathcal{D}_+ D_- + \mathcal{D}_- D_+}{\mathcal{D}_+ + \mathcal{D}_-}, \tag{2.52}$$

erhält man schließlich die allgemeine Form der Massenbilanz für konzentrationsabhängige Transportparameter ohne Reaktionsterm:

$$\frac{\partial c}{\partial t} = \nabla \left(D_l \nabla c \right) - \frac{\vec{j}}{F} \cdot \nabla t_+. \tag{2.53}$$

Diese Gleichung hat die gleiche Form, die man auch für den Grenzfall der verdünnten Lösung erhält. Der Unterschied liegt in der Berechnung des effektiven Diffusionskoeffizienten und der Überführungszahl, für die jeweils die Aktivitätskoeffizienten berücksichtigt werden müssen. Im Fall einer verdünnten Lösung gilt für den Diffusionskoeffizienten

$$D_l = \frac{2D_+ D_-}{D_+ + D_-} \tag{2.54}$$

und für die Überführungszahl

$$t_\pm = \frac{D_\pm}{D_+ + D_-}. \tag{2.55}$$

Der Diffusionskoeffizient des Salzes ist sowohl bei der konzentrierten, als auch bei der verdünnten Lösung eine Folge der gegensätzlichen Ladung von Anionen und Kationen. Besitzen diese unterschiedliche Diffusionskoeffizienten, so kann ein Diffusionstrom zu einer geringfügigen Ladungstrennung führen. Das daraus resultierende elektrische Feld bremst die Ionensorte mit dem größeren Diffusionskoeffizienten ab und beschleunigt die mit dem kleineren. Dieser als ambipolare Diffusion bezeichnete Effekt führt auf makroskopischen Skalen zur Neutralität des Elektrolyten.

Die Überführungszahl besitzt nur in Abwesenheit von Konzentrationsgradienten eine anschauliche Bedeutung. In diesem Fall gibt sie an, welcher Anteil am Gesamtstrom von der jeweiligen Spezies getragen wird. Liegen Konzentrationsgradienten von Anionen und Kationen vor, ist diese einfache Interpretation ungültig.

Wie aus den Flussgleichungen (Gleichung 2.44) ersichtlich ist, weisen die Diffusionsströme von Anionen und Kationen die gleiche Richtung auf, während die Migrationsströme im elektrischen Feld entgegengesetzte Vorzeichen besitzen. Ausgehend von der Bedingung, dass am Interface zum Aktivmaterial keine Reaktion der Anionen stattfindet, lässt sich jedoch leicht zeigen, dass dort für den Diffusionsstrom der Kationen

$$j_{+,diff}|_{Grenzfläche} = (1 - t_+) \cdot j|_{Grenzfläche} \tag{2.56}$$

gilt, wobei j die Gesamtstromdichte ist. Damit gibt die Überführungszahl an der Grenzfläche zwischen Elektrolyt und Aktivmaterial an, welcher Anteil des Stroms durch die Grenzfläche durch Diffusion an selbige transportiert wird. Entsprechend wird der verbleibende Anteil an der Stromdichte durch Migration im elektrischen Feld getragen.

2.2.4. Thermodynamik der Aktivmaterialien

Wie in Abschnitt 2.2.1 beschrieben, wird das Gleichgewichtspotential einer Elektrode durch die Aktivität des eingelagerten Lithiums bestimmt (Gleichung 2.21). Der Beitrag durch die Aktivität des Lithiums in der Elektrolytphase wird in der folgenden

Betrachtung als konstant angesehen und deshalb nicht explizit mitgeführt. Für die Betrachtung der Transportvorgänge im Festkörper (Abschnitt 2.2.2) wurden bereits entropische Effekte durch belegte Gitterplätze berücksichtigt. Im Allgemeinen ist die Situation jedoch weitaus komplizierter [Baz13a].

Das eingelagerte Lithium kann sowohl mit Lithium auf benachbarten Gitterplätzen, als auch mit dem Wirtsgitter selbst wechselwirken. Zusätzlich stellen Verzerrungen der Gitterstruktur auf Grund des eingelagerten Lithiums einen Beitrag zur Freien Energie dar. Diese Beiträge gehen in den Aktivitätskoeffizienten des eingelagerten Lithiums ein. Da die Beiträge der unterschiedlichen Effekte in jedem Material anders sind, lässt sich keine allgemeingültige Gleichung für alle Aktivmaterialien aufstellen. Will man das Material auf theoretischem Weg thermodynamisch korrekt beschreiben, so besteht der erste Schritt bei der Betrachtung eines bestimmten Aktivmaterials in der Ableitung eines Ausdrucks für die Freie Energie. Im Rahmen des *regular solid solution*-Modells [Baz13a, Fer12] kommt zu dem Entropieausdruck ein weiterer Beitrag hinzu, der ein volles und ein leeres Gitter gegenüber einem halbgefüllten Gitter bevorzugt.

$$G = H - R_g T \left(\tilde{c} \cdot \ln \tilde{c} + (1 - \tilde{c}) \cdot \ln (1 - \tilde{c}) \right) + \Omega \cdot \tilde{c}(1 - \tilde{c}) \qquad (2.57)$$

Dabei bezeichnet $\tilde{c}$ die dimensionslose Konzentration, die auch als Füllgrad des Kristallgitters interpretiert werden kann:

$$\tilde{c} = \frac{c}{c_{max}}. \qquad (2.58)$$

Die Stärke des zusätzlichen Wechselwirkungsbeitrags wird durch den Parameter Ω bestimmt, der die molare Wechselwirkungsenergie angibt. Je nach Wert von Ω besitzt der Verlauf der Freien Energie als Funktion der Konzentration ein oder zwei Minima (Abbildung 2.10a). Im ersten Fall ist das aus der Freien Energie berechnete chemische Potential eine monotone Funktion der Konzentration. Wenn Ω größer als $2R_g T$ ist, tritt der zweite Fall ein. Dann weist das chemische Potential zwei Extremstellen auf (Abbildung 2.10b). Die zwei Minima in der Freien Energie definieren zwei Zusammensetzungen, die energetisch bevorzugt sind. Liegt eine Konzentration zwischen den beiden bevorzugten Konzentrationen vor, kann es zur Phasenseparation kommen. Dabei ist das Kristallgitter nicht mehr homogen mit Lithium gefüllt. Stattdessen liegen die beiden Zusammensetzungen mit den minimalen Energien gleichzeitig vor. Während des Be- und Entladens ändern sich lediglich die Anteile, die von den beiden Phasen eingenommen werden. Das Vorhandensein beider Phasen innerhalb eines Partikels oder innerhalb eines Vielteilchensystems führt zu einem konstanten Potential. Bekanntester Vertreter der Kathodenmaterialien mit diesem Verhalten ist das Lithiumeisenphosphat (siehe Abschnitt 2.1.2). Jedoch weisen auch viele andere Aktivmaterialien ein oder mehrere bevorzugte Zusammensetzungen auf, wobei sich der Übergang zwischen diesen Phasen durch ein Plateau in der Potentialkennlinie bemerkbar macht. Das makroskopisch beobachtbare Potential folgt also nicht dem in Abbildung 2.10b gezeigten Verlauf.

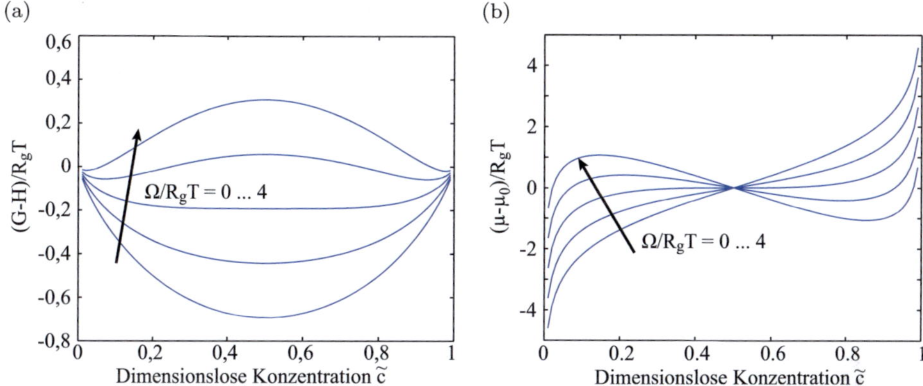

Abbildung 2.10.: Verlauf des Entropiebeitrags der Freien Energie (a), sowie der zugehörige Beitrag zum chemischen Potential (b), als Funktionen der Konzentration des Lithiums im Kristallgitter basierend auf der Theorie der regulären Lösung (*regular solid solution model*).

Bei Aktivmaterialien müssen in der Regel noch weitere Energiebeiträge berücksichtigt werden. Da die Identifikation dieser zusätzlichen Beiträge im Allgemeinen sehr kompliziert ist, soll hier lediglich auf einen weiteren Beitrag eingegangen werden, der fast allen Aktivmaterialien gemein ist. Dieser hat seine Ursache in der Aufweitung der Einheitszelle des Kristallgitters bei der Einlagerung des Lithiums. Ein stabiles Aktivmaterial ist bestrebt, die Struktur seines Kristallgitters aufrecht zu erhalten, auch wenn sich die Konzentration des Lithiums im Gitter ändert. Deshalb muss das Gitter in der Übergangszone von Bereichen niedriger Konzentration zu Bereichen hoher Konzentration verzerrt werden. Für diese Verspannung des Kristallgitters zum Erhalt seiner Kohärenz (*coherency strain*) muss Energie aufgewendet werden, die als zusätzlicher Beitrag in die Freie Energie eingeht.

Die theoretische Beschreibung der Thermodynamik eines phasenseparierenden Systems und der darin auftretenden Transportprozesse kann durch die von John W. Cahn und John E. Hilliard vorgeschlagene und nach ihnen benannte Cahn-Hilliard-Gleichung erfolgen (Gleichung 2.61 und 2.62) [Cah58]. Diese basiert auf dem Funktionalausdruck der Freien Energie:

$$G = \frac{1}{V_{Mol}} \int_V \left(G_{Mol}(\tilde{c}) + \kappa(\nabla\tilde{c})^2 \right) \cdot dV \qquad (2.59)$$

Dabei ist V_{Mol} das molare Volumen, G_{Mol} die molare Freie Energie und κ ein Faktor, der die benötigte Energie für einen Konzentrationsgradienten angibt. Der Ausdruck für das chemische Potential folgt aus der variationellen Ableitung:

$$\mu = \frac{\delta G}{\delta c}. \qquad (2.60)$$

Damit kann μ als die Energie angesehen werden die benötigt wird, um dem System ein Kontinuumspartikel hinzuzufügen [Baz13a]. Für das einfachste Modell einer regulären Mischung erhält man

$$\mu = \bar{\mu}_{reg} + \nabla \cdot (\kappa \cdot V_{Mol} \cdot \nabla c)\,, \tag{2.61}$$

wobei $\bar{\mu}_{reg}$ das homogene chemische Potential bezeichnet. Setzt man diesen Ausdruck in die Erhaltungsgleichung ein, so erhält man eine Differentialgleichung vierter Ordnung:

$$\frac{\partial c}{\partial t} = \nabla \left(u \cdot c \cdot \nabla \mu\right)\,, \tag{2.62}$$

worin u die Mobilität bezeichnet. Für die Anwendung auf Batteriematerialien wurde das Modell von Martin Bazant [Baz13a] um die Formulierung der elektrochemischen Reaktion erweitert. Dieser als Cahn-Hilliard-Reaktions-Modell (CHR-Modell) bezeichnete Ansatz wurde für die Modellierung des Lithiumeisenphosphats angewandt [Cog13, Fer12].

2.3. Tomographieverfahren

Unter tomographischen Verfahren versteht man allgemein bildgebende Verfahren, die die räumliche Struktur eines Objekts in Form dreidimensionaler Bilder erfassen. Im Folgenden liegt der Fokus dabei auf Verfahren für die Erfassung der Mikrostruktur. Das bedeutet, die Details der räumlichen Strukturen liegen in der Größenordnung von Mikrometern oder weniger.

Der erste Schritt einer solchen Mikrostrukturrekonstruktion besteht aus der Bilderfassung. Je nach Verfahren erfolgt diese tatsächlich in Form von Schnittbildern, oder es werden Projektionsbilder aufgenommen, aus denen die dreidimensionalen Struktur errechnet werden muss. Nach der Datenaufnahme liegen die Daten in der Regel als Sequenz von Graustufenbildern vor. Diese Graustufen müssen den einzelnen Materialphasen der Probe zugeordnet werden, um die dreidimensionale Materialverteilung zu erhalten. Das Vorgehen bei dem als Segmentierung bezeichneten Schritt ist ebenfalls von dem verwendeten Verfahren und der jeweiligen Probe abhängig.

Im Folgenden werden die beiden gängigsten Tomographieverfahren zur Erfassung der Mikrostruktur vorgestellt. Beide wurden im Rahmen dieser Arbeit für die Rekonstruktion von Batterieelektroden eingesetzt.

2.3.1. Mikroröntgentomographie

Konventionelle Röntgenaufnahmen liefern eine projizierte Abbildung eines dreidimensionalen Objekts. Bei der abgebildeten Information handelt es sich um den

Grad der Abschwächung der Röntgenstrahlung beim Durchgang durch das Objekt. Die Abschwächung entspricht dem entlang der Projektionsrichtung integrierten Absorptionskoeffizienten. Unterscheiden sich die Absorptionskoeffizienten der unterschiedlichen Materialphasen, erhält man damit Informationen über die interne Materialverteilung.

Mit dem Aufkommen leistungsfähiger Computer wurde ein neues Verfahren entwickelt, die Computertomographie (engl. *computed tomography*, CT). Dabei wird aus einer großen Anzahl von Projektionen entlang unterschiedlicher Richtungen die dreidimensionale Verteilung des Absorptionskoeffizienten berechnet. In der Anfangszeit der Entwicklung stellte vor allem die Medizin die treibende Kraft zur Weiterentwicklung des Verfahrens dar. Inzwischen hat sich die Computertomographie auch in den Material- und Ingenieurswissenschaften als wertvolles Werkzeug etabliert, wobei natürlich weniger Anforderungen hinsichtlich der Strahlendosis sowie der Dauer der Datenaufnahme gestellt werden. Einen guten Überblick auf die Verfahren zur Erfassung von Strukturen auf der Mikroskala gibt [Sal03], auf dem auch der folgende Überblick basiert.

Bei der Mikroröntgentomographie wird in der Regel in jedem Schritt ein komplettes Projektionsbild der Probe aufgenommen, bevor diese um einen definierten Winkel weiter gedreht wird. Aus der so entstehenden Serie von Projektionsbildern lässt sich mit der gefilterten Rückprojektion die dreidimensionale Verteilung des Absorptionskoeffizienten berechnen. Prinzipiell lassen sich die Mikroröntgentomographieverfahren entsprechend der verwendeten Strahlenquellen in zwei Klassen unterteilen. Zum einen in Geräte, die eine Röntgenröhre verwenden, und zum anderen in Anlagen, die Synchrotronstrahlung verwenden.

Geräte mit Röntgenröhre zeichnen sich durch einen divergenten Strahlengang aus, der üblicherweise nicht monoenergetisch ist. Der divergierende Strahl durchquert die Probe und fällt auf einen Sensor, wobei sich aus der geometrischen Anordnung der Komponenten direkt die Vergrößerung ergibt. Der Strahlengang dieses Verfahrens ist in Abbildung 2.11a schematisch dargestellt. Die maximale Auflösung des Verfahrens wird durch zwei Faktoren beeinflusst. Zum einen durch die Stärke der Quelle, denn mit steigendem Abstand des Sensors nimmt die Signalstärke quadratisch ab, wodurch die Belichtungszeiten sehr lang werden. Zum anderen durch die Größe der Quelle, die idealerweise punktförmig ist. Je größer die Quelle wird, desto unschärfer werden die Ränder der mikroskopischen Details. Dieser Effekt wird umso stärker, je näher die Probe an der Röntgenquelle sitzt. Aus diesen Gründen liegt die minimale Auflösung der Geräte mit Röntgenröhren bei derzeit etwa 200 nm. Nur spezielle Geräte mit einer besonders kleinen Röntgenquelle erreichen Auflösungen in der Größenordnung von 50 nm [May05].

Bei der Verwendung von Synchrotronstrahlung ist man auf eine entsprechende Strahlungsquelle angewiesen. Synchrotronstrahlung ist elektromagnetische Strahlung, die von geladenen Teilchen ausgesendet wird, wenn diese in einem Magnetfeld abgelenkt

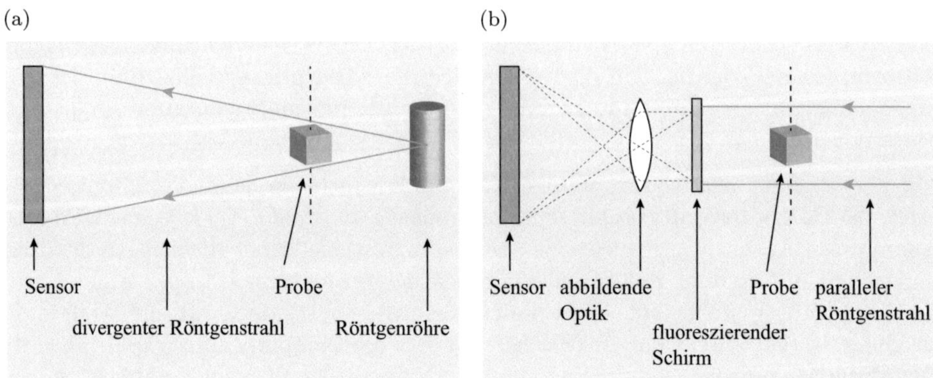

Abbildung 2.11.: Schematische Darstellung des Strahlengangs bei der Mikroröntgentomographie bei Verwendung einer Röntgenröhre (a) und bei Verwendung paralleler Röntgenstrahlen (b), beispielsweise von einem Synchrotron.

werden. Nutzbar ist dieser Mechanismus als Strahlungsquelle für Röntgenstrahlung, wenn die Energie der geladenen Teilchen ausreichend hoch ist. Inzwischen existieren speziell für diesen Zweck gebaute Elektronenbeschleuniger (Elektronensynchrotrons), wobei die Synchrotronstrahlung tangential zur Bewegungsrichtung der Elektronen emittiert wird, die sich auf einer Kreisbahn im ringförmigen Beschleuniger bewegen. Die Intensität der Synchrotronstrahlung ist dabei um ein Vielfaches höher als die von Röntgenröhren. Der Röntgenstrahl ist dabei annähernd parallel, was einen etwas anderen experimentellen Aufbau notwendig macht (Abbildung 2.11b). Für die Experimente kann sowohl polyenergetische Röntgenstrahlung, als auch monoenergetische Röntgenstrahlung verwendet werden, wobei ein entsprechender Monochromator eingesetzt werden muss. Eine weitere wichtige Eigenschaft der der Synchrotronstrahlung ist ihre Kohärenz. Ein kohärenter monoenergetischer Röntgenstrahl ermöglicht neben dem Absorbtionskontrast die Ausnutzung des Phasenkontrasts. Trifft der Strahl auf die Probe, so rufen Unterschiede im Brechungsindex unterschiedlich starke Phasenverschiebungen aus. Ist der Detektor weit von der Probe entfernt, so führen Interferenzeffekte der Strahlen unterschiedlicher Phasenverschiebung zu einer Verstärkung der Kanten im Bild. Mathematisch gesehen ist diese Information proportional zur zweiten Ableitung des Brechungsindex, die an den Materialgrenzen besonders groß ist. In den aufgenommenen Bildern ist der Phasenkontrast dem Absorptionskontrast überlagert. Auf Grund des parallelen Strahlverlaufs findet keine geometrische Vergrößerung der Probe statt. Um dennoch hohe Auflösungen zu erzielen wird dem eigentlichen Sensor in der Regel ein Fluoreszenzschirm vorgelagert, wobei das Abbild auf dem Schirm durch eine zwischengeschaltete Optik vergrößert auf den Sensor projiziert wird. Der schematische Aufbau ist in Abbildung 2.11b gezeigt. Die mit dieser Technik erzielbaren Auflösungen liegen bei knapp unter 50 nm [Liu13].

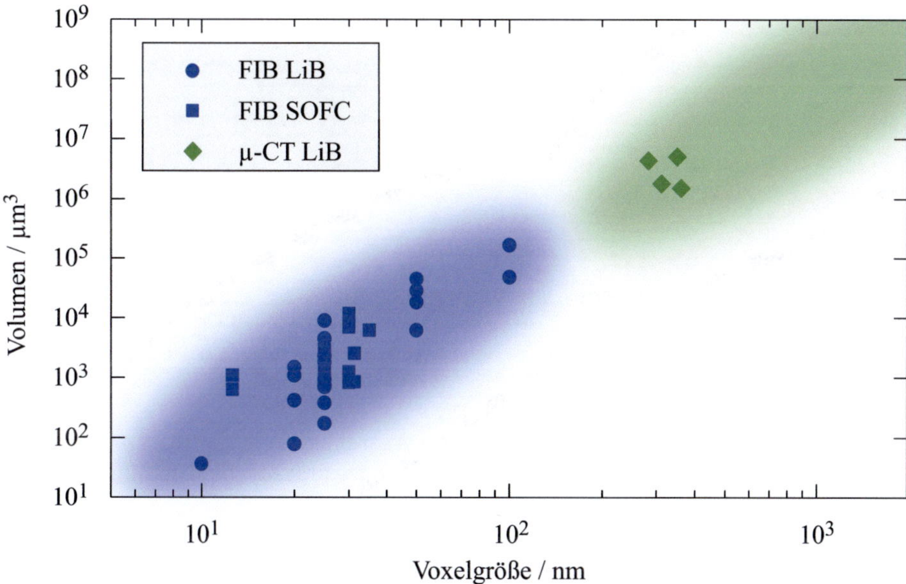

Abbildung 2.12.: Aufgetragen ist das Volumen verschiedener Rekonstruktionen über ihrer jeweiligen Voxelgröße. Daraus wird ersichtlich, dass es zum einen eine Korrelation zwischen der Auflösung und dem erreichbaren Rekonstruktionsvolumen gibt. Zum anderen zeigt diese Darstellung deutlich, dass die Rekonstruktionsverfahren der FIB-Tomographie sowie der Mikroröntgentomographie hinsichtlich der Auflösung komplementär sind. Alle gezeigten Rekonstruktionen wurden am IWE oder im Auftrag des IWE durchgeführt.

Ein Materialkontrast wird bei der Röntgentomographie durch die unterschiedlichen Absorptionskoeffizienten der einzelnen Phasen erzeugt. Unterscheidet sich aber beispielsweise ein Absorptionskoeffizient stark von den anderen beiden, so ist es schwierig bis unmöglich die Aufnahmeparameter so zu wählen, dass alle drei Materialphasen unterscheidbar sind. Ein großer Vorteil des Verfahrens ist, dass es zerstörungsfrei arbeitet, soweit die Präparation die Zerstörung der Probe nicht notwendig macht. Dies macht es prinzipiell auch für den Einsatz von in-situ Untersuchungen geeignet. Da der eingesetzte Sensor die maximale Bildabmessung in Pixeln vorgibt, skaliert das abbildbare Volumen linear mit der Voxelgröße. Dieser Zusammenhang ist in Abbildung 2.12 dargestellt. Hier sind die Volumina der im Auftrag des IWE entstandenen Rekonstruktionen über der jeweiligen Auflösung aufgetragen. Zusätzlich zu den Rekonstruktionen mittels Röntgentomographie sind auch die Rekonstruktionen mit dem anderen Tomographieverfahren gezeigt, auf das in Abschnitt 2.3.2 eingegangen wird.

(a)   (b)

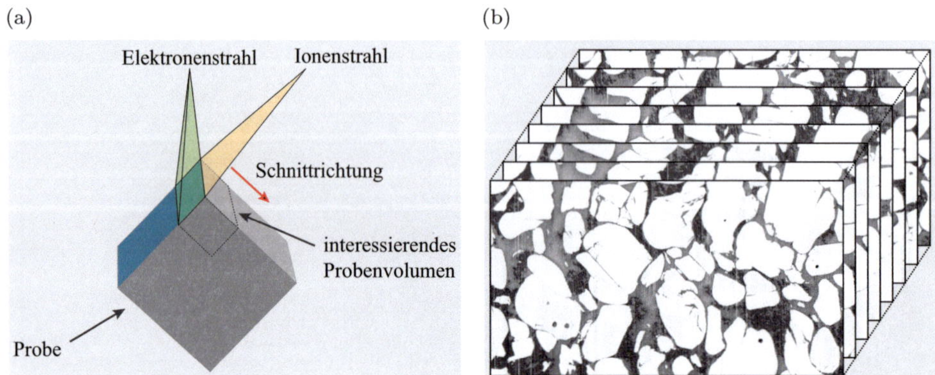

Abbildung 2.13.: Schematische Darstellung der Anordnung in einem Rasterelektronenmikroskop mit Ionenstrahl (a) und der Bildabfolge (b) des interessierenden Volumens.

2.3.2. FIB-Tomographie

Die FIB-Tomographie verdankt ihren Namen dem dafür verwendeten fokussierten Ionenstrahl (engl. *focused ion beam*, FIB). Fokussiert man diese hochenergetischen Ionen auf die Probe, so wird das Probenmaterial lokal verdampft. Auf diese Weise kann sehr gezielt Material abgetragen werden. Für die FIB-Tomographie ist der Ionenstrahl in einem Rasterelektronenmikroskop integriert, wobei die beiden Strahlengänge in einem Winkel relativ zueinander angeordnet werden. Dadurch ist es möglich, die Probe gleichzeitig mit dem Elektronenstrahl abzubilden und mit dem Ionenstrahl zu bearbeiten. Auf Grund der Anordnung der sich überkreuzenden Strahlengänge werden diese Geräte auch *cross beam*-Geräte genannt. Einen guten Überblick über das Verfahren und seinen Einsatz in den Materialwissenschaften liefert [Mun09].

Der Ablauf der Datenaufnahme besteht darin, abwechselnd eine dünne Schicht der Probe abzutragen und den daraus entstandenen neuen Querschnitt mit dem Rasterelektronenmikroskop abzubilden. Im Gegensatz zur Röntgentomographie, bei der die Volumenrepräsentation der Probe erst berechnet werden muss, liefert die FIB-Tomographie direkt eine Serie von Schnittbildern der Probe. Die Anordnung der Probe sowie des Elektronen- und des Ionenstrahls sind in Abbildung 2.13a dargestellt. Abbildung 2.13b zeigt beispielhaft eine Serie von Querschnittsaufnahmen eines so rekonstruierten Volumens.

Das von dem Ionenstrahl abgetragene Material geht zwar zunächst in die Gasphase über, kondensiert aber teilweise wieder an den vorhandenen Oberflächen der Probenkammer und der Probe selbst. Findet die Ablagerung des Materials auf der Probe selbst statt, nennt man diesen Prozess Redeposition. Diese Redeposition

(a) (b)

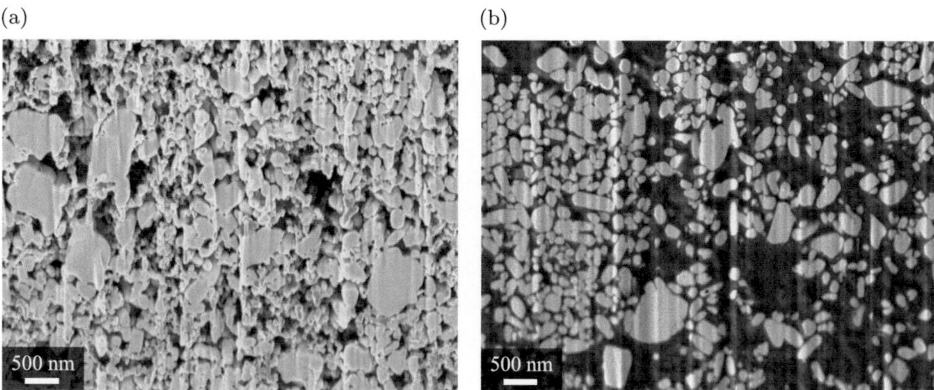

Abbildung 2.14.: Rasterelektronenmikroskopische Aufnahme zweier Querschnitte durch eine poröse $LiFePO_4$-Elektrode. Wird die Probe nicht infiltriert (a), so ist eine Unterscheidung zwischen der tatsächlichen Querschnittsfläche und in den Poren liegenden Partikeln nur schwer möglich. Die vorherige Infiltrations mit einem Kunstharz (b) definiert eine eindeutige Querschnittsfläche. In dem hier gezeigten Beispiel existiert jedoch kein Kontrast zwischen den Kohlenstoffpartien und dem Infiltrationsmedium. Lediglich die $LiFePO_4$ Partikel (hellgrau) sind in der Querschnittsaufnahme sichtbar.

kann zum einen die Bildgebung beeinträchtigen, da dann nur die neu abgelagerte Schicht sichtbar ist, anstatt der tatsächlichen Strukturen der Probe. Zum anderen kann das wieder niedergeschlagene Material während eines Rekonstruktionsprozesses dickere Ablagerungen verursachen, die eigentliche Probenstruktur umhüllen und damit verändern. Wird eine poröse Elektrode untersucht, so schlägt sich das Material auch in den Poren des noch nicht abgetragenen Materials nieder und beeinflusst somit die noch zu untersuchende Mikrostruktur. Dabei wird der Einfluss umso größer, je feiner die Strukturen in der Probe sind. Um die Redeposition in den Poren zu verhindern, und gleichzeitig die Stabilität der porösen Struktur zu verbessern, wird diese üblicherweise mit einem Kunstharz infiltriert. Dies bietet den weiteren Vorteil, dass die Querschnittsfläche eindeutig definiert ist. Andernfalls ist nur schwer eine Entscheidung zu treffen, welche Bildbereiche in der Querschnittsebene liegen, und welche in dahinterliegenden Poren (Abbildung 2.14a). Wird die Probe zuvor mit einem Epoxid- oder Acrylharz infiltriert, so ist eine eindeutige Zuordnung der Bildbereiche in den einzelnen Phasen möglich (Abbildung 2.14b). Im Fall der abgebildeten $LiFePO_4$-Elektrode geht dabei jedoch die Information über den Kohlenstoffzusatz verloren. Dieser fein verteilte Leitruß lässt sich von dem ebenfalls hauptsächlich aus Kohlenstoff bestehenden Einbettmittel im Rasterelektronenmikroskop nicht unterscheiden. Auf diese Problematik wird in Abschnitt 5.1.2 näher eingegangen.

Ein weiterer Effekt, der durch die Infiltration der porösen Struktur vermindert wird, ist die Streuung des Ionenstrahls. Diese führt zu einem ungleichmäßigen Abtragen des Materials und macht sich durch vertikale Streifen und Riefen im Schnittbild bemerkbar. In Anlehnung an die Falten in einem Vorhang wird dieser Effekt als *curtaining* bezeichnet. Ganz verhindern lässt sich dieser Effekt aber auch in einer infiltrierten Probe nicht, da auch die Dichteunterschiede zwischen dem Probenmaterial und dem Einbettmittel zu einer ungleichmäßigen Abtragung führen (siehe Abbildung 2.14b). Unebenheiten auf der Oberfläche der Probe verstärken den Effekt, weshalb diese möglichst eben sein sollte. Um dies zu erzielen wird häufig eine dünne Schutzschicht auf der Oberfläche aufgebracht. Dies ist mit einem Gasinjektionssystem (GIS) möglich, wodurch eine punktgenaue Abscheidung verschiedener Materialien erfolgen kann [Mun09].

Unter Umständen kann die Infiltration zu Problemen mit Aufladungen führen, da das eingesetzte Harz ein schlechter Leiter ist. Sind im Harz während der Infiltration kleine Luftblasen zurückgeblieben, so laden sich während der Rekonstruktion bevorzugt die Ränder der Blasen auf. Die daraus während der Segmentierung entstehenden künstlichen Strukturen stören die Analyse der Mikrostrukturen, lassen sich aber oft mittels morphologischer Filter entfernen.

Die mit der FIB-Tomographie erzielbaren Auflösungen sind deutlich höher, als die der Röntgentomographie. Allerdings sind aber auch die rekonstruierbaren Volumina kleiner. Diese Relation ist in Abbildung 2.12 zu sehen. Die beiden Methoden sind also komplementär hinsichtlich der Auflösung und des untersuchten Probenvolumens. Bei sehr hohen Auflösungen in der Größenordnung von 10 nm und weniger, wird die Stabilität der beiden Strahlen und der mechanischen Komponenten zum Problem. Eine zuverlässige Rekonstruktion ist dann nur bei aktiver Kontrolle der Schrittweite, sowie regelmäßiger automatischer Fokussierung möglich.

Neben der höheren Auflösung ist der erzielbare Materialkontrast die große Stärke der FIB-Tomographie. Dieser ermöglicht eine Unterscheidung der verschiedenen Materialphasen in der dreidimensionalen Struktur. Hinzu kommt, dass es prinzipiell möglich ist, die Schnittbilder simultan mit mehreren Detektoren aufzunehmen. Somit können komplementäre Informationen der verschiedenen Detektoren miteinander kombiniert werden.

Ein Nachteil dieser Rekonstruktionsmethode ist, dass das Probenvolumen dabei zerstört wird. Es ist also keine erneute Rekonstruktion der selben Probenstelle, beispielsweise mit anderen Geräteparametern, möglich. Hinzu kommt, dass der präparative Aufwand zur Probenvorbereitung recht groß ist im Vergleich zur Röntgentomographie.

2.4. Grundlagen der Bildverarbeitung

Die Erfassung der Mikrostruktur der Elektroden, die in Abschnitt 5.3 analysiert werden, erfolgt in Form von digitalen Schnittbildern. Für das Verständnis der weiteren Verarbeitung und Analyse der aufgenommenen Daten sind deshalb einige Grundlagen der Bildverarbeitungstechnik notwendig.

Ein digitales Bild besteht aus diskreten Elementen, die im Fall zweidimensionaler Bilder mit Pixeln bezeichnet werden. Dieses Kunstwort hat seinen Ursprung in den englischen Wörtern *picture elements* (engl. für Bildelemente). Für dreidimensionale Bilddaten werden die Bildelemente häufig als Voxel bezeichnet, nach den englischen Wörtern *volumetric pixel* (engl. für volumetrische Pixel).

Diese Bildelemente sind in der Regel quadratisch beziehungsweise kubisch, was zwar nicht zwingend ist, jedoch die weitere Datenerarbeitung erheblich erleichtert. Ein solches Gebiet oder Volumen wird durch einen einzelnen Farb- oder Helligkeitswert repräsentiert. Da im Rahmen der Mikrostrukturanalyse lediglich Graustufenbilder aufgenommen werden, beschränkt sich die nachfolgende Betrachtung auf Graustufendaten.

Neben der visuellen Darstellung von Bilddaten ist das Histogramm eines zwei- oder dreidimensionalen Bildes die wichtigste Repräsentation der Daten. In einem Histogramm wird die Häufigkeit $h(g)$ des Vorkommens eines Graustufenwerts in einem Bild über den Graustufenwerten g selbst aufgetragen. Die Anzahl der Graustufenwerte hängt dabei von der verwendeten Kodierung ab. Im Rahmen der zur Mikrostrukturrekonstruktion eingesetzten Verfahren kommen sowohl 8-Bit als auch 16-Bit Kodierungen zum Einsatz. Erstere resultieren in 256 diskreten Graustufenwerten, wohingegen 16-Bit Kodierungen 65535 diskrete Werte aufweisen. Ein gehäuftes Vorkommen eines bestimmten Helligkeitswerts in einem Bild äußert sich in einem Maximum im Histogramm. Das ist die Basis für die Segmentierung der Bilddaten, auf die im Folgenden ebenfalls kurz eingegangen wird.

Erschwert wird die Verarbeitung von Bilddaten in der Realität durch Bildstörungen. Dabei handelt es sich um eine Unvollkommenheit oder Fehlerhaftigkeit der digitalen Bilddaten. Die wohl verbreitetste Bildstörung ist das Bildrauschen. Darunter versteht man die Überlagerung des Bildsignals mit einer zufälligen Schwankung. Neben statistischem Rauschen der Daten kann die Ursache auch in einem Rauschen der Elektronik des Bildaufnahmesystems liegen. Im Histogramm verschmiert das Rauschen die Details. Maxima werden verbreitert, was zu einem Auffüllen der dazwischenliegenden Minima führt und so die Segmentierung der Bilddaten erschwert. Ein Beispiel eines guten Bildes und eines mit einem künstlichen Rauschen versehenen Bildes, mit den dazugehörigen Histogrammen, ist in Abbildung 2.15 gezeigt.

Neben dem Rauschen kann es zu weiteren Bildfehlern kommen, wobei Gradienten in der Helligkeit oder im Kontrast speziell für dreidimensionale Bilddaten eine wichtige

(a)   (b)

(c)   (d)

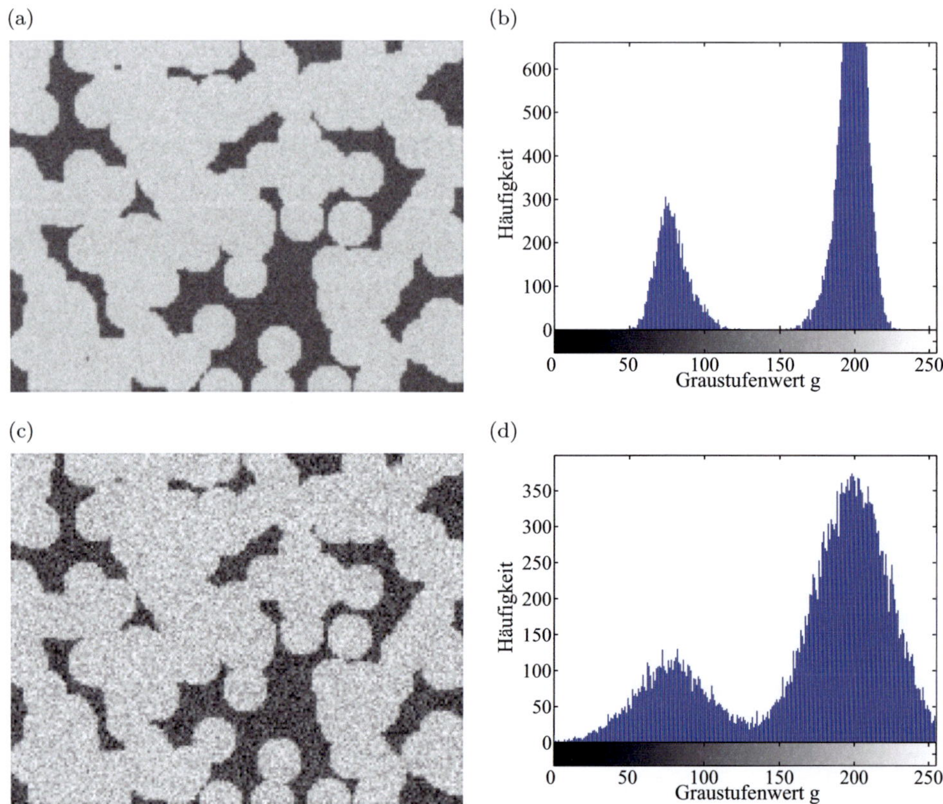

Abbildung 2.15.: Einfluss des Bildrauschens auf das Histogramm. Während in dem Bild mit geringem Rauschen (a) die Peaks im Histogramm deutlich zu trennen sind (b), ist die Abgrenzung im verrauschten Bild (c) weniger klar (d).

Rolle spielen. Durch die räumliche Variation weisen unterschiedliche Bildbereiche verschiedene Histogramme auf. Ein Histogramm des gesamten Datensatzes ist somit eine Mittlung über Bereiche mit verschiedenen Eigenschaften, was ebenfalls zum Verschmieren von Details im Histogramm führt.

Ein wichtiges Werkzeug zur Verarbeitung von Bilddaten sowie zur Korrektur von Bildfehlern sind Filter. Unter einem Filter versteht man die Manipulation eines Bildpunktes in Abhängigkeit seines Wertes und der Werte seiner Umgebung. Mathematisch gesehen handelt es sich bei einem Filter um eine Faltung. Betrachtet man beispielsweise eine dreidimensionale Verteilung von Graustufenwerten $f(\vec{r})$, so lässt

(a)   (b)   (c)

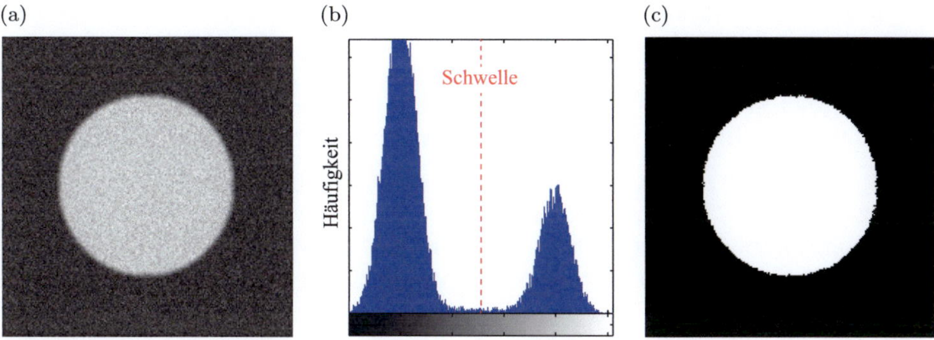

Abbildung 2.16.: Zur Segmentierung eines Graustufenbildes (a) mit deutlich separierten Phasen, können die Graustufenwerte (b) durch die Wahl eines Schwellenwerts zu den einzelnen Phasen zugeordnet werden. Verwendet man die Mitte zwischen den beiden Maxima als Wert für die Schwelle, erhält man ein binäres Bild (c), in dem die beiden Bildbereiche deutlich voneinander getrennt sind.

sich ein Weichzeichnungsfilter als Faltung mit einem Faltungskern $K(\vec{r})$ ausdrücken. Das gefilterte Bild $f'(\vec{r})$ lässt sich dann gemäß der Vorschrift

$$f'(\vec{r}) = \int f(\vec{r} - \vec{r'}) \cdot K(\vec{r'}) \, d\vec{r'} \tag{2.63}$$

berechnen, wobei der Faltungskern eine Normalverteilung sein kann:

$$K(\vec{r}) = (2\pi\sigma^2)^{-2} \cdot \exp\left(\frac{\vec{r}^2}{2\sigma^2}\right). \tag{2.64}$$

Für ein aus diskreten Punkten bestehendes Bild geht die Integration in eine Summe über und statt dem Ortsvektor werden die Indizes der entsprechenden Bildpunkte verwendet. Neben Weichzeichnungsfiltern lassen sich auf diese Art auch andere Filter implementieren. Die Wirkung des Filters wird dabei vom Faltungskern bestimmt.

Im Fall der dreidimensionalen Bilddaten aus den Rekonstruktionsverfahren ist das Ziel, die räumliche Verteilung der vorhandenen Materialphasen zu erhalten. Dafür muss eine Zuordnung der Graustufenwerte zu den Materialphasen vorgenommen werden. Dieser Vorgang wird Segmentierung genannt. Dabei wird die Datenmenge reduziert, indem ein Intervall von Graustufenwerten auf einen diskreten Index reduziert wird. Im einfachsten Fall geschieht dies durch die Definition eines Schwellenwerts (engl. *threshold*), der als Entscheidungskriterium dient. Liegen zwei Materialphasen vor, so werden alle Pixel mit einem Graustufenwert kleiner als der Schwellenwert der einen Materialphase zugeordnet, die verbleibenden Pixel werden der anderen Phase zugeordnet. Dieser Vorgang ist beispielhaft in Abbildung 2.16 dargestellt.

Dabei handelt es sich um einen idealisierten Fall, denn trotz des leichten Rauschens weist das Histogramm keinen Überlapp der beiden Graustufenverteilungen auf. Bei geringerem Kontrast oder stärkerem Rauschen käme es zu Segmentierungsfehlern. In diesem Fall ist eine Vor- und Nachbearbeitung der Bilddaten notwendig. Alternativ können fortschrittlichere Segmentierungsalgorithmen eingesetzt werden (siehe Abschnitt 5.2).

Neben den bereits angesprochenen Filtern für das Graustufenbild existiert die Klasse der morphologischen Filter. Diese werden in der Regel auf binäre Bilder angewendet und nutzen die Nachbarschaftsbeziehungen zwischen den Bildelementen aus. Die wichtigsten morphologischen Operationen sind die Erosion und die Dilatation. Beide basieren auf einem strukturierenden Element, das schrittweise über das Bild geschoben wird. Meist handelt es sich dabei um eine kreis- oder kugelförmige Maske. Im Fall der Erosion werden nur die Bildpunkte behalten, bei denen alle in der Maske liegenden Bildpunkte zur gleichen Phase gehören, wie der Ursprungsbildpunkt. Das führt dazu, dass die Bildbereiche um den Radius der Maske schrumpfen, wobei die geschrumpften Bereiche mit dem Radius der Maske abgerundet sind. Bildbereiche, die kleiner als die Maske sind, werden komplett entfernt.
Bei der Dilatation ist das Vorgehen umgekehrt. Im Zielbild werden alle Bildpunkte zu der entsprechenden Phase gezählt, die an der jeweiligen Ursprungsposition im Quellbild von der Maske überdeckt werden. Dabei spielt es keine Rolle, zu welcher Phase sie davor gehört haben. Dies führt zu einer Ausweitung der Bildbereiche um den Radius der Maske, wobei eng beieinander liegende Bildbereiche zusammenwachsen können.
Werden die Erosions- und die Dilatationsoperation hintereinander ausgeführt, so ergibt sich je nach Reihenfolge die Öffnen- oder die Schließen-Operation. Beim Öffnen wird zunächst eine Dilatation auf das negierte Bild angewendet, wodurch Bereiche des Originalbildes verschwinden, die kleiner als das strukturierende Element sind. Die anschließende Erosion mit dem identischen strukturierendem Element, gefolgt von einer erneuten Inversion des Ergebnisses, rekonstruiert die ursprüngliche Form der Bildbereiche. Dabei werden alle Bereiche des Originalbildes entfernt, in die das strukturierende Element nicht hineinpasst. Neben dem Entfernen kleiner Bildbereiche, wird die Kante beziehungsweise Grenzfläche der Bildbereiche auch mit dem Radius des strukturierenden Elements geglättet.
Für das Schließen geht man analog vor, wobei die beiden Inversionen des Bildes entfallen. Dadurch können Bildbereiche zusammenwachsen, wenn die Lücke zwischen ihnen kleiner als das strukturierende Element ist.

Ebenfalls über die Analyse der Nachbarschaftsbeziehungen lassen sich die Bildelemente in zusammenhängende Gruppen unterteilen. Mit dieser Methode lassen sich isolierte Bildbereiche identifizieren und bei Bedarf aus dem Bild entfernen. Daraus ergeben sich der *island removal* sowie der *cavity fill* Algorithmus, der eine wichtige Rolle zur Vorbereitung der Rekonstruktionsdaten für numerische Simulationen spielt.

2.5. Numerisches Lösen von partiellen Differentialgleichungen

In den Naturwissenschaften werden die in der Natur ablaufenden Vorgänge durch partielle Differentialgleichungen beschrieben. Die Lösungen dieser Gleichungen unterliegen üblicher Weise gewissen Randbedingungen. Analytische Lösungen dieser Gleichungssysteme sind meist nur für einfache Geometrien (zum Beispiel unter Ausnutzung von Symmetrien) sowie für einfache Randbedingungen möglich. Reale Systeme bilden oft ein multiphysikalisches Problem. Das heißt, dass verschiedene physikalische Prozesse miteinander gekoppelt ablaufen. Die analytische Lösung ist dann nur für wenige Spezialfälle möglich. In diesen Fällen kommt man um eine näherungsweise numerische Lösung der Gleichungen nicht herum. Die Grundidee dabei ist, dass der Ort, und bei zeitabhängigen Problemen auch die Zeit, diskretisiert betrachtet werden. Die Ableitungen werden dann näherungsweise als Differenzenquotienten berechnet. Im Folgenden werden die zwei gängigsten Verfahren für die räumliche Diskretisierung und die wichtigsten Zeitdiskretisierungsverfahren kurz beschrieben.

2.5.1. Finite Volumen Methode

Die Finite Volumen Methode (FVM) bietet sich bei der Lösung von Problemen an, denen ein Erhaltungssatz der Form

$$\frac{\partial u}{\partial t} + \nabla \cdot f(u) = g(u) \tag{2.65}$$

zu Grunde liegt. Wird das betrachtete Gebiet in Zellen (Finite Volumen) unterteilt, so gilt für jedes dieser Teilvolumen ebenfalls der Erhaltungssatz. Im Fall von Finiten Volumen erster Ordnung, wird die Differentialgleichung über das Volumen jeder Zelle gemittelt. Die Mittlung des Divergenzterms führt über den Gauß'schen Integralsatz zu einem Oberflächenintegral über die Flüsse in die Zelle. Die gemittelte Gleichung beschreibt dann die zeitliche Entwicklung des Mittelwerts des Feldes u auf der betrachteten Zelle. Dabei kann eine Änderung nur durch einen Fluss in oder aus der Zelle, sowie durch den Quellterm erfolgen. Der Erhaltungssatz ist also für jede Zelle erfüllt.

Die räumliche Diskretisierung führt zu einem gekoppelten System gewöhnlicher Differentialgleichungen, die es nun zu lösen gilt. Auf die dafür notwendige zeitliche Diskretisierung wird in Abschnitt 2.5.3 eingegangen.

2.5.2. Finite Elemente Methode

Die Methode der Finiten Elemente (FEM) basiert auf den Arbeiten von Ritz (1909) und Galerkin (1915) und ist eine variationelle Methode zur näherungsweisen Lösung kontinuierlicher Probleme [Jun01]. Nach dem die Finite Elemente Methode zunächst von theoretischem Interesse war, hielt sie mit dem Siegeszug des Computers in der zweiten Hälfte des 20. Jahrhunderts rasch Einzug in die Ingenieurswissenschaften. Die nachfolgende Beschreibung der Methode basiert auf der Einführung von M. Jung [Jun01].

Grundlage der Methode ist die schwache Formulierung oder Variationsformulierung eines Randwertproblems. Dabei werden die Ableitungen des Differentialoperators durch die verallgemeinerten Ableitungen nach Sobolev ersetzt. Dafür wird die partielle Differentialgleichung mit einer Funktion $v(x)$ aus dem Sobolev-Raum multipliziert und über das betrachtete Gebiet Ω integriert. Daraus ergibt sich die schwache Formulierung

$$a(u,v) = f(v) \tag{2.66}$$

wobei $a(u,v)$ die elliptische Bilinearform ist. Die Funktion $u(x)$ ist genau dann eine Lösung des Problems, wenn die Gleichung für beliebige Testfunktionen $v(x)$ aus dem Sobolev-Raum erfüllt ist. Im Gegensatz zum Ritz-Verfahren wird statt einer Ansatzfunktion für das gesamte betrachtete Gebiet jeweils eine Ansatzfunktion für jedes Teilgebiet verwendet, die außerhalb dieses Teilgebiets verschwindet. In diesem Ansatz liegt der Grund für die Flexibilität der FEM und ermöglicht den Einsatz der Methode auch bei komplizierten Geometrien.

Betrachtet man als Beispiel die Poisson-Gleichung

$$- \Delta u(x) = f(x), \tag{2.67}$$

so hat die schwache Formulierung die Form

$$\int_{\Omega} \nabla u \nabla v \cdot dV = \int_{\Omega} f \cdot v \cdot dV \tag{2.68}$$

Als nächstes wird die gesuchte Lösung $u(x)$ als Summe von Funktionen $p_j(x)$ geschrieben, die jeweils nur auf einem kleinen Gebiet ungleich Null sind:

$$u(x) = \sum_{j=0}^{n} u_j p_j(x). \tag{2.69}$$

Ein Beispiel für lineare Ansatzfunktionen $p_j(x)$ ist in Abbildung 2.17 gezeigt. Mit dieser Substitution müssen die Integrationen in Gleichung 2.68 nur noch über die Ansatzfunktionen berechnet werden. Somit reduziert sich die Suche nach der Lösung $u(x)$ auf die Berechnung der Koeffizienten u_j. Man erhält also ein lineares Gleichungssystem der Form

$$K \cdot \vec{u} = \vec{f} \tag{2.70}$$

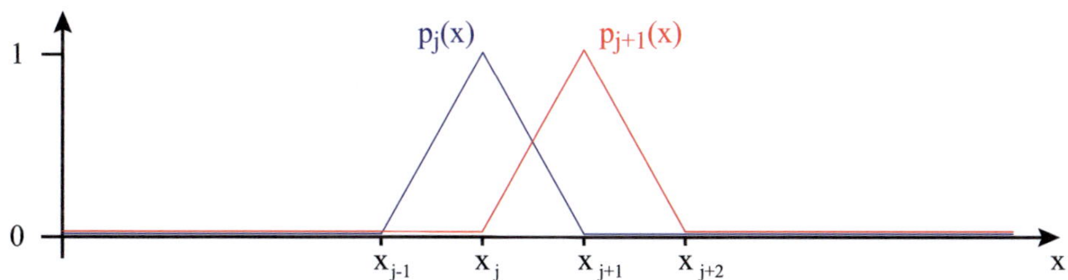

Abbildung 2.17.: Beispiel linearer Ansatzfunktionen $p_i(x)$ und $p_j(x)$ wie sie im Fall eines eindimensionalen Problems für die Finite Elemente Methode eingesetzt werden können.

mit der dünn besetzten Steifigkeitsmatrix K und dem Lastvektor $\vec{f}$. Für zeitabhängige Probleme muss zusätzlich eine zeitliche Diskretisierung vorgenommen werden (siehe Abschnitt 2.5.3). Dabei kann die zeitliche Diskretisierung sowohl vor, als auch nach der räumlichen Diskretisierung erfolgen.

2.5.3. Diskretisierung in der Zeit

Für die zeitliche Diskretisierung eines Problems der Form

$$\frac{\partial y}{\partial t} = Ay(t) + b(t) \tag{2.71}$$

stehen ebenfalls verschiedene Verfahren zur Verfügung, wobei man zwischen expliziten und impliziten Verfahren unterscheidet. Der nachfolgende Überblick basiert auf den Büchern von E. Hairer [Hai00, Hai10].

Bei dem expliziten Eulerverfahren wird zur Berechnung der Gleichung lediglich die räumliche Ableitung des letzten Zeitschritts t_n verwendet, womit es das einfachste Verfahren zur Lösung von Anfangswertproblemen darstellt. Beim impliziten Eulerverfahren verwendet man hingegen die räumliche Ableitung des nächsten Zeitschritts t_{n+1}. In diesem Fall muss für jeden Zeitschritt ein Gleichungssystem gelöst werden.

Ein weiteres implizites Verfahren ist das Crank-Nicolson-Verfahren, bei dem die räumliche Ableitung aus einem Mittelwert der Ableitungen zu den Zeiten t_n und t_{n+1} berechnet wird. Damit entspricht es dem Mittelwert der beiden Eulerverfahren.

Die Gruppe der Runge-Kutta-Verfahren gehört ebenfalls zu den impliziten Verfahren. Dabei wird die Lösung zum Zeitpunkt t_{n+1} bei einem k-stufigen Verfahren über k Zwischenschritte zwischen t_n und t_{n+1} berechnet. Während die Runge-Kutta-Verfahren im Allgemeinen implizit sind, gibt es auch explizite Varianten. Die impliziten Verfahren haben jedoch den Vorteil, dass sie für beliebige Stufe k A-stabil sein können. Das bedeutet, dass sie für eine Gleichung der Form

$$\frac{\partial y}{\partial x} = \lambda \cdot y \tag{2.72}$$

für $y(0) = 1$ unabhängig vom tatsächlichen Wert des Parameters λ eine gültige Lösung liefern, solange der Realteil von λ negativ ist. Die bedeutet auch, dass es nicht zu Oszillationen in der Lösung kommt.

Zusätzlich existiert die Klasse der Mehrschrittverfahren, die neben der letzten Lösung zum Zeitpunkt t_n auch Lösungen weiter zurückliegender Zeitpunkte (t_{n-1}, t_{n-2}, ...) verwenden. Ein Beispiel hierfür ist das BDF-Verfahren (engl. *backward differentiation formulas*), das im Fall des BDF(1) gerade dem impliziten Eulerverfahren entspricht. Allgemein werden für das BDF(k)-Verfahren die letzten k Lösungen benötigt, wobei das Verfahren nur bis zur sechsten Ordnung stabil ist. Das BDF(2)-Verfahren ist, im Gegensatz zu den BDF-Verfahren höherer Ordnung, noch A-stabil und eignet sich deshalb besonders für das Lösen steifer Anfangswertprobleme.

Allgemein gilt, dass ein Gleichungssystem steif ist, wenn für das Lösen implizite Methoden wesentlich besser funktionieren als explizite Methoden [Hai10]. Eine mögliche Definition der Steifheit eines Systems ergibt sich aus dem Verhältnis des größten und des kleinsten Realteils der Eigenwerte der Matrix A. Dies ist beispielsweise der Fall, wenn mehrere physikalische oder chemische Prozesse gekoppelt ablaufen, die sehr unterschiedliche Zeitkonstanten besitzen. Dies ist bei der Betrachtung der Lithiumionenzelle in der Regel der Fall. Deshalb bieten sich implizite A-stabile Verfahren, wie das implizite Euler, das BDF(2) oder die impliziten Runge-Kutta-Verfahren an.

2.5.4. Lösen der Gleichungssysteme

Durch die zuvor beschriebenen zeitlichen und räumlichen Diskretisierungsverfahren reduziert sich das Problem im Allgemeinen auf das Lösen eines Gleichungssystems der Form

$$A \cdot \vec{x} = \vec{b}. \tag{2.73}$$

Dabei ist die Matrix A typischerweise sehr groß, wobei die genaue Größe von der Feinheit der Diskretisierung und der Größe der Geometrie abhängt. Sie hat bei der Lösung der hier betrachteten Probleme die Eigenschaft, dass sie schwach besetzt ist. Das bedeutet, dass die meisten Elemente der Matrix gleich Null sind. Anstatt die Matrix komplett im Speicher des Computers abzulegen bietet es sich stattdessen an, die Matrix im *sparse*-Format (engl. für spärlich, zerstreut) im Speicher zu halten. Das bedeutet, dass nur die Elemente, die ungleich Null sind, zusammen mit ihrer Position in der Matrix gespeichert werden [Sch06, S. 540]. Durch den ersparten Speicherplatz ist es möglich, wesentlich größere Gleichungssysteme zu lösen, als es bei der Speicherung der vollen Matrix möglich wäre. Natürlich muss der verwendete

Löser den Umgang mit schwach besetzten Matrizen beherrschen. Im Folgenden wird die prinzipielle Vorgehensweise bei direkten und iterativen Lösungsverfahren kurz beschrieben, wobei die Darstellung auf [Sch06] basiert.

Direkte Löser

Das bekannteste direkte Verfahren zur Lösung eines Gleichungssystems ist das Gauß-Verfahren. Dieses basiert darauf, das Gleichungssystem auf die obere Dreiecksform zu bringen, sodass alle Einträge unterhalb der Diagonalen Null sind. Dafür dürfen Zeilen des Systems vertauscht, mit einer Zahl multipliziert sowie zueinander addiert werden. Durch sukzessive Rücksubstitution, beginnend mit der letzten Zeile des Systems, ist dann die Berechnung aller Elemente des Vektors $\vec{x}$ möglich. Durch Ausnutzung eventuell vorhandener spezieller Eigenschafte des Systems lässt sich der Algorithmus optimieren und beschleunigen.

Betrachtet man jedoch die konkrete Form, die die Matrix A beim Lösen von Transportprozessen annimmt, zeigt sich, dass direkte Verfahren zum Lösen des Gleichungssystems ungeeignet sind. Der Grund hierfür liegt darin, dass der Laplace-Operator in einem regelmäßigen dreidimensionalen Gitter zu einer Operatormatrix führt, die je Zeile lediglich sieben Einträge ungleich Null besitzt. Diese sind in einem Hauptband sowie zwei Nebendiagonalen angeordnet, zwischen denen unbesetzte Bereiche liegen (siehe auch Abbildung 5.21). Dieses Band zwischen den äußersten Nebendiagonalen füllt sich jedoch während des Durchführens des Gauß-Verfahrens durch das Addieren von Zeilen. Damit steigt der Speicherbedarf durch die zusätzlichen Matrixelemente stark an. Deshalb bieten sich bei dieser Struktur der Matrix iterative Verfahren an. Diese können die Eigenschaft, dass die Matrix A nur schwach besetzt ist, voll ausnutzen und erhalten die Struktur der Matrix während des Lösens.

Iterative Löser

Die Grundidee der iterativen Verfahren besteht darin, dass man von einer Anfangslösung $\vec{x}_0$ ausgeht und wiederholt die gleiche Rechenvorschrift anwendet. In jeder Iteration berechnet man einen neuen Vektor $\vec{x}_k$, der sich mit steigender Iterationszahl k der wahren Lösung annähert. Die Iterationsvorschrift lässt sich dabei schreiben als

$$\vec{x}_{k+1} = \vec{x}_k + B^{-1}\left(\vec{b} - A\vec{x}_k\right). \tag{2.74}$$

Für eine beliebige Anfangslösung $\vec{x}_0$ ist $\vec{x}_1$ die exakte Lösung, wenn die Matrix B gleich A ist [Sch06]. Wählt man B nun so, dass $B \approx A$ gilt, aber die Inverse von B leicht zu berechnen ist, so erhält man in jeder Iteration einen neuen Vektor $\vec{x}_{k+1}$, der näher an der tatsächlichen Lösung liegt. Die unterschiedlichen Vorgehensweisen zur Berechnung der Matrix B führen zu einer Vielzahl verschiedener iterativer Verfahren, die teilweise bestimmte Eigenschaften des Gleichungssystems ausnutzen. Die klassischen iterativen Verfahren sind das Jacobi-Verfahren, für das B gerade aus den Diagonalelementen der Matrix A besteht, sowie das Gauß-Seidel-Verfahren.

Zur Lösung von Gleichungssystemen, bei denen A symmetrisch und positiv definit ist, bieten sich die Verfahren der konjugierten Gradienten an. Diese basieren darauf, dass sich das Lösen des Gleichungssystems 2.73 auf das Finden des Minimums der Funktion

$$F(\vec{v}) = \frac{1}{2} \sum_{i=1}^{n} \sum_{j=1}^{n} a_{ij} v_j v_i - \sum_{i=1}^{n} b_i v_i = \frac{1}{2} \vec{v} \cdot A\vec{v} - \vec{b} \cdot \vec{v} \qquad (2.75)$$

überführen lässt [Sch06]. Der Gradient der Funktion $F(\vec{v})$ entspricht gerade dem Residuenvektor $\vec{r}$:

$$\nabla F(\vec{v}) = A\vec{v} - \vec{b} = \vec{r}. \qquad (2.76)$$

Da die Hessematrix von $F(\vec{v})$ gleich A ist, ist diese positiv definit und das Extremum ist ein Minimum. An der Stelle des Minimums ist $\vec{v}$ also gerade gleich der Lösung $\vec{x}$ des Gleichungssystems. Es muss nun also die Funktion $F(\vec{v})$ iterativ minimiert werden, wobei in jedem Schritt eine Korrektur $\vec{z}$ berechnet wird:

$$\vec{v}_{k+1} = \vec{v}_k + \vec{z} \qquad (2.77)$$

Eine ähnliche Vorgehensweise führt auch auf die Methode der minimierten Residuen (MINRES) oder der verallgemeinerten minimierten Residuen (GMRES) [Sch06].

2.6. Elektrochemische Messverfahren

Für die Untersuchung von Lithiumionenzellen wird eine Vielzahl elektrochemischer Messmethoden eingesetzt. Im Folgenden werden die im Rahmen dieser Arbeit verwendeten Messmethoden kurz dargestellt.

Lade- und Entladekennlinien
Die Messung von Lade- und Entladekennlinien wird für so gut wie jede Lithiumionenzelle durchgeführt. Darunter versteht man die Messung des Verlaufs der Zellspannung bei Belastung der Zelle mit einem konstanten Strom. Für das Aufnehmen einer Entladekurve muss die Zelle zunächst auf die maximale Zellspannung geladen werden. Anschließend wird sie mit konstantem Strom entladen, bis die untere Spannungsgrenze erreicht ist. Für die Ladekennlinien ist das Vorgehen genau umgekehrt. Zuerst wird die Zelle vollständig entladen, anschließend erfolgt der Ladevorgang mit konstantem Strom. Die maximale und die minimale Zellspannung werden dabei durch die Stabilität der eingesetzten Materialien bestimmt. Die eingesetzten Ströme werden üblicherweise in C-Raten angegeben. Dabei spricht man von einem Strom von 1C, wenn die Nennkapazität der Zelle innerhalb einer Stunde ge- oder entladen wird. Höhere Ströme werden entsprechend als Vielfache der 1C-Rate angegeben, kleinere Ströme als Bruchteil.

Gleichgewichtspotential als Funktion der Lithiumkonzentration
Die Potentialkennlinie als Funktion der eingelagerten Lithiummenge ist eine wichtige

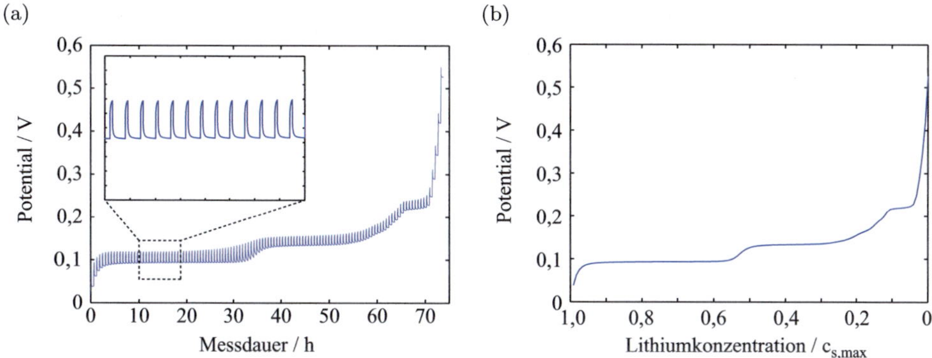

Abbildung 2.18.: Messung der Potentialkennlinie einer Graphitanode aus einem gepulsten Entladevorgang. Aus den Relaxationsphasen nach den Strompulsen (a) wird das jeweilige Gleichgewichtspotential für jeden Ladezustand aus den Endwerten bestimmt, um die Potentialkennlinie (b) zu erhalten.

Eigenschaft des Aktivmaterials. Sie wird häufig auch als Leerlaufkennlinie oder Leerlaufpotential bezeichnet. Daher sind auch die Abkürzungen OCP (engl. *open circuit potential*) und OCV (engl. *open circuit voltage*) gängig, wobei letztere sich auf die Potentialdifferenz zweier Elektroden bezieht (Leerlaufspannung).

Während der Potentialverlauf bei der Erforschung neuer Materialien wichtige Einblicke in die Thermodynamik der Lithiumeinlagerung liefert, stellt sie für die Modellierung des Elektrodenverhaltens einen wichtigen Parameter dar. Dabei handelt es sich um eine Gleichgewichtsgröße, die folglich nur im Leerlauf messbar ist. Die Messung wird mit einer Gegenelektrode aus metallischem Lithium durchgeführt und läuft folgendermaßen ab: Zunächst wird die Zelle vollständig ge- oder entladen, abhängig davon, in welcher Richtung die Kurve aufgenommen werden soll. Dann lässt man die Zellspannung relaxieren, bis alle Überspannungen abgeklungen sind und die Zellspannung konstant bleibt. Anschließend wird für eine definierte Zeit ein bekannter Strom auf die Zelle gegeben. Die Größe des Stroms und die Dauer des Strompulses definieren dabei die beinhaltende Ladungsmenge und damit auch, wie viele solcher Pulse für die Gesamtkapazität der Elektrode notwendig sind. Dem Puls folgt eine Relaxationsphase, in der wieder alle Überspannungen abklingen können. Je nach erforderlicher Genauigkeit der Kennlinie, der Ladungsmenge des Pules und dem Material, sind Zeiten zwischen 20 Minuten und mehreren Stunden notwendig. Danach wird der Vorgang so lange wiederholt, bis die Elektrode durch die Pulse komplett ge- oder entladen wurde (Abbildung 2.18). Die Potentialkurve ergibt sich aus den gemessenen Spannungen am Ende der Relaxationsphasen.

Da die Dauer für eine solche Messung schnell mehrere Tage betragen kann, wird
der Verlauf des Gleichgewichtspotentials oft durch einen langsamen Lade- oder
Entladevorgang angenähert. Dabei geht man davon aus, dass man sich stets nahe
des Gleichgewichtszustands befindet und die auftretenden Überspannungen vernachlässigbar klein sind.

Impedanzspektroskopie
Im Gegensatz zu den beiden vorherigen Messmethoden liefert die Impedanzspektroskopie Informationen über die Dynamik der Vorgänge in der Zelle. Dazu wird
der komplexe Wechselstromwiderstand (Impedanz) der Zelle bei verschiedenen Frequenzen gemessen. Dieser besteht zum einen aus dem Betrag Z_0, der sich aus dem
Amplitudenverhältnis von Spannung und Strom ergibt

$$Z_0 = \frac{\hat{U}}{\hat{I}}, \tag{2.78}$$

sowie aus der Phasenverschiebung φ. Diese kann positiv oder negativ sein und
ergibt sich aus dem Phasenunterschied zwischen dem Anregungssignal das auf die
Zelle gegeben wird, und dem Antwortsignal. Zur Messung kommt in der Regel
ein *frequency response analyzer* (FRA) zum Einsatz. Dabei werden zusätzlich zu
dem Anregungssignal $A(t)$ zwei Referenzsignale $C_1(t)$ und $C_2(t)$ generiert, die eine
Phasenverschiebung von 90° aufweisen. Wenn ein sinusförmiges Anregungssignal

$$A(t) = A_0 \cdot \sin(\omega t) \tag{2.79}$$

verwendet wird, können die Referenzsignale beispielsweise

$$C_1(t) \quad = \quad C_0 \cdot \sin(\omega t) \tag{2.80}$$

$$C_2(t) \quad = \quad C_0 \cdot \cos(\omega t) \tag{2.81}$$

sein. Das Antwortsignal $B(t)$ wird jeweils mit den Referenzsignalen multipliziert und
das Ergebnis über eine ganzzahlige Anzahl an Perioden integriert. Das Antwortsignal $B(t)$ kann zum einen eine Phasenverschiebung φ relativ zum Anregungssignal
aufweisen, und zum anderen weitere Beiträge $f(\omega, t)$ durch Oberschwingungen und
äußere Störungen beinhalten:

$$B(t) = A_0 \cdot |Z(\omega)| \cdot \sin(\omega t + \varphi) + f(\omega, t) \tag{2.82}$$

Dabei ist $|Z(\omega)|$ der Betrag der komplexwertigen Übertragungsfunktion. Wie in
[Bar05] gezeigt, werden diese unerwünschten Bestandteile $f(\omega, t)$ des Antwortsignals
durch die Multiplikation mit den Referenzsignalen und die anschließende Integration
effektiv unterdrückt. Die Ausgangsgrößen C_1 und C_2 dieser Signalverarbeitung sind
dann gegeben durch:

$$C_1(t) \quad = \quad A_0 \cdot C_0 \cdot |Z(\omega)| \cdot \cos(\varphi(\omega)) \tag{2.83}$$

$$C_2(t) \quad = \quad A_0 \cdot C_0 \cdot |Z(\omega)| \cdot \sin(\varphi(\omega)) \tag{2.84}$$

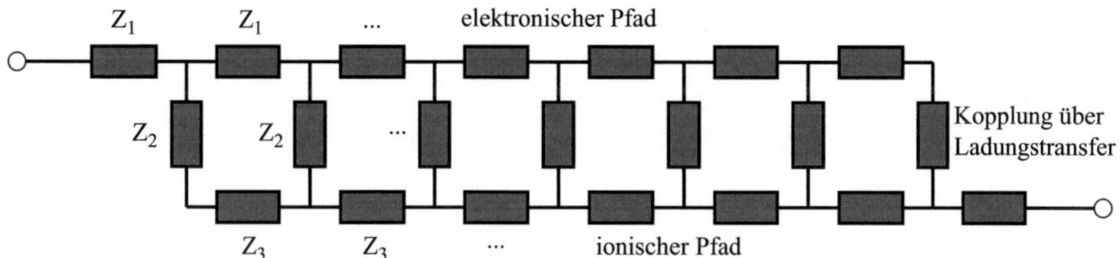

Abbildung 2.19.: Schematische Darstellung eines allgemeinen Leitermodells mit den differentiellen Widerstandskomponenten Z_1, Z_2 und Z_3. Während die Elemente Z_1 und Z_3 der Transportvorgänge meist durch Ohm'sche Widerstände dargestellt werden, kann die Kopplung Z_2 wesentlich komplexer sein.

Dividiert man diese durch die bekannten Signalamplituden A_0 und C_0, so erhält man den Realteil $Z'(\omega)$ sowie den Imaginärteil $Z''(\omega)$ der Übertragungsfunktion.

Aus einer Serie von Messpunkten, die typischerweise einen Frequenzbereich von vielen Dekaden überdecken, ergibt sich das Impedanzspektrum $Z(\omega)$. Dieses lässt sich in einem Bode-Diagramm darstellen, in dem die Amplitude und die Phase separat über der Frequenz aufgetragen sind. Eine alternative Art der Auftragung ist das Nyquist-Diagramm. In diesem werden die Messpunkte in der durch reelle und imaginäre Achse aufgespannten Ebene eingetragen.

Die Auswertung eines Impedanzspektrums erfolgt in der Regel durch Anpassen einer komplexen Impedanzfunktion, die auf Basis eines Modells entwickelt wird. Dabei können die Parameter des Impedanzmodells mit physikalischen Größen in Verbindung stehen. Eine ausführliche Darstellung der Grundlagen der Messmethode und der Auswertung der Messergebnisse finden sich in [Bar05] und [Ora11].

Die Impedanzfunktion wird dabei aus grundlegenden Ersatzschaltbildelementen zusammengesetzt. In vielen Fällen können diese Elemente in Form einer Serienschaltung miteinander verknüpft werden, vor allem wenn sich ihre charakteristischen Frequenzen stark unterscheiden. Dabei wird für den Ladungstransfer implizit angenommen, dass die Potentiale im Elektrolyten und in der Elektrode jeweils einen positionsunabhängigen Wert aufweisen.

Bei sehr dichten und dicken Elektroden ist diese Annahme nicht gerechtfertigt. In diesem Fall muss der Transport in der Elektrode und der Transport im Elektrolyten in gekoppelter Form betrachtet werden. Dazu werden sogenannte Leitermodelle (engl. *transmission line model*) eingesetzt, in denen die Elektrode über ihre Dicke diskretisiert wird und durch ein leiterförmiges Netzwerk aus differentiellen Widerständen beschrieben wird [Bar05]. Ein solches Leitermodell ist in allgemeiner Form in Abbildung 2.19 dargestellt. Da sich die Leitfähigkeiten in den beiden Transportpfaden in der Praxis häufig stark unterscheiden, kann in diesen Fällen einer der Transportpfade als kurzgeschlossen betrachtet werden. Für die zwischen den beiden Transportpfaden

kommen in der Regel komplexere Ersatzschaltbildelemente, beziehungsweise Kombinationen mehrerer Elemente zum Einsatz. Diese müssen den Ladungstransfer, die Festkörperdiffusion und die Kapazität des Aktivmaterials beschreiben.

3. Stand der Technik

In den folgenden Abschnitten wird der aktuelle Stand der Forschung zu den Themen Mikrostrukturrekonstruktion sowie Modellierung von porösen Elektroden für Lithiumionenzellen dargestellt. Dabei werden sowohl der Stand zu Beginn dieser Arbeit beschrieben, als auch die von anderen Gruppen erzielten Fortschritte, die erzielt wurden während diese Arbeit entstanden ist. Anschließend folgt eine kurze Darstellung des Newman-Modells sowie einige Aspekte der Modellierung von Lithiumeisenphosphat, das auf Grund der ausgeprägten Phasenseparation eine Sonderstellung unter den Aktivmaterialien einnimmt.

3.1. Mikrostrukturrekonstruktion poröser Elektroden

Zur Erfassung der Mikrostruktur poröser Elektroden für elektrochemische Zellen existieren zwei gängige Verfahren. Zum einen die Mikroröntgentomographie, zum anderen die FIB-Tomographie. Beide Verfahren sind in Abschnitt 2.3 detailliert beschrieben.

Auf poröse Elektroden wurden beide Methoden erstmals zur Rekonstruktion von Elektroden einer Hochtemperaturbrennstofzelle (*solid oxide fuel cell*, SOFC) angewendet. Die erste SOFC-Anode wurde 2006 mittels FIB-Tomographie von James R. Wilson rekonstruiert [Wil06]. Sie bestand aus einer porösen Struktur von Nickel und Yttrium-stabilisiertem Zirkonoxid (YSZ). Die Rekonstruktion einer Kathode aus $La_{0,8}Sr_{0,2}Co_{0,2}Fe_{0,8}O_{3-\delta}$ (LSCF) wurde 2007 von der Gruppe von Eric Wachsman veröffentlicht [Gos07]. Im Jahr 2009 folgte von der Gruppe von Scott Barnett die Anwendung auf eine SOFC-Kathode aus einer Mischung von $La_{1-x}Sr_xMnO_3$ (LSM) und YSZ [Wil09].

Die Mikrostruktur beider SOFC-Elektroden wurden auch mittels Mikroröntgentomographie untersucht. Eine Ni/YSZ-Anode wurde 2008 von John R. Izzo [Izz08] und 2010 von Paul R. Shearing [She10a] untersucht, wobei bei Letzterer das abzubildende Volumen mit einem Ionenstrahl aus der Probe herausgeschnitten wurde. Für die Untersuchung einer LSM/YSZ-Kathode wurde die Mikroröntgentomographie 2011 von George J. Nelson eingesetzt [Nel11], wobei ein direkter Vergleich der Ergebnisse der

Mikroröntgentomographie mit den Ergebnissen der FIB-Tomographie vorgenommen wurde.

Zu Beginn dieser Arbeit im Herbst 2009 existierte noch keine dreidimensionale Rekonstruktion der Mikrostruktur einer Batterieelektrode. Etwa ein Jahr später wurde von der Gruppe von Scott Barnett (Nothwestern University, Chicago, USA) die erste Rekonstruktion einer $LiCoO_2$-Kathode mittels FIB-Tomographie veröffentlicht [Wil11]. Diese bildete ein Volumen von $28\,100\,\mu m^3$ mit einer Voxelgröße von $50\,nm \times 50\,nm \times 200\,nm$ ab. Der Leitruß der Kathode wurde in der Rekonstruktion nicht erfasst, da sich im Rasterelektronenmikroskop kein Materialkontrast zu dem verwendeten Epoxidharz zeigte. Ohne Kenntnis der räumlichen Verteilung des Leitrußes ist die Analyse der Mikrostruktur nur in stark begrenztem Umfang möglich.

Die erste Rekonstruktion der Mikrostruktur einer $LiFePO_4$-Kathode inklusive des Leitrußes gelang 2010 im Rahmen dieser Arbeit [End11]. Sie umfasste ein Volumen von $375\,\mu m^3$ bei einer isotropen Voxelgröße von $25\,nm$. Dem hierfür eingesetzten Präparationsverfahren liegt die Idee zugrunde, ein Silikonharz für das Infiltrieren der Porosität zu verwenden, wodurch ein Materialkontrast zum Leitruß erzielt wird. Das Verfahren ist in Abschnitt 5.1.2 detailliert beschrieben. Die Weiterentwicklung des Verfahrens ermöglichte auch die Rekonstruktion einer $LiFePO_4$-Kathode aus einer kommerziellen Zelle [End12a]. Dabei betrug das rekonstruierte Volumen $8704\,\mu m^3$, bei einer Kantenlänge der kubischen Voxel von $25\,nm$.

Die Gruppe von Dean R. Wheeler (Brigham Young University, Provo, USA) veröffentlichte 2011 eine Methode, um ausgehend von einem zweidimensionalen FIB-Schnitt durch eine $LiCoO_2$-Elektrode mittels eines stochastischen Modells eine dreidimensionale Struktur zu generieren [Ste11]. Die dazu verwendeten Schnitte wurden ohne vorherige Infiltration angefertigt. Dadurch wurden die Leitrußbereiche auf Grund ihrer unterschiedlichen Morphologie sichtbar und konnten ebenfalls bei der Generation der künstlichen Mikrostruktur berücksichtigt werden. Da es sich bei den resultierenden Mikrostrukturen um computergenerierte Strukturen handelt, denen gewisse Modellannahmen zu Grunde gelegt wurden, können keine Aussagen über die tatsächliche räumliche Struktur des Leitrußes getroffen werden.

Tobias Hutzenlaub (Universität Freiburg, Deutschland) veröffentlichte 2012 eine FIB-Rekonstruktion einer $LiCoO_2$-Kathode [Hut12]. Das Rekonstruktionsvolumen betrug dabei ungefähr $4500\,\mu m^3$, bei einer Voxelgröße von $35\,nm \times 44{,}5\,nm \times 62\,nm$. Da die Poren der Struktur für die Rekonstruktion nicht gefüllt wurden, konnte die räumliche Verteilung des Leitrußes erfasst werden. Dieses Vorgehen verursacht auf Grund der in Abschnitt 2.3.2 beschriebenen Problematik zusätzliche Fehler und Unsicherheiten.

Weitere Rekonstruktionen der Struktur des Aktivmaterials mittels Mikroröntgentomographie wurden von verschiedenen Gruppen veröffentlicht. Die Gruppe von

Likun Zhu (Purdue University, Indiana, USA) [Yan12] veröffentlichte eine Rekonstruktion einer LiCoO$_2$-Kathode mit einem Volumen von $21\,780\,\mu m^3$ und einer isotropen Voxelgröße von 64 nm. Die Gruppe von Vanessa Wood (ETH, Zürich, Schweiz) [Ebn13] stellte Rekonstruktionen von verschiedenen Elektroden auf Basis von Übergangsmetalloxiden vor. Die Rekonstruktionen umfassen ein Volumen von jeweils $34{,}3 \cdot 10^6\,\mu m^3$ bei einer Kantenlänge der kubischen Voxel von 370 nm.

Die Gruppe von Scott Barnett veröffentlichte eine Reihe von Rekonstruktionsdatensätzen von LiCoO$_2$-Kathoden sowie von LiCoO$_2$/Li(Ni$_{1/3}$Co$_{1/3}$Mn$_{1/3}$)O$_2$ Blendelektroden im neuen und im gealterten Zustand [Liu13]. Dabei wurden für eine Blendelektrode die Ergebnisse der FIB-Rekonstruktionen mit denen der Mikroröntgentomographie verglichen. Die erfassten Probenvolumen betrugen zwischen $11\,000\,\mu m^3$ und $63\,000\,\mu m^3$, bei Voxelgrößen von 38,9 nm (Mikroröntgentomographie) und $50\,nm \times 50\,nm \times 150\,nm$ bis $62{,}5\,nm \times 62{,}5\,nm \times 200\,nm$ (FIB-Tomographie).

Über die Mikrostruktur der Anoden wurden weniger Arbeiten veröffentlicht. Die einzige bisher veröffentliche Rekonstruktion einer Graphitanode stammt von der Gruppe von Nigel Brandon (Imperial College, London, UK) aus dem Jahr 2010 [She10b]. Dabei kam die Mikroröntgentomographie zum Einsatz und es wurde die Homogenität der Struktur untersucht. Das rekonstruierte Volumen betrug $7{,}15 \cdot 10^6\,\mu m^3$, bei einer Voxelgröße von 480 nm

Allen veröffentlichten Kathodenrekonstruktionen ist gemein, dass die räumliche Verteilung des Leitrußes entweder auf Grund der Infiltration nicht erfasst wurde, oder dass auf die Infiltration der Poren verzichtet wurde, um die ungefähre Leitrußverteilung zu erfassen. Dabei führt die zweite Vorgehensweise zu geringfügigen Veränderungen der Mikrostruktur durch Redeposition und zu Problemen bei der Segmentierung, da die Erkennung der Poren durch dahinterliegendes Material erschwert wird. Lediglich die im Rahmen dieser Arbeit entstandenen Rekonstruktionen konnten die Mikrostruktur von Kathoden inklusive des Leitrußes bei gleichzeitiger Füllung der Porosität erfassen [End11, End12a]. Von Anodenstrukturen existiert lediglich die in [She10b] veröffentlichte Mikrostruktur.

3.2. Modellierung poröser Elektroden

In der zweiten Hälfte des 20. Jahrhunderts stieg das Interesse an der Modellierung von Systemen mit porösen Elektroden. Diese werden nicht nur in elektrochemischen Energiespeichern und -wandlern, sondern auch bei elektrolytischen Prozessen, der Katalyse, bei der Entsalzung und bei Analyseverfahren eingesetzt [New68].

Da die mikroskopische Behandlung realistischer Systeme zur damaligen Zeit unmöglich war, wurden effektive Theorien entwickelt. Diese reduzieren das Problem auf eine Dimension, damit eine analytische oder numerische Lösung zumindest näherungsweise möglich wird. Dafür werden die in der heterogenen porösen Elektrode ablaufenden Prozesse homogenisiert betrachtet. Die Transportvorgänge werden dann durch effektive Transportparameter beschrieben.

Für elektrochemische Systeme wurde die effektive Theorie poröser Elektroden von John Newman eingeführt (siehe Abschnitt 3.3) und auf Batterien angewendet [New75]. Dieses Modell und Abwandlungen davon werden auch heute noch oft eingesetzt, und als Newman-Modell bezeichnet. Es wurde verwendet, um das Zellverhalten zu beschreiben [Doy93, Doy96, Aro00, Smi07], zu optimieren [Doy95a, Doy03] und Parameterabhängigkeiten zu studieren [Doy94, Ste07]. Trotz des Erfolgs dieses Modellierungsansatzes werden für die Herleitung einige Annahmen gemacht, die für eine reale Batterieelektrode nicht immer gültig sind. Zum einen sind das die Voraussetzung der Homogenität der Struktur, sowie einer klaren Skalentrennung zwischen den typischen Dimensionen der Partikel (und Poren) und der Dicke der Elektrode [Ciu11]. Zum anderen wird in diesem Modell angenommen, dass die Partikel alle die gleiche Größe besitzen und kugelförmig sind. Diese Annahmen können für Elektroden in kommerziellen Zellen in der Regel nicht getroffen werden. In [Dar97] demonstrierte die Gruppe von John Newman den Einfluss zweier unterschiedlicher Partikelgrößen auf das Verhalten der Elektrode.

Mit anwachsenden Rechenkapazitäten wurden während der letzten Jahre ortsaufgelöste Simulationen der elektrochemischen Vorgänge in den Elektroden möglich. Zu Beginn der vorliegenden Arbeit existierten lediglich zwei Gruppen, die Arbeiten zur ortsaufgelösten Modellierung der Vorgänge in Batterieelektroden veröffentlicht hatten.

Die Gruppe von Edwin Garcia (Purdue University, Indiana, USA) veröffentlichte Simulationen zur elektrochemischen Leistungsfähigkeit und zur mechanischen Belastung von $LiMn_2O_4$-Partikeln. Dafür wurden zufällige zweidimensionale Anordnung kreisförmiger Partikel einer Größe verwendet, ohne den Leitrußzusatz ortsaufgelöst zu betrachten [Gar05, Gar07]. Später wurde von dieser Gruppe eine zweidimensionale Querschnittaufnahme durch eine $LiCoO_2$/Graphit-Zelle verwendet [Smi09].

In der Gruppe von Ann Marie Sastry (University of Michigan, ann Arbor, USA) wurden regelmäßige und zufällige Anordnungen kugelförmger $LiMn_2O_4$-Partikel untersucht [Wan07]. Auch hier wurde der Kohlenstoffzusatz nicht explizit modelliert.

Erst nach Beginn dieser Arbeit sind weitere Veröffentlichungen zur dreidimensionalen Modellierung der Vorgänge in Batterieelektroden erschienen.

In einer 2012 erschienenen Veröffentlichung der Gruppe von Ann Marie Sastry zusammen mit dem Fraunhofer Institut für Industrielle Mathematik und dem GM Alternative Propulsion Center Europe der Adam Opel AG wurde eine aus einem zweidimensionalen Schnittbild generierte Elektrodenstruktur für die Simulation verwendet. Diese repräsentierte ein Volumen von $100 \times 100 \times 100\,\mu m^3$, wobei der Leitrußes und der Binder vernachlässigt wurden [Les12].

Die Gruppe von Robert Kee (Colorado School of Mines, Golden, USA) verglich die Simulationsergebnisse regelmäßig angeordneter Kugeln mit den Ergebnissen eines eindimensionalen Modells. Dabei wurde lediglich das Aktivmaterial und der Elektrolyt modelliert [Gol12]. Die verwendeten Geometrien bildeten Elektrodendicken von 21 µm bis 29 µm ab. Die Kantenlänge der Grundfläche kann durch die Existenz einer Wiederholeinheit klein gehalten werden und betrug je nach Anordnung etwa 1,5 µm, bei einem Partikelradus von 1 µm.

Auch die Gruppe von Likun Zhu veröffentlichte eine ortsaufgelöste Simulation einer mittels Röntgentomographie rekonstruierten $LiCoO_2$-Elektrode [Yan12]. Das simulierte Volumen repräsentierte einen Ausschnitt von $15,4 \times 15,4 \times 40,3\,\mu m^3$ bei einer Auflösung von 384 nm. Die Modellierung erfolgte auch hier ohne Berücksichtigung des Leitrußes und des Binders.

Eine Veröffentlichung von Tobias Hutzenlaub aus dem Jahr 2013 zeigt die dreidimensionale Simulation einer $LiCoO_2$-Elektrode mit zusätzlicher Leitrußphase [Hut14]. Das Volumen repräsentiert einen Ausschnitt von $20 \times 18,2 \times 12,4\,\mu m^3$, bei einer Voxelgröße von 70 nm. Die Rekonstruktion wurde jedoch ohne vorherige Infiltration angefertigt, was die Auflösung des Leitzusatzes beeinträchtigt.

Zusammenfassend kann man sagen, dass die Aktivitäten auf dem Themengebiet der ortsaufgelösten Elektrodenmodellierung während der letzten Jahre zugenommen haben. Für homogenisierte Simulationen wird meistens das Newman-Modell eingesetzt. Ortsaufgelöste Simulationen greifen oft auf Kugelstrukturen zurück. Die Arbeiten, in denen rekonstruierte Elektrodenstrukturen verwendet werden, müssen sich auf kleine Elektrodenausschnitte (Kantenlänge von zwei bis drei Partikeldurchmesser) und geringe Auflösungen beschränken. Zusätzlich wird meist der Kohlenstoffzusatz vernachlässigt. Die in diesen Fällen verwendeten Modelle bauen auf den Gleichungen des Newman-Modells in nicht-homogenisierter Form auf.

3.3. Das Newman-Modell

John Newman beschäftigt sich seit den 1960er Jahren intensiv mit der Modellierung elektrochemischer Systeme [New68]. Während seiner Forschungstätigkeit an der Universität von Kalifornien in Berkeley hat er ein fundamentales Modell zur Beschreibung poröser Elektroden entwickelt. Dieses basiert auf der Idee, die in der porösen Struktur heterogen verteilt ablaufenden Prozesse homogenisiert zu beschreiben. Die Grundlage hierfür bildet die Volumenmittelung (engl. *volume averaging*) (siehe auch Abschnitt 6.2).

Die Anwendung seines Modells auf poröse Elektroden von Batterien hat Newman in seiner 1975 erschienenen Veröffentlichung [New75] diskutiert. In den darauffolgenden Jahrzehnten wurde die Theorie weiterentwickelt und für spezielle Fragestellungen

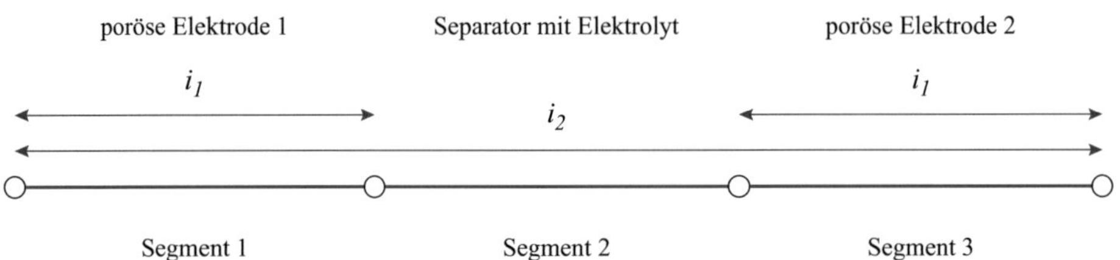

Abbildung 3.1.: Schematische Darstellung der Modellgeometrie einer Zelle im Newman-Modell. Die Stromdichte i_1 bezeichnet dabei den elektronischen Transport in der Matrix der beiden Elektroden. Die Ionenstromdichte im Elektrolyten wird mit i_2 bezeichnet.

angepasst. Da für Batterieelektroden unter Belastung kein stationärer Zustand existiert, sind die Möglichkeiten zur analytischen Behandlung des Problems auf einfache Spezialfälle beschränkt. Mit dem Aufkommen leistungsfähiger Computer in den 1990ern hat sich deshalb im Bereich der Batterien die numerische Lösung der Gleichungen durchgesetzt. Hier sind vor allem die Arbeiten von Marc Doyle [Doy03, Doy93, Doy00, Doy94, Doy95a, Doy95b, Doy97, Doy96] und Thomas Fuller [Ful94a, Ful94b] aus der Gruppe von John Newman zu nennen, die sich mit Simulationen von Lithiumionenzellen beschäftigt haben.

Der Grundgedanke der homogenisierten Modellierung einer Lithiumionenzelle besteht in der Beschreibung des Systems auf Basis von zwei Stromdichten i_1 und i_2. Diese sind auf einer eindimensionalen Geometrie definiert, die aus drei Segmenten besteht (Abbildung 3.1). Die Segmente stellen die beiden porösen Elektroden und den dazwischenliegenden Separator dar. Die Stromdichte i_1 bezeichnet dabei die elektronische Stromdichte in der festen Matrix der Elektroden und wird durch das Ohm'sche Gesetz bestimmt. In dem Segment, das den Separator darstellt ist $i_1 = 0$. Entsprechend bezeichnet i_2 die Stromdichte im Elektrolyten, die auf allen drei Segmenten des Modells definiert ist. Sie wird in der Regel durch die Gleichungen der Theorie der konzentrierten Lösungen beschrieben. Wenn diffusive Prozesse im Elektrolyten eine Rolle spielen, so werden diese durch eine zusätzliche Gleichung in allen drei Segmenten beschrieben. Die effektiven Transportparameter in den drei Segmenten können sich auf Grund der unterschiedlichen strukturellen Eigenschaften unterscheiden.

Die Kopplung zwischen den beiden Stromdichten findet an der Oberfläche der Partikel in den porösen Elektroden statt und wird in der homogenisierten Form durch einen Quellterm beschrieben. Dieser besteht aus dem Produkt der volumenspezifischen Oberfläche mit der mikroskopischen Ladungstransferstromdiche. In den meisten Fällen wird für diese die Butler-Volmer-Gleichung verwendet. Für eine Lithiumionenzelle mit Interkalationselektroden wird für die Berechnung der Ladungstransferstromdichte die Lithiumkonzentration an der Oberfläche der Partikel benötigt. Dafür müssen zusätzliche Diffusionsgleichungen gelöst werden, die die Lithiumkonzentration an der Partikeloberfläche in Abhängigkeit der Position innerhalb der Elektrode liefern.

Bei der Simulation wird eine Elektrode üblicherweise auf einem festen Potential gehalten und die andere Elektrode mit einem Strom belastet. Der Potentialunterschied zwischen den beiden Elektroden liefert die Zellspannung. Alternativ können aber auch Relaxationsexperimente [Ful94a] oder Impedanzexperimente [Doy00] simuliert werden. Neben der Zellspannung sind auch die Potentialverläufe im Elektrolyten und in der Elektrodenmatrix, die Konzentrationsverläufe im Elektrolyten und in den Partikeln, sowie die Ladungstransferstromdichte zugänglich.

Unter den zahlreichen Veröffentlichungen auf Basis des Newman-Modells haben zwei einen thematischen Bezug zu dem im Rahmen der vorliegenden Arbeit verwendeten Modell. Dies sind die Arbeiten von Paul Albertus [Alb09] aus dem Jahr 2009 und von Robert Darling [Dar97] aus dem Jahr 1997. In beiden Veröffentlichungen wurden zwei Partikel an jedes Diskretisierungselement gekoppelt (siehe Abschnitt 6.2). Im Fall von Albertus bestanden diese aus unterschiedlichen Aktivmaterialien, Darling hingegen hat zwei verschiedene Partikelgrößen angenommen.

Die Gruppe von Professor Newman hat ein auf ihrem Modell basierendes Programm für nicht kommerzielle Zwecke kostenlos zur Verfügung gestellt[1]. Das in der Programmiersprache Fortran geschriebene Programm *dualfoil* bietet die Möglichkeit, neben Lithiumionenzellen auch Natriumionen- und Nickelmetallhydridzellen zu simulieren. Zusätzlich zu Lade- und Entladekurven können Impedanzsimulationen durchgeführt werden. Neben dieser freien Software bauen auch die Batteriesimulationsmodule von COMSOL Multiphysics und von CD-adapco in STAR-CCM+ auf dem Newman-Modell auf.

3.4. Modellierung von Lithiumeisenphosphat

Die Modellierung des Lithiumeisenphosphats ($LiFePO_4$) als Aktivmaterial war in den letzten Jahren Gegenstand intensiver Forschung. Dabei haben sich in der Literatur zwei Mechanismen etabliert, wie die Lade- und Entladevorgänge ablaufen. Dies ist zum einen die Phasenseparation innerhalb eines Partikels, wobei sich die Phasengrenze zwischen der lithiumreichen und der lithiumarmen Phase während des Ladens oder Entladens verschiebt. Diese bereits von A. Padhi und J. Goodenough vorgeschlagene Modellvorstellung [Pad97] findet sich auch in dem von V. Srinivasan und J. Newman entwickelten $LiFePO_4$-Modell wieder, das als *shrinking core model* bekannt ist [Sri04]. Zum anderen besteht für ein Vielteilchensystem wie eine Elektrode die Möglichkeit, dass die Partikel die Phasentransformation nacheinander durchlaufen. Dabei sind immer nur wenige Partikel aktiv und werden vollständig lithiiert oder delithiiert. Mit diesem Mechanismus lässt sich auch die beobachtete

---

[1] http://www.cchem.berkeley.edu/jsngrp/

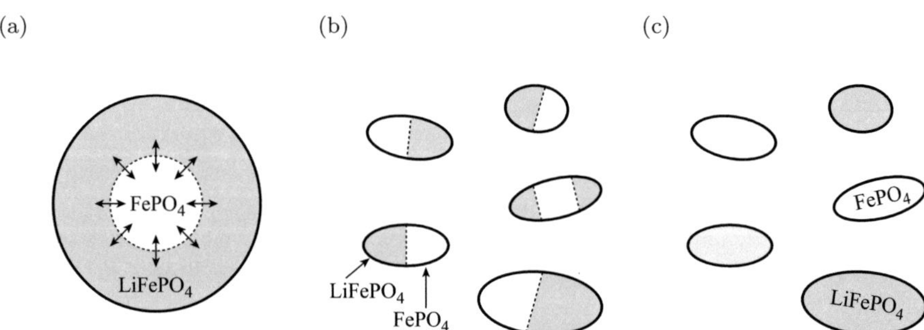

Abbildung 3.2.: Modellhafte Vorstellungen des Lade- und Entladevorgangs in Lithiumeisenphosphatpartikeln. Beim *shrinking core*-Modell (a) geht man dabei von einer isotropen Bewegung der Phasengrenze aus. Bei den neueren Modellvorstellungen bilden sich die Phasengrenzen entweder senkrecht zur Transportrichtung in der Kristallstruktur aus (b), oder es kommt zur Ausbildung von Partikeln der einen oder der anderen Phase (c).

Hysterese des Gleichgewichtspotentials erklären [Dre10]. Dass in einer realen Elektrode tatsächlich beide Mechanismen stattfinden, wurde von W. Chueh und Kollegen mit einem kombinierten Ansatz bestehend aus Transmissionselektronenmikroskopie- und Röntgenmikroskopieuntersuchungen gezeigt. In dieser Studie wurde der lokale Ladezustand der Partikel einer LiFePO$_4$-Elektrode abgebildet [Chu13]. Die auf Basis dieser Ideen entwickelten mikroskopischen Modelle, beinhalten teilweise auch Effekte wie Oberflächenbenetzung und elastische Beiträge der Gitterverformung [Sin08, Cog12, Cog13]. Integriert man diese in einem homogenisierten Elektrodenmodell, so lässt sich auf Basis weniger Annahmen und Parameter das Lade- und Entladeverhalten der Elektroden simulieren [Fer12]. Dabei wird jedes Partikel als eindimensionales Teilmodell betrachtet, wobei sich diese Dimension entlang der Partikeloberfläche erstreckt, und nicht wie beim Newman-Model in radialer Richtung. Da der Rechenaufwand schnell sehr groß wird, kann nur eine endliche Anzahl an Partikeln abgebildet werden, was zu Diskretisierungseffekten führt. Auf diese wird in Abschnitt 6.6.2 genauer eingegangen. Die Diskretisierungseffekte werden mit steigender Partikelanzahl kleiner und sind im Grenzfall einer realen Elektrode nicht mehr erkennbar.

4. Untersuchte Zellen

Die Mikrostrukturen der in einer Lithiumionenzelle verbauten Elektroden haben einen maßgeblichen Einfluss auf ihre Eigenschaften. Je nach Auslegung der Porosität, der zur Verfügung stehenden Oberfläche und der Partikelgröße, weist die Elektrode entweder eine hohe Kapazität oder eine gute Hochstromfähigkeit auf. Die Maßnahmen, die zum Erreichen der einen oder der anderen Eigenschaft ergriffen werden, sind komplementär. Es muss also stets ein Kompromiss zwischen der Kapazität und der Hochstromfähigkeit gefunden werden. Demnach kann man die meisten Lithiumionenzellen entweder der Kategorie der Energiezellen oder der Kategorie der Leistungszellen zuweisen. Im Folgenden sollen die im Rahmen dieser Arbeit verwendeten Zellen vorgestellt, sowie die in ihnen enthaltenen Elektroden untersucht werden.

(a) Zelle A
(b) Zelle B

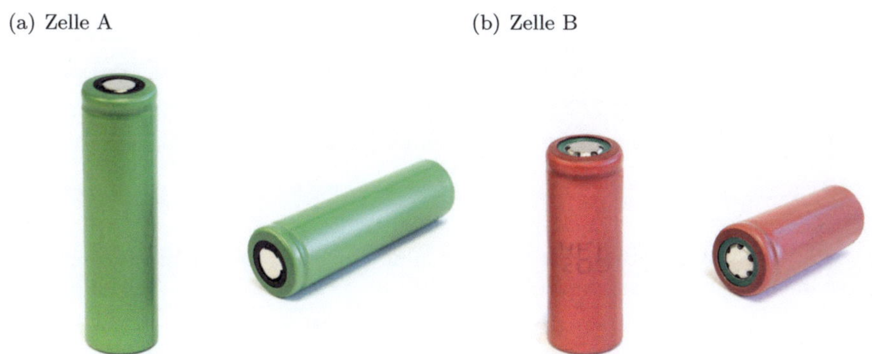

Abbildung 4.1.: Die zwei in dieser Arbeit verwendeten Zellen unterscheiden sich sowohl in ihrer Zellchemie, als auch hinsichtlich ihrer Auslegung. Bei der $LiFePO_4$/C-Zelle (a) handelt es sich um eine Leistungszelle von SONY (Zelle A), bei der $LiCoO_2$/C-Zelle (b) um eine Energiezelle von SANYO (Zelle B).

4.1. Kommerzielle Zellen

Um die Unterschiede der zugrundeliegenden Konzepte in der Elektrodenstruktur zu verdeutlichen, werden die im Rahmen dieser Arbeit entwickelten Methoden und Verfahren beispielhaft auf die Elektroden einer Energie- und einer Leistungszelle angewendet. Dabei kommen zwei kommerzielle Zellen zylindrischer Bauform zum Einsatz (Abbildung 4.1). Bei der ersten Zelle (Zelle A) handelt es sich um eine Leistungszelle von SONY im 18650er Format, bestehend aus einer $LiFePO_4$-Kathode und einer Graphit Anode. Bei der zweiten Zelle (Zelle B) im 18500er Format handelt es sich um eine Energiezelle von SANYO, mit einer Kathode aus $LiCoO_2$ und einer ebenfalls aus Graphit bestehenden Anode.

Die nominellen Eigenschaften beider Zellen entsprechend ihrer Datenblätter sind in Tabelle 4.1 gegenübergestellt. Daraus ergibt sich deutlich der Unterschied zwischen der Energie- und der Leistungszelle. Während erstere eine um 74 % größere Energiedichte besitzt, weist die Leistungszelle eine um 520 % höhere Leistungsdichte auf.

Diese Zahlen lassen sich in einer Gegenüberstellung der Entladekurven beider Zellen verdeutlichen. In Abbildung 4.2a und 4.2b sind die Konstantstromentladungen der beiden Zellen gezeigt. Dabei wird die Zellspannung während der Entladung über der entnommenen Ladungsmenge aufgetragen. Der Entladestrom wird dabei üblicherweise in C-Raten angegeben. Dabei bedeutet ein Strom von 1C, dass die Nennkapazität in einer Stunde entladen wird. Ein Strom von 2C ist dann entsprechend doppelt so groß, C/2 entspricht dem halben Strom, also einer Entladung in ungefähr zwei Stunden. In dieser Auftragung ist zu erkennen, dass bei beiden Zellen für alle Entladeströme fast die gesamte Kapazität entnommen werden kann. Allerdings unterscheiden sich die beiden Zellen hinsichtlich ihrer maximalen Leistung. Dies ist auch im Ragone-Diagramm (Abbildung 4.2c) zu sehen. Dabei wird jede Entladung durch einen Punkt in der durch Energiedichte und Leistungsdichte aufgespannten Ebene dargestellt. Im Vergleich ist zu erkennen, dass Zelle B zwar eine höhere

Tabelle 4.1.: Übersicht über die Nenndaten der in dieser Arbeit verwendeten Zellen. Die Angaben stammen aus den Datenblättern der Zellen.

	Zelle A ($LiFePO_4$/C)	Zelle B ($LiCoO_2$/C)
Nennkapazität	1,1 A h	1,5 A h
Energieinhalt	3,52 W h	5,1 W h
Gewicht	38,8 g	35 g
Leistungsdichte	1800 W kg^{-1}	290 W kg^{-1}
Energiedichte	90,72 W h kg^{-1}	158 W h kg^{-1}

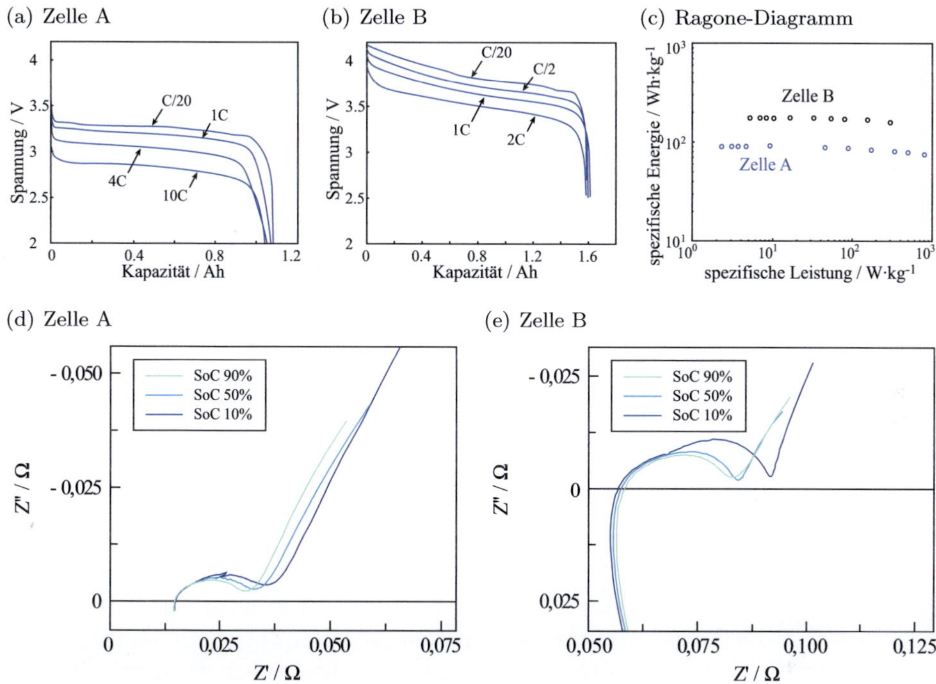

Abbildung 4.2.: Gegenüberstellung der Entladekurven beider Zellen (a) und (b), sowie das vergleichende Ragone-Diagramm (c), in dem der Verlauf der entnehmbaren Energiedichte als Funktion der Leistungsdichte ersichtlich wird. Zusätzlich sind die Impedanzspektren (d,e) der beiden Zellen bei 25 °C, im Frequenzbereich von 10 kHz bis 10 mHz für Ladezustände von 10, 50, und 90 % gezeigt.

Energiedichte als Zelle A aufweist, jedoch nicht so hohe Leistungsdichten erreicht. Der Grund hierfür liegt bei den betrachteten Zellen in ihrer Erwärmung während des Entladevorgangs. Aus Sicherheitsgründen wurden die Zellen nur bis zu einer außen am Zellgehäuse gemessenen Temperatur von 55 °C entladen. Wäre anstatt der Umgebungstemperatur von 25 °C eine spezielle Kühlung verwendet worden, würde man bei noch höheren Entladeraten ein deutliches Einknicken der Energiedichte sehen. Dass die Erwärmung der Zelle B schon bei niedrigeren Entladeraten kritische Werte annimmt, liegt zum einen an ihrem im Vergleich zu Zelle A höheren Innenwiderstand. Zum anderen muss berücksichtigt werden, dass Zelle B eine um fast 50 % höhere Kapazität aufweist als Zelle A. Entsprechend ist auch der absolute Wert des Stroms bei gleicher C-Rate höher.

Wie sich diese unterschiedlichen Eigenschaften der Zellen durch die Mikrostrukturen der verwendeten Elektroden erklären lassen, soll durch die Anwendung der in den folgenden Kapiteln vorgestellten Untersuchungsmethoden verdeutlicht werden.

4.2. Experimentalzellen und Einzelelektroden

Sowohl für die Rekonstruktion der Mikrostruktur, als auch für elektrochemischen Messungen an den Einzelelektroden, müssen Elektroden aus den kommerziellen Zellen entnommen werden. Dazu wird die Zelle in einer *glove box* (engl. für Handschuhbox) unter Argonatmosphäre geöffnet. Durch stückweises Abrollen des Elektrodenwickels können Proben der beiden Elektroden entnommen werden. Diese werden in Ethylmethylcarbonat (EMC) gewaschen, um die nichtflüchtigen Elektrolytbestandteile weitestgehend zu entfernen. Nach dem Abdampfen des EMC für zehn Minuten im Vakuum können die Elektrodenproben weiter präpariert werden. Abbildung 4.3 zeigt eine Gegenüberstellung der Rasterelektronenmikroskopaufnahmen der Oberfläche der entnommenen Elektroden.

Für die Mikrostrukturrekonstruktion der Anoden und Kathoden kann direkt zur eigentlichen Probenpräparation für die tomographischen Verfahren übergegangen werden. Diese sind in den Abschnitten 5.1.1 und 5.1.2 beschrieben. Da die Elektroden in kommerziellen Zellen üblicherweise auf beiden Seiten des Stromableiters beschichtet sind, können sie nicht direkt für Messungen in Experimentalzellen verwendet werden. Der Grund hierfür ist die Kontaktierung der Elektrode über den Stromableiter, der für diesen Zweck auf einer Seite frei zugänglich sein muss. Glücklicherweise ist die äußere Windung der Anode bei den verwendeten Zellen nur einseitig beschichtet, sodass die Proben aus diesem Stück direkt für elektrochemische Messungen verwendet werden können. Bei den Kathoden hingegen muss die Beschichtung auf einer Seite der Elektrode entfernt werden. Dies geschieht direkt in der Glovebox, damit die Elektroden nicht in Kontakt mit Umgebungsluft kommen. Dafür wurde die Elektrode einseitig mit N-Methyl-2-pyrrolidon (NMP) benetzt, das den üblicherweise verwendeten Polyvinylidenfluorid (PVDF) Binder anlöst. Nach wenigen Minuten kann die Beschichtung dann lokal mit Wattestäbchen und Papiertüchern entfernt werden. Für die Kathoden erfolgte dieser Präparationsschritt vor dem Waschen in EMC.

Aus den so präparierten Elektroden wurden kreisförmige Elektroden mit einem Durchmesser von 18 mm ausgestanzt. Der Zellaufbau erfolgte in am IWE entwickelten Zellgehäusen (Abbildung 4.4), die das Einbringen einer netzförmigen Referenzelektrode erlauben. Bei der Referenz handelt es sich um ein mit Lithiumtitanat beschichtetes Aluminiumnetz. Dieses bietet nach der Lithiierung über die Gegenelektrode ein stabiles Potential von 1,56 V gegen Lithium, das sich auch bei teilweiser Entladung durch parasitäre Prozesse nicht verändert. Gegenüber seitlich positionierten Referenzelek-

(a) Graphit Anode (Zelle A)

(b) Graphit Anode (Zelle B)

(c) LiFePO$_4$ Kathode (Zelle A)

(d) LiCoO$_2$ Kathode (Zelle B)

Abbildung 4.3.: Gegenüberstellung der Rasterelektronenmikroskopaufnahmen der Anoden (a,b) und der Kathoden (c,d) der geöffneten Zellen.

troden, die zu Artefakten in Impedanzspektren führen [End12b], lassen sich über eine netzförmige Referenzelektrode zwischen den beiden Hauptelektroden zuverlässig Impedanzspektren aufnehmen (siehe Anhang A).

Die vier Elektroden wurden jeweils in Halbzellenkonfiguration mit einer Gegenelektrode aus metallischem Lithium aufgebaut und gegen die Referenz vermessen. Dazu kamen lithiumseitig zwei Glasfaserseparatoren mit einer Dicke von jeweils 220 µm zum Einsatz. Auf der anderen Seite des Referenznetzes wurde nur ein Glasfaserseparator verwendet. Als Elektrolyt wurde der LP50 von MERCK eingesetzt. Dieser besteht aus einer einmolaren LiPF$_6$-Lösung in EC:EMC (1:1 nach Gewicht). Um die Elektroden, die drei Separatorschichten sowie das Referenznetz vollständig zu benetzen, wurden in allen Zellen jeweils 300 µL des Elektrolyten verwendet.

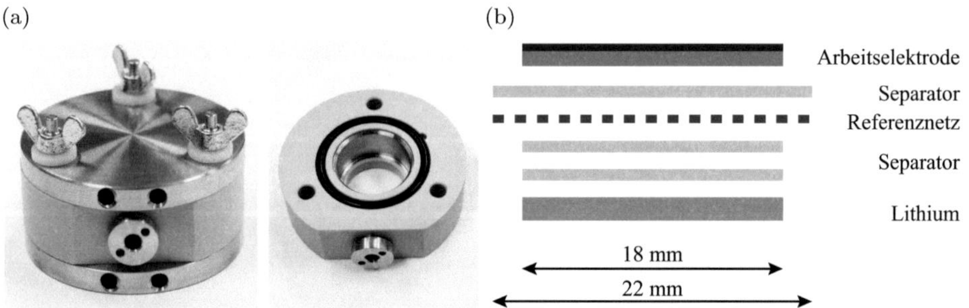

Abbildung 4.4.: Das aus Edelstahl und PEEK bestehende Zellgehäuse (a) wurde am IWE entwickelt. Der schematische Aufbau (b) zeigt die Lage der netzförmigen Referenzelektrode, die sich von Separatoren umgeben in der Mitte des Zellstapels befindet.

Nach dem Aufbau der Zellen wurden zunächst die Lithiumtitanatnetze mit einem konstanten Strom von 0,5 mA über die Lithiumelektrode vollständig geladen. Anschließend wurden die Zellen so verkabelt, dass die Ströme zwischen der Arbeitselektrode und der Lithiumelektrode eingespeist werden, die Spannungsmessung jedoch von der Arbeitselektrode zur Referenz erfolgte. Die Messungen wurden bei einer Temperatur 25 °C durchgeführt.

Das Messprogramm wurde für alle Zellen mit fünf Formierungszyklen begonnen, bei denen auch die Kapazität der Elektroden bei einem Strom von 1 mA ermittelt wurde. Anschließend wurden zwei Impedanzspektren über die Referenzelektrode aufgenommen, bei auf die Vollzelle bezogenen Ladezuständen von 50 % und 100 %. Dafür wurde mit einer Spannung von 5 mV im Frequenzbereich von 1 MHz bis 10 mHz angeregt. Die Impedanzspektren sind in Abbildung 4.5 gezeigt.

Nach der Aufnahme der Impedanzspektren wurden die Zellen mit unterschiedlichen C-Raten ge- und entladen. Dabei wurde der dazugehörige andere Halbzyklus jeweils mit einem geringeren Strom gefahren. Zusätzlich zu den Ratenvariationen wurden Leerlaufkennlinien aufgenommen. Für diesen Zweck wurden separate Zellen in einer Zweielektrodenkonfiguration aufgebaut, wobei metallisches Lithium als Gegenelektrode zum Einsatz kam. Nach zwei Formierungszyklen wurden diese Zellen mit einem Strom von 1 mA stückweise entladen. Nach jedem Entladeschritt, der bei allen Elektroden eine Ladungsmenge von weniger als einem Prozent der Elektrodenkapazität beinhaltet hat, folgte eine Relaxation der Spannung von 20 beziehungsweise 30 Minuten. Die letzten zehn Datenpunkte der Relaxationsphasen wurden gemittelt und als Spannungspunkt für die Leerlaufkennlinie verwendet. Abbildung 4.6 zeigt die Lade- und Entladekennlinien der vier Elektroden. Die dazugehörige Leerlaufkennlinie ist jeweils schwarz und gestrichelt in der Kurvenschar eingezeichnet. Alle Kurven oberhalb der Leerlaufkennlinien entsprechen einem positiven Laststrom, also dem Laden der Kathoden, sowie dem Entladen der Anoden, jeweils bezogen auf den Einsatz

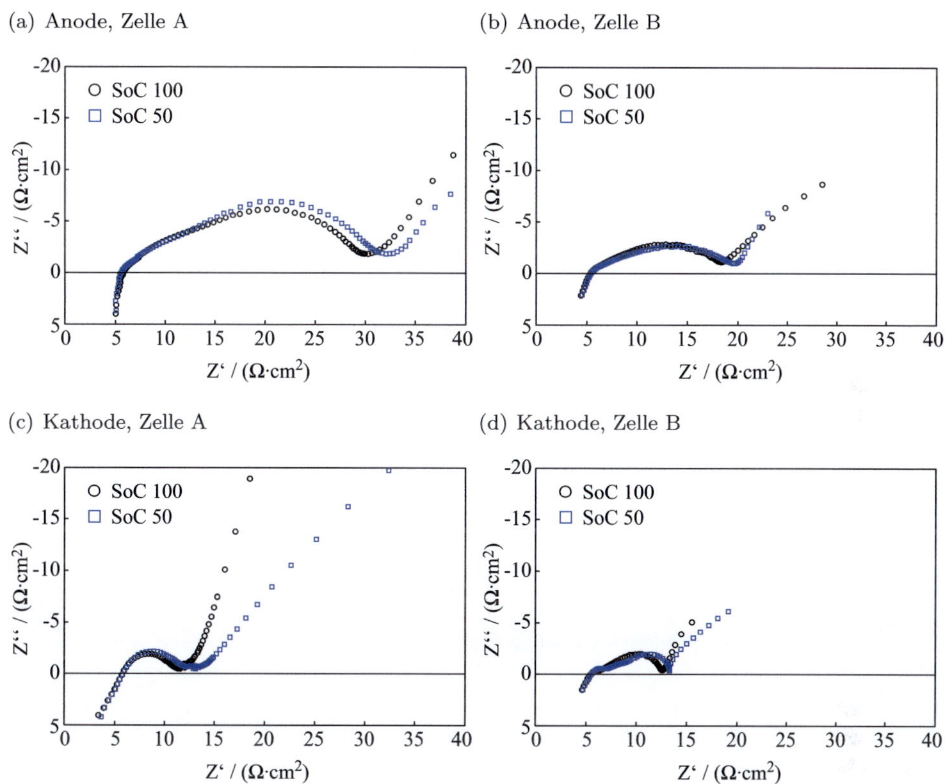

Abbildung 4.5.: Überblick über die Impedanzen der einzelnen Elektroden der beiden Zellen. Die Messungen zeigen die über eine Referenzelektrode aufgenommenen Spektren von 1 MHz bis 10 mHz bei einer Temperatur von 25 °C und zwei verschiedenen Ladezuständen (SoC). Dabei bezieht sich die Angabe des Ladezustands auf den Einsatz in einer Vollzelle.

in einer Vollzelle. Entsprechend stellen die Kurven unterhalb der Leerlaufkennlinie die Entladung der Kathoden, sowie die Ladung der Anoden dar.

4.3. Diskussion der elektrochemischen Messungen

Anhand der Nenndaten aus den Datenblättern ist offensichtlich, dass die Zellen hinsichtlich unterschiedlicher Eigenschaften optimiert wurden. Dabei ist erstaunlich, dass der maximale Entladestrom bei beiden Zellen durch die Temperatur begrenzt wird. In den gezeigten Messungen konnte bei beiden Zellen auch bei dem höchsten Strom noch fast die volle Kapazität entnommen werden.

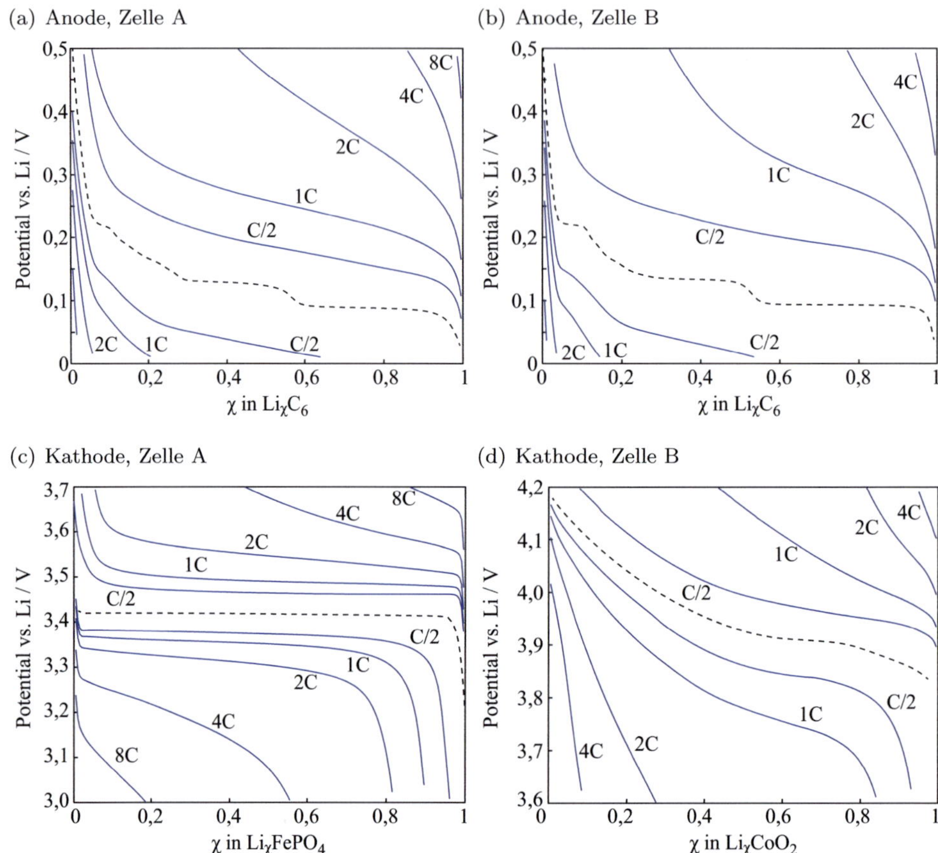

Abbildung 4.6.: Überblick über die Lade- und Entladekennlinien der Elektroden der beiden Zellen. Die Messungen zeigen die über eine Referenzelektrode aufgenommenen Elektrodenpotentiale bei einer Temperatur von 25 °C. Dabei stellt die schwarz gestrichelte Kurve jeweils die Leerlaufkennlinie der Elektrode dar, die durch Pulsentladung mit anschließender Relaxation aufgenommen wurden. Alle Kurven oberhalb der Leerlaufkennlinien beziehen sich auf einen positiven Laststrom, die unterhalb auf einen negativen Laststrom. Bezogen auf die Vollzelle entspricht ein negativer Laststrom der Entladung der Kathoden und dem Laden der Anoden.

Vergleicht man die Impedanzspektren der beiden kommerziellen Zellen so ist auffällig, dass der Ohm'sche Anteil der Impedanz von Zelle B fast den vierfachen Wert von Zelle A aufweist. Da dieser Beitrag der Impedanz hauptsächlich dem Elektrolyten zuzuordnen ist, spricht das entweder für einen deutlich dickeren und dichteren Separator von Zelle B, oder für eine insgesamt größere Zellfläche von Zelle A.

Tabelle 4.2.: Übersicht über die flächenspezifischen Kapazitäten der einzelnen Elektroden, sowie das Verhältnis der Anoden- zur Kathodenkapazität.

	Zelle A ($LiFePO_4$/C)	Zelle B ($LiCoO_2$/C)
Anodenkapazität C_A	$1{,}89\,\mathrm{mA\,h\,cm}^{-2}$	$3{,}62\,\mathrm{mA\,h\,cm}^{-2}$
Kathodenkapazität C_K	$1{,}46\,\mathrm{mA\,h\,cm}^{-2}$	$3{,}27\,\mathrm{mA\,h\,cm}^{-2}$
Kapazitätsverhältnis C_A/C_K	1,29	1,11

Betrachtet man nun die Impedanzspektren der einzelnen Elektroden so ist zu sehen, dass die Kathodenimpedanzen in einer ähnlichen Größenordnung liegen. Die Anodenimpedanzen hingegen unterscheiden sich in ihrer Größe. Da die Impedanz der Anode aus Zelle A größer ist, die Impedanz der kommerziellen Zelle A jedoch kleiner als die von Zelle B, spricht dies für obige Interpretation: Die gesamte Elektrodenfläche von Zelle A muss größer sein als die von Zelle B. Dafür spricht auch, dass Zelle A größer ist als Zelle B. Selbst bei einer gleichen Dicke des Zellstapels wäre Zelle A also flächenmäßig im Vorteil.

Ohne die Messdaten in Relation zur Mikrostruktur der Elektroden zu sehen, lässt sich bereits beobachten, dass die Anodenimpedanzen bei beiden Zellen eine größere Polarisation als die zugehörigen Kathodenimpedanzen aufweisen. Die Tatsache, dass die Anodenimpedanz der Energiezelle (Zelle B) kleiner ist als die der Leistungszelle (Zelle A) ist auffällig und wird nach der Analyse der Mikrostruktur in Abschnitt 5.4.1) wieder aufgegriffen.

Betrachtet man die Entladekurven der einzelnen Elektroden in den Experimentalzellen so ist zu sehen, dass sich die Elektroden der Zelle A generell mit etwa der doppelten C-Rate laden und entladen lassen wie die Elektroden der Zelle B. Bei dieser Interpretation muss aber berücksichtigt werden, dass die Elektroden aus Zelle B auch fast doppelt so große Kapazitäten wie die Elektroden der Zelle A aufweisen. Dies führt zu dem Schluss, dass die Elektroden beider Zellen mit ähnlich großen Strömen entladen werden können.

Vergleicht man dieses Verhalten jedoch mit den Entladekurven der kommerziellen Zelle A, so lässt sich diese selbst mit 10C noch fast ohne Kapazitätsverlust entladen. Das lässt den Schluss zu, dass der Elektrolyt in den Experimentalzellen eine nicht zu vernachlässigende Rolle spielt und bei hohen C-Raten zum begrenzenden Faktor wird. Grund hierfür ist der durch die Referenzelektrode bedingte größere Abstand zwischen den beiden Elektroden, da das Referenzelektrodennetz beidseitig von Separatoren umgeben ist. Der auf dem längeren Transportweg auftretende Konzentrationsgradient des Leitsalzes kann bei hohen Strömen zu Verarmungseffekten in den Poren der Elektroden führen und so die Leistungsfähigkeit der Elektroden begrenzen.

Einige weitere wichtige Eigenschaften der Elektroden sind in Tabelle 4.2 aufgeführt. Betrachtet man die flächenspezifischen Kapazitäten, die bei Zelle B erwartungsgemäß wesentlich größer sind, lässt sich bereits ein Unterschied in der Dicke der Beschichtung vermuten. Außerdem ist das Verhältnis zwischen Anoden- und Kathodenkapazität bei Zelle B kleiner als bei Zelle A. Der Grund für die Überdimensionierung der Anode liegt im Allgemeinen darin, dass die Abscheidung von metallischem Lithium auf der Anode während des Ladevorgangs vermieden werden soll. Dies würde genau dann auftreten, wenn die maximale Lithiumkonzentration im Graphit an der Oberfläche der Graphitpartikel erreicht wird. Da dieser Zustand beim Laden mit höheren Strömen eher auftritt als bei langsamen Ladevorgängen, ist diese anodenseitige Kapazitätsreserve bei Leistungszellen wichtiger als bei Energiezellen, da Leistungszellen eher mit großen Strömen geladen werden.

5. Mikrostrukturuntersuchungen

In diesem Teil der Arbeit werden die beiden in Abschnitt 2.3 beschriebenen Rekonstruktionsverfahren auf die Elektroden der in Kapitel 4 vorgestellten Zellen angewendet. Anschließend folgt die Beschreibung der entwickelten Segmentierungsverfahren sowie deren Anwendung auf die Elektrodenrekonstruktionen. Im letzten Teil des Kapitels werden Methoden zur quantitativen Charakterisierung der Mikrostruktur, sowie deren Anwendung auf die Elektrodenrekonstruktionen vorgestellt.

5.1. Rekonstruktionen der Batterieelektroden

In den folgenden Abschnitten wird die Anwendung der tomographischen Verfahren auf die untersuchten Elektroden erläutert. Für die Graphitanoden kommt die Mikroröntgentomographie zum Einsatz, für die Kathoden hingegen die FIB-Tomographie. Dabei spielt die notwendige Probenpräparation für beide Verfahren eine wichtige Rolle.

5.1.1. Anodenrekonstruktionen

Für die Anoden in Lithiumionenzellen wird als Material für den Stromableiter eine Kupferfolie verwendet. Die hohe Dichte von Kupfer führt bei den relativ niedrigen eingesetzten Röntgenenergien (30 bis 40 keV) jedoch zu einer starken Absorption der Röntgenstrahlung. Deshalb muss diese für die Datenaufnahme der porösen Graphitstruktur entfernt werden. Prinzipiell ist das mechanisch möglich, beispielsweise indem man die Elektrode über eine scharfe Kante zieht, sodass die Beschichtung abplatzt. Dies kann auf Grund der mechanischen Beanspruchung zu einer Beeinflussung der Mikrostruktur führen. Deshalb wurden die Anodenbeschichtungen auf chemischem Weg von den Stromableitern gelöst. Während dafür in [She10b] Salpetersäure zur Auflösung der Kupferschicht eingesetzt wurde, ist im Rahmen dieser Arbeit verdünnte Salzsäure zum Einsatz gekommen. Dazu wurde eine Probe der Elektrode in verdünnte Salzsäure mit einer Konzentration von 12 % getaucht. Die beginnende Auflösung des Kupfers führt nach etwa 10 Sekunden zu einer Trennung der Beschichtung vom Stromableiter. Die abgelöste Anodenmembran wurde anschließend vorsichtig mit destilliertem Wasser gespült und über Nacht im Trockenschrank bei 60 °C auf einem Filterpapier getrocknet.

(a) Vorderseite   (b) Rückseite

Abbildung 5.1.: Rasterelektronenmikroskop-Aufnahmen der Vorder- sowie Rückseite der Anode aus Zelle A. Dabei ist auf der Rückseite der Binder zu erkennen, mit dem die Schicht an dem Kupfer gehaftet hat.

Um sicherzustellen, dass die Behandlung mit verdünnter Salzsäure die Struktur der Graphitanode nicht beeinflusst, wurden von der getrockneten Anode Aufnahmen mit dem Rasterelektronenmikroskop angefertigt (Abbildung 5.1). Diese zeigen, dass die Struktur unversehrt ist. Außerdem sind auf der Rückseite der abgelösten Schicht Strukturen des Binders zu sehen, mit dem die Schicht an der Kupferfolie gehaftet hat. Die Unversehrtheit dieses Binders ist ein weiteres Indiz dafür, dass die Salzsäure sich überwiegend auf das Kupfer auswirkt. Das identische Verfahren wurde auch auf die Anode aus Zelle B angewendet.

Ein weiterer Vorteil der Präparation mit verdünnter Salzsäure und dem anschließenden Spülen mit Wasser gegenüber der rein mechanischen Ablösung besteht darin, dass nach dem Spülen mit EMC zurückgebliebene Leitsalzreste aufgelöst und ausgewaschen werden. Die in der Regel sehr fein auskristallisierenden Leitsalzreste könnten sonst die Rekonstruktion stören, indem sie einen Teil des Porenraums einnehmen.

Tabelle 5.1.: Auflistung der Abmessungen der abgebildeten Volumina, sowie der Parameter der beiden Anodenrekonstruktionen.

	Zelle A	Zelle B
Größe (Voxel)	748 × 971 × 160	470 × 692 × 310
Größe	204,2 × 265,1 × 43,7 µm³	109,5 × 161,2 × 72,2 µm³
Auflösung	273 nm	233 nm
Röntgenenergie	30 keV	40 keV

Die so vorbereiteten Proben wurden der Firma RJL Micro & Analytic GmbH übergeben, die die Probenmontage sowie die Datenaufnahme mit dem SkyScan 2011 von BRUKER MikroCT durchführten. Dafür wurden die Proben weiter unterteilt, damit sie in das Bildfeld des zur Aufnahme verwendeten Bildsensors passten. Die aufgenommenen Bilddatensätze beinhalten deshalb ein unregelmäßig geformtes Probenvolumen, das unter einem beliebigen Winkel in dem abgebildeten Volumen liegen kann. Aus diesem Grund besteht der erste Schritt der Datenaufbereitung in dem Ausrichten des Datensatzes, sodass er auf ein quaderförmiges Volumen maximaler Größe zugeschnitten werden kann. Dieser Zuschnitt bildet die Grundlage für die weitere Verarbeitung der Daten.

Die Vergrößerung bei der Rekonstruktion und damit die Voxelgröße im Datensatz, wird durch die geometrische Anordnung von Quelle, Probe und Detektor bestimmt. Damit ist es prinzipiell möglich, die Voxelgröße aus den für die Rekonstruktion verwendeten geometrischen Parametern zu berechnen. Berechnet man jedoch aus der für beide Anodendatensätze angegebene Voxelgröße von 350 nm die Dicke der Elektrode, so kommt man auf deutlich größere Schichtdicken, als sie aus Querschnitten im Rasterelektronenmikroskop oder durch direkte Messung mit einer Mikrometerschraube bestimmt werden. Da eine Überprüfung der Kalibration des Gerätes im Nachhinein nicht möglich ist, wurde die Schichtdicke in Voxel aus den Rekonstruktionsdatensätzen bestimmt. Dazu wurde der ausgerichtete aber noch nicht zugeschnittene Datensatz verwendet. Von der dreidimensionalen Matrix der Graustufenwerte wurde der Mittelwert in den zwei parallel zur Schicht verlaufenden Dimensionen berechnet. Das daraus erhaltene Profil zeigt den Verlauf des mittleren Graustufenwerts über die Schichtdicke, der von einem ungefähr konstanten Wert innerhalb der Schicht auf einen ebenfalls konstanten Wert außerhalb der Schicht abfällt. Als Begrenzung der Schichten wurden jeweils die Positionen gewählt, bei denen der mittlere Graustufenwert erstmal unter die Werte im Inneren der Schicht fällt. Aus der so erhaltenen Schichtdicke in Voxel können zusammen mit den gemessenen Schichtdicken (siehe Abbildung 6.2 und Tabelle 6.3) die Voxelgrößen der Datensätze nachträglich berechnet werden. Um auszuschließen, dass die Präparation der Proben für die Röntgentomographie die Schichtdicke beeinflusst, wurden Proben erneut auf die gleiche Weise präpariert und die Schichtdicke anschließend im Rasterelektronenmikroskop bestimmt. Dabei konnte keine Zunahme der Schichtdicke durch die Behandlung mit verdünnter Salzsäure und das anschließende Trocknen festgestellt werden. Für die weitere Auswertung der Rekonstruktionsdatensätze wurde deshalb die nachträglich berechnete Voxelgröße verwendet.

Tabelle 5.1 gibt einen Überblick über die Eigenschaften der Rohdaten sowie der zur Bildaufnahme verwendeten Einstellungen. Schnittbilder durch das zugeschnittene Elektrodenvolumen sind in Abbildung 5.2 gezeigt. Dabei verläuft der Schnitt mittig und parallel zum Stromableiter durch das rekonstruierte Volumen.

(a) Zelle A

(b) Zelle B

(c) Zelle A

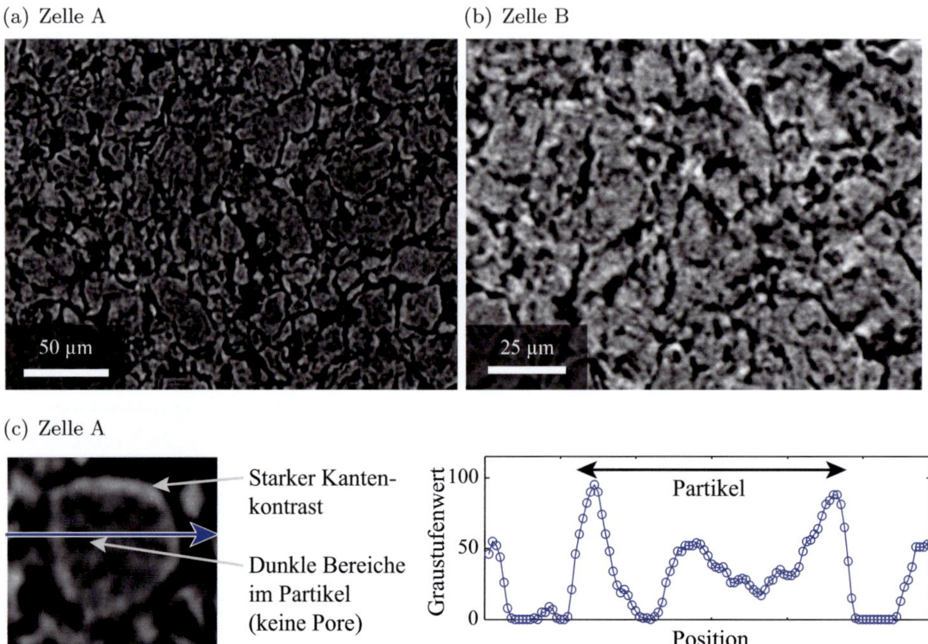

Abbildung 5.2.: Querschnitte durch die rekonstruierten und zugeschnittenen Volumina der Anodenrekonstruktionen (a,b). Darin erscheinen die Poren schwarz (keine Absorption) und die Graphitpartikel grau bis weiß (erhöhte Absorption). Der Unterschied in der Helligkeit ist durch unterschiedliche Parameter während der Aufnahme und der Rückprojektion bedingt. Zusätzlich ist die Vergrößerung eines Partikels von Anode A gezeigt (c), bei dem der verstärkte Kantenkontrast sichtbar ist. Das Graustufenprofil entlang des eingezeichneten Pfeils zeigt, dass innerhalb und außerhalb des Partikels die gleichen Graustufenwerte auftreten.

Auffällig ist, dass der Rand der Graphitpartikel heller als deren Zentrum erscheint. Dieser Effekt kann mehrere Ursachen haben. Eine Möglichkeit besteht darin, dass der Röntgenstrahl beim Auftreffen auf die Luft-Graphit-Grenzfläche unter einem flachen Winkel reflektiert wird. Dadurch kommt an der Kamera von dieser Stelle weniger Signal an, was als erhöhte Absorption interpretiert wird und in den Bildern heller erscheint. Die wahrscheinlichere Ursache liegt jedoch in einem anderen Effekt. Obwohl nur ein kleiner Teil der Röntgenstrahlung durch den Graphit absorbiert wird, erfährt die Wellenfront beim Durchgang durch ein Partikel eine Phasenverschiebung. Ist der Sensor weit von der Probe entfernt, so können die phasenverschobenen Teilwellen miteinander interferieren. Dieser Effekt führt zu einer Kantenverstärkung und wird Phasenkontrast genannt. Üblicherweise wird zur effektiven Ausnutzung des

(a) Zelle A   (b) Zelle B

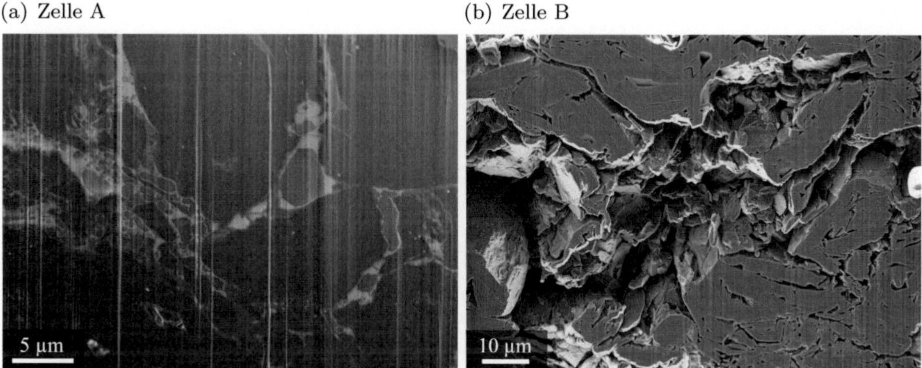

Abbildung 5.3.: Rasterelektronenmikroskopaufnahmen der mit der FIB erstellten Querschnitte durch die beiden Anoden. Dabei wurde die Anode der Zelle A (a) mit einem Silikonharz infiltriert, sodass die Poren gefüllt sind. Bei Anode B (b) kam keine Infiltration zum Einsatz. Es ist zu sehen, dass die Graphitpartikel von Anode A massiv sind. Die Partikel von Anode B weisen einige lamellenartige Poren und Risse auf.

Phasenkontrasts eine monochromatische und kohärente Röntgenquelle verwendet. Der sehr kleine Fokus des Elektronenstrahls zur Erzeugung der Röntgenstrahlung führt aber ebenfalls zu einer gewissen Kohärenz. In Verbindung mit dem recht großen Abstand zwischen Probe und Quelle führen Interferenzeffekte zu leichten Phasenkontrasteffekten [May05], die dem Absorptionskontrast überlagert werden. Durch die verstärkten Kanten in den Bildern wird die nachfolgende Segmentierung erschwert.

Um auszuschließen, dass die dunkleren Bereiche im Inneren der Partikel durch eine zusätzliche innere Porosität der Partikel verursacht werden, wurden mit der FIB erstellte Querschnitte der Elektroden im Rasterelektronenmikroskop betrachtet (Abbildung 5.3). Diese zeigen für Anode A massive große Partikel, die teilweise von kleineren Bruchstücken umgeben sind. Da keine innere Porosität der Partikel vorhanden ist, kann dieser Effekt für Anode A ausgeschlossen werden. Anode B weist einige lamellenartige Poren und Risse in den Partikeln auf, davon sind die meisten ausreichend groß, dass sie als Pore in der Rekonstruktion abgebildet werden. Lediglich sehr feine lammellenartige Poren liegen mit ihrer Ausdehnung vermutlich unterhalb der Auflösungsgrenze des Geräts.

5.1.2. Kathodenrekonstruktionen

Wie in Abschnitt 2.3 bereits beschrieben, ist ein Vorteil der FIB-Tomographie der mit dem Rasterelektronenmikroskop erzielbare Materialkontrast. Dadurch lassen sich

(a) (b)

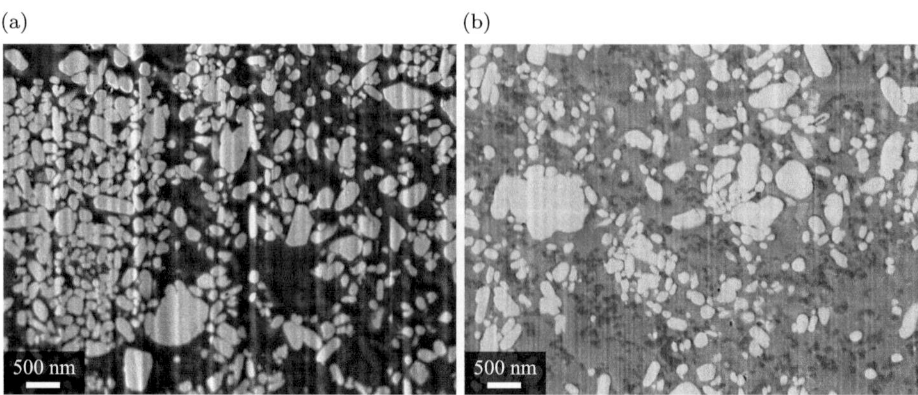

Abbildung 5.4.: Rasterelektronenmikroskopaufnahmen von mit der FIB erstellten Querschnitten durch eingebettete LiFePO$_4$-Kathoden. Dabei ist in der mit Epoxidharz infiltrierten Kathode (a) der Leitruß nicht zu sehen. Erst die Verwendung eines Silikonharzes (b) führt zu einem Kontrast zwischen dem LiFePO$_4$ (hellgrau), dem Einbettmittel (mittelgrau) und dem Leitruß (dunkelgrau).

verschiedene Bestandteile einer mehrphasigen Struktur abbilden. Handelt es sich um poröse Strukturen, so muss die Porosität zunächst durch Infiltration mit einem Harz gefüllt werden. Verwendet man dazu die üblicherweise eingesetzten Acryl- oder Epoxidharze, so führt das bei den Kathoden einer Lithiumionenzelle dazu, dass die zugesetzten Leitadditive nicht abgebildet werden können. Der Grund hierfür liegt darin, dass dieser Leitzusatz aus Kohlenstoff besteht und im Rasterelektronenmikroskop deshalb keinen Kontrast zu dem ebenfalls hauptsächlich aus Kohlenstoff bestehendem Infiltrationsmedium liefert (Abbildung 5.4a).

Deshalb wurde für die FIB-Rekonstruktion der Kathoden ein neues Präparationsverfahren entwickelt [End11]. Dieses basiert auf der Idee ein Silizium enthaltendes Harz zur Infiltration einzusetzen, das einen Kontrast zum Leitruß liefert (Abbildung 5.4b). Für den ersten Versuch wurde dazu das Zweikomponentenharz ELASTOSIL RT 675 von Wacker eingesetzt. Dieses hatte jedoch den Nachteil, dass es auf Grund der beigemischten Füllerpartikel eine sehr hohe Viskosität besitzt, was die Infiltration erschwert. Außerdem sind die Füllerpartikel zu groß um in die Poren einzudringen. Sie sammeln sich deshalb auf der Elektrodenoberfläche. Dieser Nachteil wurde bei den nachfolgenden Rekonstruktionen umgangen, indem nun ein Silikonharz ohne Füllerpartikel verwendet wird. Dabei handelt es sich um das Zweikomponentenharz ELASTOSIL RT601 von Wacker. Zur Verbesserung der Fließfähigkeit wurde dem Harz eine geringe Menge Toluol zugesetzt. Dabei hat sich ein Mischungsverhältnis zwischen den Massen von Harz, Härter und Toluol von 27:3:2 als praktikabel erwiesen. Die Mischung wird zur Vakuuminfiltration der Kathodenproben verwendet,

(a)

(b)

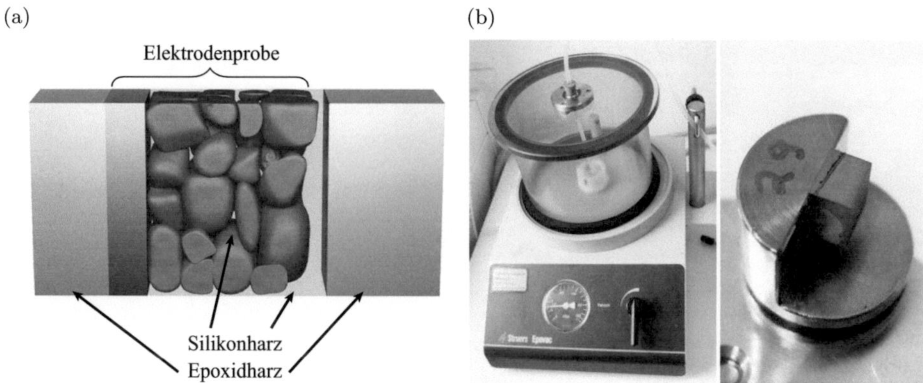

Abbildung 5.5.: Schematischer Aufbau der Probe (a), wie sie für die FIB-Tomographie
verwendet wird, sowie ein Foto der Einbettvorrichtung und einer realen Probe (b) auf einem
REM-Probenträger.

wobei die Infiltrationsvorrichtung der Firma Struers (Abbildung 5.5b) so ausgelegt
ist, dass in der Probenkammer ein Druck von etwa 100 mbar nicht unterschritten
wird. Der Grund für die Druckbegrenzung ist der hohe Dampfdruck der in dem
Harz enthaltenen Lösungsmittel, der bei geringeren Drücken zum Aufschäumen der
Harzes führt. Nachdem die Elektroden zuerst für etwa 5 min evakuiert worden sind,
kann das Harz zugegeben werden. Nach weiteren 2 bis 3 min, in denen die meisten
Luftblasen das Harz verlassen haben, wird der Druck in der Kammer langsam wieder
auf Umgebungsdruck erhöht. Dadurch wird das Harz in die Poren der Elektrode
gedrückt. Da das Silikonharz im vernetzten Zustand sehr elastisch ist, lässt sich eine
so eingebettete Probe nur schwer weiterverarbeiten. Deshalb wird die Elektrode nach
weiteren 5 min, in denen das Harz in die Poren eindringen kann, wieder herausgeholt
und das überschüssige Harz abgestreift. Nach dem Vernetzen des Silikonharzes liegt
nun eine Probe vor, deren Poren zwar gefüllt sind, die aber nicht von Silikon umgeben
ist. Die so vorbereitete Elektrode wird zusätzlich in ein Epoxidharz eingebettet, das
die für die weitere Probenpräparation notwendige Stabilität bietet. Im Anschluss
an das Aushärten des Epoxidharzes kann die Probe zurecht geschnitten und ange-
schliffen werden. Das Schleifen erfolgt dabei so, dass die Probe an zwei zueinander
rechtwinkeligen Seiten freigelegt wird. Abbildung 5.5 zeigt den schematischen Aufbau
der so präparierten Probe, sowie ein Foto einer fertig präparierten Probe. Diese
Probe wurde zur Vorbereitung auf die FIB-Rekonstruktion mit Silberleitlack auf
einem Probenträger befestigt und bereits mit einer etwa 100 nm dünnen Goldschicht
besputtert. Diese Goldschicht dient zum einen zur Verhinderung der Aufladung der
Probe, und zum anderen wird durch die gleichmäßigere Oberfläche, auf die die Ionen
auftreffen, ein besseres Schnittbild erzielt.

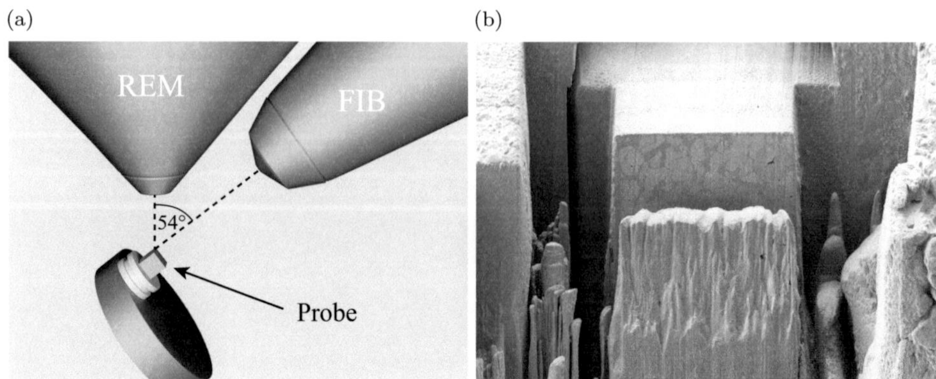

Abbildung 5.6.: Schematische Anordnung (a) der Probe in der Probenkammer des Raster-elektronenmikroskops, sowie eine elektronenmikroskopische Aufnahme (b) des freigeschnitte-nen Probenbereichs. Das podestförmige Volumen ist der zu rekonstruierende Probenbereich. Die sich davor befindende Wand aus noch nicht abgetragenem Material muss vor dem Starten der Rekonstruktion noch entfernt werden, da diese sonst zu Abschattungen in den aufgenommenen Bildern führen kann.

Um Abschattungen im REM-Bild während der Rekonstruktion zu verhindern, muss das interessierende Probenvolumen zunächst freigeschnitten werden. Dazu wird jeweils ein Graben auf beiden Seiten der interessierenden Probenstelle mit dem Ionenstrahl entfernt. Für diesen Schritt kann ein hoher Strahlstrom verwendet werden, um hohe Abtragraten zu erzielen. Die Qualität der Schnittflächen ist hier noch nicht von Bedeutung. Anschließend wird die Probe um 90° gedreht in das REM eingebaut. In dieser Position kann die Oberseite des interessierenden Probenvolumens so weit abgetragen werden, bis man eine glatte Oberseite erhält. Mit diesem Schritt wird der Einfluss einer durch das Schleifen abgerundeten Probenkante minimiert. Außerdem wird die Abtragung der einzelnen Materialschichten dadurch deutlich gleichmäßiger. Nach dem Freischneiden des Dachs muss erneut eine Goldschicht aufgebracht werden, bevor die Probe wieder in ihrer ursprünglichen Position in das REM eingebaut wird. Abbildung 5.6a zeigt schematisch die Anordnung der Probe in der Probenkammer des verwendeten Geräts (ZEISS XB-1540). Abbildung 5.6b zeigt eine REM-Aufnahme der freigeschnittenen Probenstelle.

Die Anzahl der notwendigen Schnitte ergibt sich aus dem gewünschten Rekonstrukti-onsvolumen sowie dem Abstand der einzelnen Schnitte. Da die Zusammensetzung der Proben jedes mal unterschiedlich ist, muss die erforderliche Schnittdauer je Schritt für jede Probe individuell ermittelt werden, wobei diese natürlich auch von der Breite sowie dem verwendeten Strahlstrom und dessen Fokussierung abhängt. Die für die Rekonstruktionen verwendeten Parameter sind in Tabelle 5.2 aufgelistet.

Tabelle 5.2.: Auflistung einiger Eigenschaften der rekonstruierten Volumina sowie der für die Rekonstruktionen der beiden Kathoden verwendeten Parameter.

	Zelle A	Zelle B
Größe (Voxel)	$726 \times 710 \times 1112$	$480 \times 500 \times 887$
Größe	$18{,}15 \times 17{,}75 \times 27{,}8\,\mu m^3$	$24{,}0 \times 25{,}0 \times 44{,}35\,\mu m^3$
Auflösung	$25\,nm$	$50\,nm$
Ionenstrahlstrom	$500\,pA$	$2\,nA$
Schnittdauer je Schritt	$40{,}1\,s$	$90{,}0\,s$
Aufnahmedauer je Bild	$57{,}5\,s$	$20{,}3\,s$
Elektronenenergie	$1{,}3\,keV$	$1{,}3\,keV$
Verwendete Blende	$30\,\mu m$	$120\,\mu m$

Für die Bildaufnahme wurde für die durchgeführten Rekonstruktionen der Everhart-Thornley-Detektor verwendet. Dieser weist die von den Primärelektronen beim Auftreffen auf die Probe entstehenden Sekundärelektronen nach und wird deshalb auch SE2-Detektor genannt [Sch94]. Der erzeugte Kontrast hängt dabei stark von der Beschleunigungsspannung ab. Durch die schlechte Leitfähigkeit des Einbettmaterials führt der Einsatz des Inlens-Detektors meist zu Problemen mit Aufladungen. Die verwendeten Bildaufnahmeparameter sind ebenfalls in Tabelle 5.2 aufgeführt.

Da die Rekonstruktion viele Stunden dauert, können mechanische Drifts und Aufladungen der Probe zu einer Verschiebung des interessierenden Bildausschnitts führen. Hinzu kommt, dass sich der interessierende Bereich auf Grund der geometrischen Anordnung durch das Bildfeld bewegt. Deshalb müssen die Bilder nach der Rekonstruktion relativ zueinander ausgerichtet werden. Dabei werden einerseits systematische Verschiebungen korrigiert, die zur Verzerrung der abgebildeten Strukturen führen. Andererseits werden auch zufällige Verschiebungen aufeinanderfolgender Bilder korrigiert, die zu einer rauen und damit vergrößerten Oberfläche führen. Beides lässt sich mit dem Bildbearbeitungsprogramm ImageJ durchführen, das in Java geschrieben und kostenlos erhältlich ist[1]. Dabei kam die Erweiterung StackReg zum Einsatz. Diese berechnet für zwei aufeinanderfolgende Bilder im Datensatz eine Korrelationsfunktion und bestimmt die relative Verschiebung der beiden Bilder, für die diese Korrelationsfunktion maximal wird. Dabei muss darauf geachtet werden, dass die Bilder vorher bereits grob zugeschnitten sind. Nur dann haben die Bildbereiche, die außerhalb des eigentlich interessierenden Bereichs liegen, einen vernachlässigbaren kleinen Einfluss auf die Korrelationsfunktion.

Nach der Ausrichtung kann der endgültige Ausschnitt gewählt werden, auf den der Datensatz für die weitere Auswertung zugeschnitten wird. Abbildung 5.7 zeigt

---

[1]ImageJ: http://imagej.nih.gov/ij

(a) Zelle A (b) Zelle B

Abbildung 5.7.: Querschnitte durch die rekonstruierten und zugeschnittenen Volumina der Kathodenrekonstruktionen. Darin erscheint das Aktivmaterial hellgrau bis weiß, die mit dem Silikonharz gefüllten Poren in einem mittleren Grau und die Kohlenstoffbestandteile in Dunkelgrau bis Schwarz.

Schnittbilder der beiden rekonstruierten Kathoden. Für beide Kathoden sind die drei Materialphasen gut zu erkennen. Dabei handelt es sich bei der hellsten Phase um das jeweilige Aktivmaterial ($LiFePO_4$ bei Zelle A, bzw. $LiCoO_2$ bei Zelle B), und bei der dunkelsten Phase um den zugesetzten Kohlenstoffanteil. Bei der in mittlerem Grau erscheinenden Phase handelt es sich um die mit Silikonharz gefüllten Poren.

Bevor im nächsten Kapitel die Segmentierung der Bilddaten behandelt wird, muss noch ein Bearbeitungsschritt auf die Datensätze angewendet werden. Da eine Änderung der Betriebsbedingungen während der für die Rekonstruktion notwendigen langen Betriebsdauer des Rasterelektronenmikroskops nicht ausgeschlossen werden kann, können innerhalb des Bilddatensatzes Gradienten in der Helligkeit auftreten. Diese würden die Segmentierung der Bilddaten unnötig erschweren. Deshalb wurde ein Algorithmus entwickelt, der zumindest Gradienten in Richtung der drei Koordinatenachsen herausrechnen kann. Dieser in MATLAB geschriebene Algorithmus läuft entlang einer Dimension durch den dreidimensionalen Bilddatensatz. Für jedes zweidimensionale Schnittbild wird der mittlere Graustufenwert berechnet und mit dem mittleren Graustufenwert des gesamten Datensatzes verglichen. Die Differenz von beiden wird zu dem jeweiligen Bild addiert, sodass nach Anwendung des Programms alle Schnittbilder den selben mittleren Graustufenwert besitzen.

Dieses Programm wurde auf die beiden Kathodendatensätze angewendet. Die Anwendung erfolgte sukzessive auf alle drei Richtungen der Datensätze, wodurch Gradienten in Richtung der Koordinatenachsen ausgeglichen werden. Lediglich Helligkeitsgradienten durch Abschattungen, die typischerweise nicht in Richtung der

Koordinatenachsen verlaufen, können so nicht entfernt werden. Sie werden bei den Kathoden während der Segmentierung berücksichtigt.

5.2. Segmentierung der Bilddaten

Um eine numerisch auswertbare Information über die Materialverteilung in den Rekonstruktionsdatensätzen zu erhalten, müssen die Bilddaten segmentiert werden. Wie in Abschnitt 2.4 erwähnt, versteht man darunter die Zuordnung der Bildpunkte zu den in der Probe vorhandenen Materialphasen. Diese Zuordnung kann auf Basis unterschiedlicher Informationen geschehen. Das offensichtlichste Kriterium ist der Helligkeitswert des einzelnen Pixels. Dazu wird das Spektrum der Graustufenwerte in verschiedene Bereiche eingeteilt, die den jeweiligen Materialphasen entsprechen. Sind die verschiedenen Materialphasen im Histogramm jedoch nicht gut voneinander separiert, so kommt es zu Segmentierungsfehlern, die sich durch ein Rauschen im segmentierten Bild bemerkbar machen. Obwohl diese Fehler durch anschließendes Anwenden morphologischer Filter teilweise korrigierbar sind, kann man ihrer Entstehung schon während des Segmentierungsvorgangs entgegenwirken. Dazu werden für die Entscheidung zu welcher Materialphase ein Pixel gehört, auch Informationen über die unmittelbar benachbarten Pixel genutzt. Dies kann bei iterativen Verfahren auf Basis schon vorgenommener Zuordnungen geschehen. Alternativ kann die Nachbarschaftsinformation auch über den Gradienten des Graustufenbilds in die Entscheidung einfließen.

Neben dem bereits in Abschnitt 2.4 erwähnten Bildrauschen und Bildartefakten auf Grund des Rekonstruktionsverfahrens (Aufladungen und *curtaining*), spielen zwei weitere Punkte eine wichtige Rolle für die Qualität der erhaltenen Segmentierung.

Zum einen handelt es sich dabei um Gradienten in den Bildeigenschaften innerhalb des rekonstruierten Volumens. Diese treten nur bei der FIB-Tomographie auf und können verschiedene Ursachen haben. Einerseits kann es während der viele Stunden dauernden Rekonstruktion zu leichten Änderungen in den Umgebungsbedingungen kommen, die sich auf die Bildaufnahme auswirken und somit den Kontrast oder die Helligkeit der Bilder im Verlauf den Rekonstruktionsvorgangs verändern. Andererseits wandert die abgebildete Fläche während des Rekonstruktionsvorgangs durch das Probenvolumen. Obwohl es sich dabei um keinen Fehler sondern um eine Eigenschaft des Verfahrens handelt, beeinflusst die veränderte Lage durch Abschattungen die Signalausbeute. Auch dieser Vorgang kann zu lokalen Variationen in der Helligkeit der erhaltenen Bilddaten führen. Sind solche Gradienten in den Datensätzen vorhanden, so müssen diese entweder vor der Segmentierung herausgerechnet, oder während der Segmentierung entsprechend berücksichtigt werden.

Zum anderen beinhalten die Rekonstruktionen von dreiphasigen Strukturen eine besondere Herausforderung. Auf Grund der begrenzten Auflösung oder eines nicht

(a) (b)

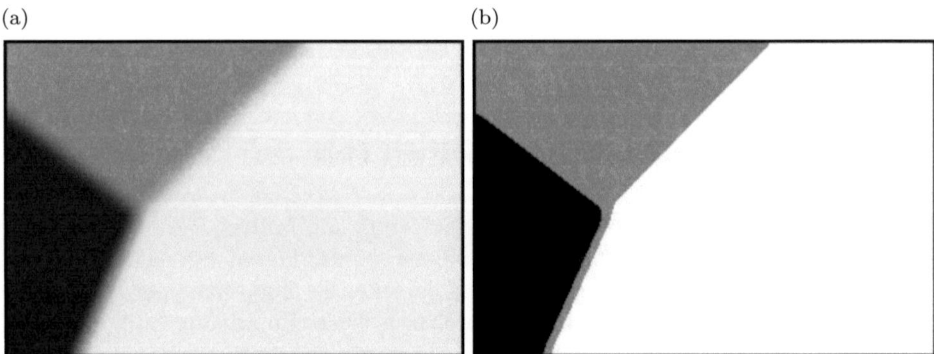

Abbildung 5.8.: Grenzt im Graustufenbild (a) die dunkelste Materialphase an die hellste, so führt die Segmentierung an dieser Grenze zu einer dünnen Zwischenschicht der mittleren Phase. Dies führt zu einem Kontaktverlust zwischen der hellsten und der dunkelsten Phase und zu einer starken Erhöhung der Oberfläche der mittleren Phase.

perfekt fokussierten Elektronenstrahls, werden die Übergänge zwischen den Materialphasen nicht als harte Kanten dargestellt. Stattdessen weisen die Übergänge einen leichten Graustufenverlauf auf. Bei der Schwellenwertsegmentierung auf Basis der Graustufen führt das bei Übergängen zwischen der hellsten und der dunkelsten Phase zu einer zusätzlichen Zwischenschicht (Abbildung 5.8). Da es für die Betrachtung von Transportvorgängen sowie Reaktionen in einer heterogenen Struktur natürlich auf die Kontakte zwischen den einzelnen Materialphasen ankommt, muss dieser Effekt ebenfalls berücksichtigt werden. Auch hierfür besteht sowohl die Möglichkeit der nachträglichen Korrektur, als auch die Anwendung eines Segmentierungsverfahrens, das die Bildung dieser dünnen Zwischenschicht unterdrückt.

5.2.1. Globale Schwellenwertverfahren

Wie in Abschnitt 2.4 bereits kurz erwähnt, besteht die einfachste Möglichkeit der Segmentierung durch eine Klassifizierung jedes Voxels in Abhängigkeit seines Graustufenwerts. Dazu wird das Histogramm durch einen oder mehrere Schwellenwerte, den sogenannten *thresholds* in Klassen unterteilt. Ein Voxel wird dann entsprechend seines Graustufenwerts einer dieser Klassen zugeordnet. Für die Qualität der damit erzielbaren Segmentierung ist neben der Qualität der Ausgangsbilddaten vor allem die Wahl des Schwellenwerts ausschlaggebend. Da die Zuweisung zu den Materialphasen für jedes Voxel innerhalb des Datensatzes anhand der selben (globalen) Kriterien erfolgt, beeinflussen Helligkeitsgradienten das Ergebnis.

Sind die Maxima im Histogramm deutlich voneinander getrennt, so kann das Minimum zwischen zwei Maxima als Schwellenwert gewählt werden. Der Vorteil dieser Methode liegt darin, dass keinerlei Annahmen über die Form der Graustufenverteilung getroffen werden müssen.

Überlappen sich die Graustufen er einzelnen Materialphasen jedoch stärker, so führt die Segmentierung mit Schwellenwerten immer zu einer Fehlklassifizierung einzelner Voxel beider Materialklassen. Um den Einfluss der Fehlsegmentierung auf die Materialanteile gering zu halten ist es wichtig, dass die Anzahl der falsch zugewiesenen Voxel bei beiden Phasen ungefähr gleich groß ist. Um dies sicherzustellen kann der Schwellenwert mit einer sogenannten *maximum likelihood*-Methode berechnet werden, die auf der Bayes'schen Wahrscheinlichkeit basiert. Dazu sind jedoch Annahmen über die Form der Verteilungsfunktionen der Graustufenwerte notwendig. Nimmt man an, dass die zu einer Materialphase gehörenden Graustufenwerte einer Normalverteilung folgen, so kann eine Summe von Normalverteilungen an das Histogramm angepasst werden. Wurde das Histogramm zuvor normiert, so entspricht das Integral über die einzelnen Normalverteilungen ungefähr den jeweiligen Materialanteilen. Aus den angepassten Wahrscheinlichkeitsdichten $p_i(g)$ lassen sich nun die Wahrscheinlichkeiten $P_i(g)$ berechnen, dass ein Graustufenwert g von der Materialklasse i hervorgerufen wurde:

$$P_i(g) = \frac{p_i(g)}{\sum_i p_i(g)}. \tag{5.1}$$

Als Schwellenwert für die Segmentierung können nun die Graustufenwerte gewählt werden, die die gleichen Wahrscheinlichkeiten besitzen, von einer der beiden Materialklassen hervorgerufen zu werden. Dieses Verfahren wurde in [End11] auf die Rekonstruktion einer dreiphasigen Kathodenstruktur angewendet. Der Vorteil dieses Verfahrens besteht darin, dass kein Minimum im Histogramm notwendig ist.

Natürlich existiert eine Vielzahl weiterer Algorithmen zur Berechnung von Schwellenwerten für die Segmentierung. Auf ihre Beschreibung wird hier jedoch verzichtet, da sie in der Literatur zur Bildverarbeitung beschrieben sind (beispielsweise in [Ohs09]) und für die Segmentierung der hier betrachteten Datensätze nicht zum Einsatz gekommen sind.

5.2.2. Lokaler Schwellenwert

Die Idee der lokalen Schwellenwertverfahren ist das Ausgleichen von Variationen in den Bildeigenschaften, wie zum Beispiel Helligkeits- oder Kontrastgradienten. Werden diese vor der Anwendung von globalen Schwellenwertverfahren nicht entfernt, führen sie zu einer zusätzlichen Verschmierung der Details im Histogramm und somit zu Segmentierungsfehlern. Anstatt die Gradienten zuerst zu kompensieren, kann ihnen auch durch räumlich variierende Schwellenwerte Rechnung getragen werden. Diese Vorgehensweise bietet sich vor allem für Rekonstruktionen mittels FIB-

Tomographie an, da Abschattungseffekte häufig nur einen Eck- oder Kantenbereich des rekonstruierten Volumens betreffen.

Das im Rahmen dieser Arbeit entwickelte lokale Verfahren ist eine Erweiterung des *maximum likelihood*-Verfahrens zur Berechnung eines globalen Schwellenwerts und wurde bereits in [End12a] veröffentlicht. Dafür wird das zu segmentierende Volumen in quaderförmige Teilvolumen unterteilt, wobei sich diese auch überlappen können. Für jedes dieser Teilvolumen werden nun mit dem zuvor beschriebenen Verfahren die Schwellenwerte berechnet, wobei prinzipiell natürlich auch andere Berechnungsverfahren eingesetzt werden können.

An die räumliche Verteilung der so berechneten Schwellenwerte wird im nächsten Schritt eine polynomielle Funktion angepasst. Dabei hat sich eine lineare Funktion in den meisten Fällen als brauchbar erwiesen. Auf Basis der angepassten Funktionen können nun für jedes Voxel im rekonstruierten Volumen passende Schwellenwerte berechnet werden. Dabei ist natürlich darauf zu achten, dass die einzelnen Teilvolumen nicht zu klein werden, damit stets alle Materialphasen vertreten sind.

Da bei der automatisierten Bestimmung der Schwellenwerte der Teilvolumina nur schwer sichergestellt werden kann, dass die Anpassungsroutine immer erfolgreich ist, müssen die berechneten Schwellenwerte vor dem Anpassen der linearen Ausgleichsfunktionen auf Plausibilität überprüft werden. Dazu wird zum einen überprüft, ob sie überhaupt im zulässigen Graustufenbereich von 0 bis 255 liegen. Zum anderen dürfen die Mittelwerte der jeweils angepassten Normalverteilungen nicht mehr als zwei Standardabweichungen von den Mittelwerten der an das gesamte Volumen angepassten Normalverteilungen abweichen. Mit diesem Vorgehen können komplett missglückte Anpassungen, sowie ein Anpassen der Normalverteilungen in der falschen Reihenfolge, von der weiteren Verarbeitung ausgeschlossen werden.

Das Verfahren wurde in [End12a] bereits für die Rekonstruktion zweier $LiFePO_4$-Kathoden angewendet. Während der FIB-Rekonstruktion entstandene Abschattungen und Helligkeitsgradienten konnten so erfolgreich kompensiert werden. Abbildung 5.9a zeigt beispielhaft die Aufteilung eines Elektrodenvolumens in einzelne Würfel für die in [End12a] gezeigte Rekonstruktion einer im Labor hergestellten Elektrode. Die berechneten Schwellenwerte der einzelnen Würfel für die eingezeichnete Schnittebene sind in Abbildung 5.9b zusammen mit dem Ergebnis der linearen Anpassung aufgetragen. Trotz der Streuung der berechneten Schwellenwerte ist das lineare Verhalten der Schwellenwerte als Funktion des Orts deutlich zu sehen, was die Verwendung einer linearen Funktion zur Interpolation der Schwellenwerte rechtfertigt.

5.2.3. Hystereseverfahren

Die Segmentierung mit dem Hystereseverfahren bezieht die Position eines Voxels, beziehungsweise seine Nachbarschaft, in die Klassifizierungsentscheidung mit ein.

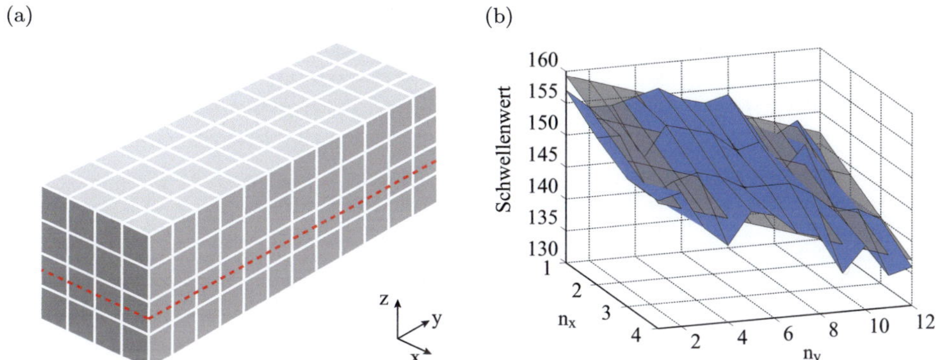

Abbildung 5.9.: Aufteilung des Rekonstruktionsvolumens in einzelne Teilvolumen (a), die
im gezeigten Fall nicht überlappen. Für jedes Volumenelement werden die Schwellenwerte
separat bestimmt und durch eine dreidimensionale lineare Funktion beschrieben. Für die
rot gestrichelt hervorgehobene Schnittebene sind die berechneten Schwellenwerte (blau)
zur Trennung von Aktivmaterial und Pore, sowie die lineare Interpolationsfunktion (grau),
als Funktion des Orts aufgetragen (b). Trotz der Streuung der berechneten Werte ist das
lineare Verhalten des Schwellenwerts deutlich zu sehen.

Diese Vorgehensweise hat immer dann seinen Vorteil, wenn die Zuordnung auf Basis
der Graustufenwerte alleine nicht eindeutig möglich ist. Das im Folgenden vorgestellte
Verfahren, das in MATLAB implementiert wurde, beschränkt sich auf den Fall einer
zweiphasigen Struktur.

Der erste Schritt besteht in dem Erstellen einer Startsegmentierung, wobei nur die
Voxel einer der beiden Phasen zugeordnet werden, für die eine Entscheidung auf
Basis der Graustufenwerte eindeutig möglich ist. Dafür werden zwei Schwellenwerte
benötigt. Alle Voxel, deren Graustufenwerte zwischen den beiden Schwellenwerten
liegen, bleiben vorerst ohne Zuordnung.

Nun werden beide Bereiche der Startsegmentierung iterativ ausgeweitet, indem in
jeder Iteration des Algorithmus eine Dilatationsoperation mit einem Radius von
einem Voxel durchgeführt wird. Die im ausgeweiteten Bereich liegenden Voxel werden
jedoch nur dann zu der wachsenden Phase hinzugenommen, wenn ihr Graustufenwert
zwischen den beiden Schwellenwerten liegt. Sollte ein Voxel in einer Iteration Kandidat
für beide wachsenden Phasen sein, so wird es zu der dunkleren Phase hinzugenommen,
wenn der Graustufenwert unter dem Mittelwert der beiden Schwellenwerte liegt,
andernfalls wird es der helleren Phase zugeordnet. Dieser Wachstumsprozess läuft so
lange, bis alle Voxel einer der beiden Phasen zugewiesen sind.

In dieser Umsetzung unterscheidet sich das Verfahren von dem klassischen Hystereseverfahren, das beispielsweise in [Ohs09, S. 124] beschrieben ist. Der Unterschied

besteht darin, dass sich beide Phasen ausdehnen, solange der jeweils andere Schwellenwert nicht erreicht wird. Im klassischen Verfahren wächst nur die eine Phase, bis der untere Schwellenwert unterschritten wird. Durch das Ausdehnen beider Materialphasen kann der Abstand zwischen den beiden Schwellenwerten größer sein, wodurch in der Startsegmentierung weniger fehlsegmentierte Voxel vorhanden sind. Das Verfahren ist damit im Grenzbereich zu den *region growing*-Verfahren (engl. für Gebietswachstum) einzuordnen (siehe [Ohs09, S. 127])

5.2.4. Eignung der verschiedenen Methoden

Wie bereits erwähnt, ist die globale Schwellenwertsegmentierung ein gutes Verfahren, wenn zwischen den einzelnen Materialphasen in den Bildern ein ausreichend guter Kontrast besteht. Außerdem dürfen für ein korrektes Ergebnis keine Helligkeitsgradienten im dreidimensionalen Datensatz vorhanden sein.

Folgen die Graustufenwerte der einzelnen Materialphasen näherungsweise einer Normalverteilung, so kann der optimale Schwellenwert mittels eines *maximum likelihood*-Verfahrens berechnet werden. Dies hat sich vor allem für Kathodenrekonstruktionen bewährt, die mit der FIB-Tomographie aufgenommen wurden. Da sich bei diesem Verfahren Helligkeitsgradienten kaum vermeiden lassen, ist hier die lokale Berechnung der Schwellenwerte von Bedeutung.

Speziell bei röntgentomographischen Verfahren sowie immer dann, wenn ein guter Kantenkontrast vorhanden ist, lohnt der Einsatz von Verfahren, die benachbarte Voxel in die Segmentierungsentscheidung mit einbeziehen. Dafür ist in der Regel jedoch eine ausreichend hohe Auflösung notwendig. Wenn eine Pore beispielsweise nur durch eine oder zwei Voxel abgebildet wird, so besteht die Gefahr, dass diese auf Grund der benachbarten Voxel einer anderen Phase nicht als Pore segmentiert wird. Da die typischen Strukturgrößen bei den Anoden im Mikrometerbereich liegen und ein guter Kantenkontrast vorhanden ist, kann das Hystereseverfahren hier seine Stärken ausspielen und wird in dieser Arbeit deshalb zur Segmentierung der Anodenstrukturen eingesetzt.

5.2.5. Segmentierung der Datensätze

In diesem Abschnitt wird die Anwendung der zuvor beschriebenen Verfahren auf die Rekonstruktionen der Elektroden beschrieben. Dabei kommt für die Anoden das Hystereseverfahren und für die Kathoden das auf den *maximum likelihood*-Schätzern basierende lokale Schwellenwertverfahren zum Einsatz.

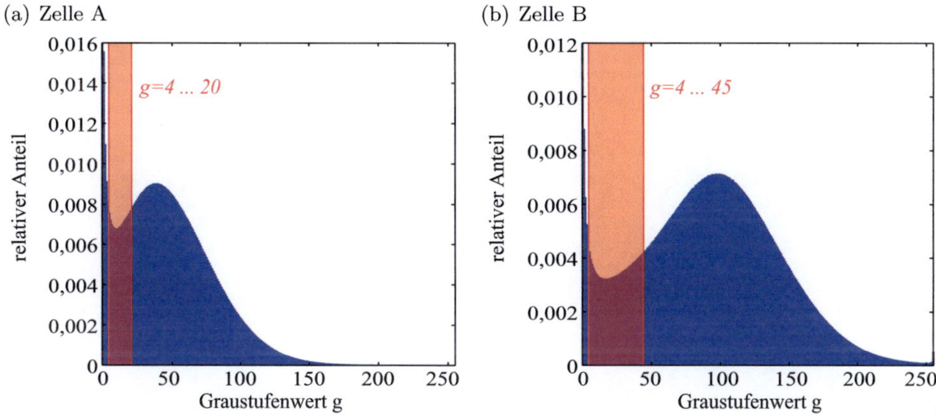

Abbildung 5.10.: Gegenüberstellung der Histrogramme der Anodenrekonstruktionen. Als Schwellenwerte für die Hysteresesegmentierung wurden die durch rote Linien hervorgehobenen Graustufenwerte verwendet. Der rot hinterlegte Bereich wird in dem iterativen Wachstumsprozess einer der beiden Phasen zugewiesen.

Anodenstrukturen

Betrachtet man die Histogramme der Anodendatensätze (Abbildung 5.10), so besitzen diese ein stark ausgeprägtes Maximum um den Graustufenwert Null, das die Poren darstellt. Diesem folgt eine eher schlecht abgegrenzte Verteilung bei mittleren Graustufenwerten, die die Graphitphase repräsentiert. Wie in Abbildung 5.2 zu erkennen ist, kann ein Voxel in einer Pore den gleichen Graustufenwert, wie ein Voxel im Inneren eines Partikels besitzen. Aus diesem Grund werden die beiden Schwellen für die Hysteresesegmentierung so gewählt, dass dieser Übergangsbereich in den Graustufenwerten zunächst ohne Zuordnung bleibt. Für die Anode der Zelle A wurden dabei Graustufenwerte von 4 und 20 gewählt, für Anode B hingegen 4 und 45. Die entsprechenden Bereiche sind in den Histogrammen markiert (Abbildung 5.10).

Da auch einzelne Voxel im Inneren der Partikel durch den unteren Schwellenwert als Pore segmentiert werden, sind in der Graphitphase einzelne isolierte Poren in den Partikeln vorhanden. In den FIB-Schnitten der beiden Anoden (Abbildung 5.3) kann man sehen, dass Anode A keine Poren in den Partikeln aufweist. Die lammellenartigen Poren von Anode B dringen in der Regel an die Oberfläche, sodass auch hier keine isolierten Poren in den Partikeln vorliegen sollten. Deshalb können komplett eingeschlossene Poren mittels morphologischer Filter entfernt werden, ohne die tatsächlich vorhandenen Strukturen zu ändern. Dazu wurde bei beiden Anoden gleich verfahren, indem alle nicht verbundenen Porenbereiche mit der *cavity fill*-Operation entfernt wurden. Die Form der tatsächlichen Porosität bleibt dabei unbeeinflusst.

(a) Anode von Zelle A   (b) Anode von Zelle B

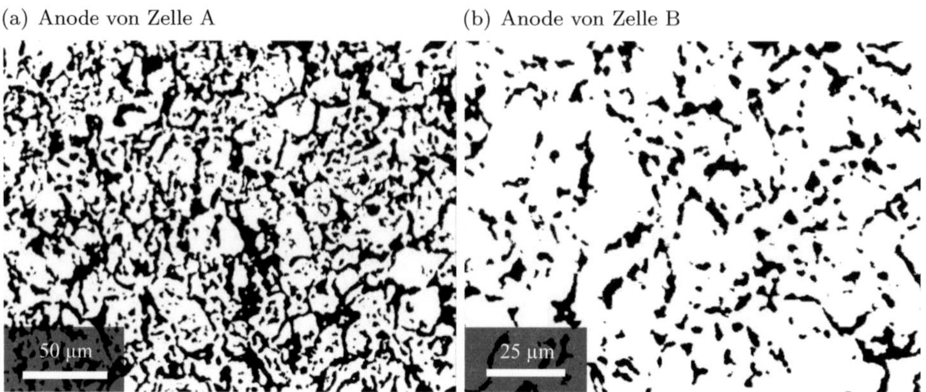

Abbildung 5.11.: Querschnitte durch die segmentierten Anodenrekonstruktionen. Darin ist die Graphitphase in weiß dargestellt und die Poren in schwarz.

Die Änderung in den Materialanteilen bei Anode A beträgt 0,83 % und bei Anode B 1,26 %. Um sicherzustellen, dass alle Graphitbereiche miteinander verbunden sind, wurden anschließend isolierte Graphitbereiche mit einem Volumen kleiner als 1000 Voxel entfernt. Abbildung 5.11 zeigt Schnitte durch die so segmentierten Datensätze. In dieser Form können die Datensätze der numerischen Analyse unterzogen werden.

Kathodenstrukturen

Die Datensätze der Kathoden wurden wie in Abschnitt 5.1.2 beschrieben für die Segmentierung vorbereitet. Die Histogramme der dreidimensionalen Bilddaten sind in Abbildung 5.12 gezeigt. Der hellste Peak im Histogramm gehört jeweils zum Aktivmaterial und ist gut von den anderen Phasen separiert. Die Graustufenwerte der Poren und des zugesetzten Kohlenstoffs unterscheiden sich jedoch nicht so deutlich, sodass ihre Verteilungen im Histogramm stark überlappen.

Zur Segmentierung der Datensätze wurde das in Abschnitt 5.2.2 beschriebene lokale Schwellenwertverfahren eingesetzt. Die Größe der Teilvolumina betrug dabei für die Kathode der Zelle A 145 × 139 × 142 Voxel, wobei der Überlapp zur Berechnung der Schwellenwerte 50 % betrug. Um einzelne fehlsegmentierte Voxel zu korrigieren, muss die Segmentierung mit morphologischen Operationen gefiltert werden.

Für die Kathode der Zelle A wurden dabei zuerst einzelne isolierte Bereiche aus der als Kohlenstoff segmentierten Phase entfernt (*island removal*), deren Volumen kleiner als 8 Voxel war. Im nächsten Schritt wurden isolierte Einschlüsse in der Kohlenstoffphase entfernt (*cavity fill*), deren Volumen kleiner als 27 Voxel war. In

(a) Zelle A

(b) Zelle B

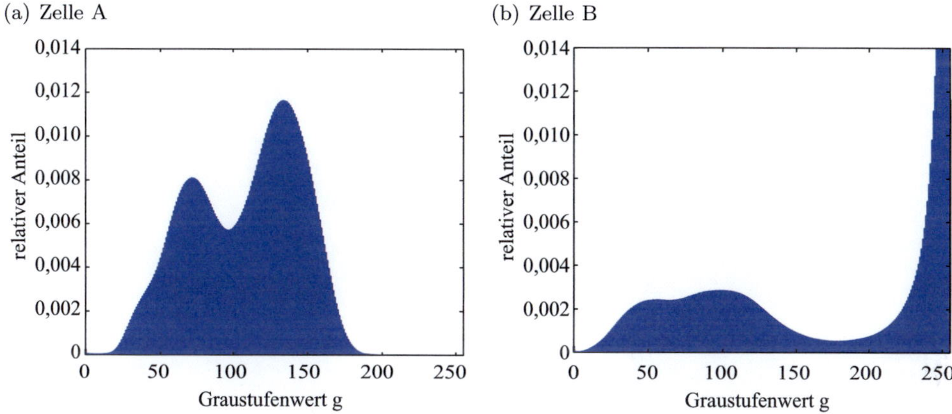

Abbildung 5.12.: Histogramme der beiden mittels FIB-Tomographie rekonstruierten Kathodendatensätze. Während das Maximum bei den höchsten Graustufenwerten noch recht gut vom Rest separiert ist, überlappen die Peaks der Poren und der Kohlenstoffphase stark.

beiden Fällen wurden lediglich Nachbarschaften über die Voxelflächen berücksichtigt. Abschließend wurde ein morphologisches Schließen mit einem Radius von 1 Voxel angewendet, das durch eine Dilatation mit nachfolgender Erosion realisiert wurde (siehe Abschnitt 2.4). Für die als Aktivmaterial segmentierten Bereiche wurde etwas anders vorgegangen. Zunächst wurde ein morphologisches Öffnen mit einem Radius von 1 Voxel durchgeführt, um einzelne fehlsegmentierte Voxel im Porenraum zu entfernen. Anschließen wurden analog zum Vorgehen bei der Kohlenstoffphase isolierte Bereiche sowie abgeschlossene Poren entfernt. In beiden Fällen wurden wieder nur Nachbarschaften über die Voxelflächen berücksichtigt. Als kritische Größe der Bereiche wurde für beide ein Volumen von 27 Voxel gewählt. Im letzten Schritt wird nun sichergestellt, dass der in Abbildung 5.8 illustrierte Effekt nicht zum Kontaktverlust zwischen dem Aktivmaterial und dem Kohlenstoffzusatz führt. Dazu wird auf beide Phasen eine Dilatation mit einem Radius von 1 Voxel angewendet. Die Schnittmenge aus den beiden so erweiterten Bereichen, die nicht zu einem der beiden ursprünglichen Bereiche gehört, wurde zu der Kohlenstoffphase hinzugerechnet. Auf diese Weise wird die durch die Segmentierung erzeugte Zwischenschicht an den Kontaktstellen entfernt. Der so neu zugewiesene Materialanteil beträgt 0,76 %. Nach diesen Schritten kann die Struktur zusammengesetzt werden, wobei alle nicht zum Aktivmaterial oder zum Kohlenstoff gerechneten Voxel automatisch als Pore gewertet werden.

Für die Kathode der Zelle B wurde das Volumen zunächst mit einer gespiegelten Version des eigentlichen Volumens in jede Richtung um 100 Voxel fortgesetzt, da die Veränderung der Graustufenwerte im Randbereich sonst nicht korrekt erfasst werden

(a) Zelle A   (b) Zelle B

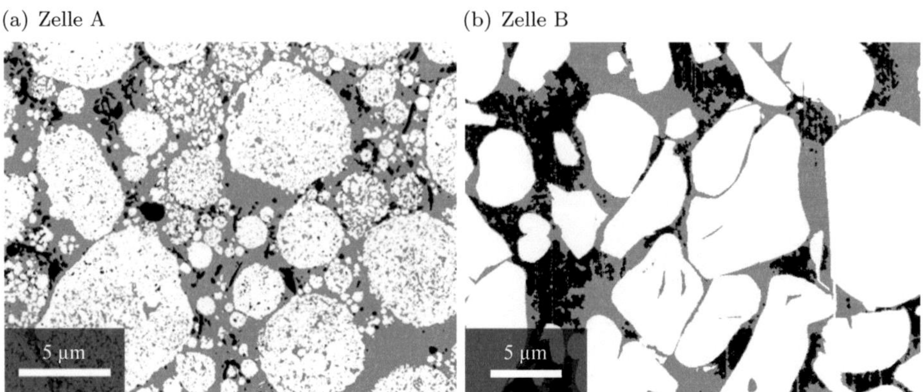

Abbildung 5.13.: Querschnitte durch die rekonstruierten und zugeschnittenen Volumina der Kathodenrekonstruktionen. Darin erscheint das Aktivmaterial hellgrau bis weiß, die mit dem Silikonharz gefüllten Poren in einem mittleren Grau und die Kohlenstoffbestandteile in Dunkelgrau bis Schwarz.

konnte. Aus diesem so erweiterten Volumen wurden dann die Teilvolumina der Größe $136 \times 84 \times 148$ Voxel herausgeschnitten, wobei der Überlapp ebenfalls 50 % betrug. Nach der Segmentierung wurde das Volumen wieder auf den ursprünglichen Bereich zurecht geschnitten. Zusätzlich mussten auch die ersten 40 Bilder des Datensatzes entfernt werden, da hier die Segmentierung nicht optimal war.

Analog zu dem Vorgehen bei der Kathode der Zelle A, wurden auch auf die einzelnen Materialphasen von Kathode B morphologische Operationen angewendet. Zuerst wurden fehlsegmentierte Voxel in der Kohlenstoffphase durch ein Öffnen mit einem Radius von 1 Voxel korrigiert. Anschließend wurden isolierte Bereiche mit einem Volumen kleiner 8 Voxel entfernt. Hier und auch für die nachfolgenden Operationen wurden jeweils nur Nachbarschaftsbeziehungen über Voxelflächen berücksichtigt. Auf die Aktivmaterialphase wurde ebenfalls ein Öffnen mit einem Radius von 1 Voxel angewendet. Danach wurden isolierte Bereiche mit einem Volumen größer 1000 Voxel, sowie abgeschlossene Kavitäten eines Volumens kleiner 125 Voxel entfernt. Für die Sicherstellung des Kontakts zwischen Kohlenstoff und Aktivmaterial wurde analog zur Kathodenstruktur der Zelle A verfahren. Der dabei neu zugewiesene Volumenanteil betrug 0,41 %. Das Zusammenfügen der fertigen Struktur erfolgte wie bei Zelle A.

Die so erhaltenen segmentierten Datensätze können nun weiter analysiert werden. Abbildung 5.13 zeigt Querschnitte durch die segmentierten Kathodenstrukturen.

5.3. Charakterisierung der Mikrostruktur

Ausgangspunkt für die Charakterisierung der Mikrostruktur ist immer ein segmentiertes dreidimensionales Bild. Dieses besteht im Allgemeinen aus i Phasen. Im Folgenden werden die Methoden zur Bestimmung verschiedener Parameter vorgestellt, die eine Mikrostruktur charakterisieren. Im Anschluss daran werden die Methoden auf die Rekonstruktionen der Elektroden angewendet. Die ermittelten Parameter dienen sowohl zur Diskussion der Unterschiede zwischen den Mikrostrukturen der Elektroden, als auch zur Parametrisierung der Elektrodenmodelle.

5.3.1. Volumenanteile

Die Segmentierung legt die Volumenanteile ε_i der einzelnen Materialphasen der Mikrostruktur eindeutig fest. Die Berechnung erfolgt auf Basis der diskreten Voxel. Dazu zählt man alle Voxel N_i, die der Phase i zugeordnet wurden, und dividiert sie durch die Gesamtzahl der Voxel N:

$$\varepsilon_i = \frac{N_i}{\sum_i N_i} = \frac{N_i}{N} \tag{5.2}$$

Natürlich wirkt sich eine fehlerhafte Segmentierung direkt auf die berechneten Volumenanteile aus. Wie stark der Einfluss auf eine gegebene Struktur ist muss im Einzelfall untersucht werden, da dieser zum einen von den Eigenschaften des Histogramms und zum anderen von der verwendeten Segmentierungsmethode abhängt.

Außerdem führt ein zu kleines Rekonstruktionsvolumen zu einem statistischen Fehler, wenn nicht ausreichend viele Partikel im Volumen enthalten sind. Eine leichte Veränderung des Volumens kann sich dann stark auf die berechneten Volumenanteile auswirken. Um die Größe dieses Effekts im Einzelfall abzuschätzen, muss eine statistische Analyse künstlich generierter Mikrostrukturen vorgenommen werden. Dabei müssen die künstlichen Strukturen der realen Struktur hinsichtlich ihrer Eigenschaften möglichst ähnlich sein. Abbildung 5.14 zeigt die Streuung des berechneten Volumenanteils, die durch diesen Effekt verursacht wird. Dazu wurden 125 würfelförmige Volumina mit zufällig verteilten Kugeln generiert, die sich auch überlappen können. Die Größe der generierten Strukturen beträgt $200 \times 200 \times 200$ Voxel mit einem Materialanteil von 0,56, wobei eine Kugel einen Durchmesser von 20 Voxel aufweist. Aus diesen Volumina wurden nun Teilvolumina mit Kantenlängen von 12 bis 200 Voxel herausgeschnitten und ihre Materialanteile bestimmt. Diese wurden dann als Funktion des Volumens in Einheiten des Kugelvolumens aufgetragen und in Abbildung 5.14a dargestellt. Die gestrichelten Linien geben den Verlauf der Standardabweichung an. Um den Volumenanteil auf mindestens 5 % (grau hinterlegtes Intervall) genau zu bestimmen, sollten das untersuchte Volumen also mindestens das 40-fache des Volumens eines Partikels aufweisen. Dieser Richtwert ist jedoch nur für

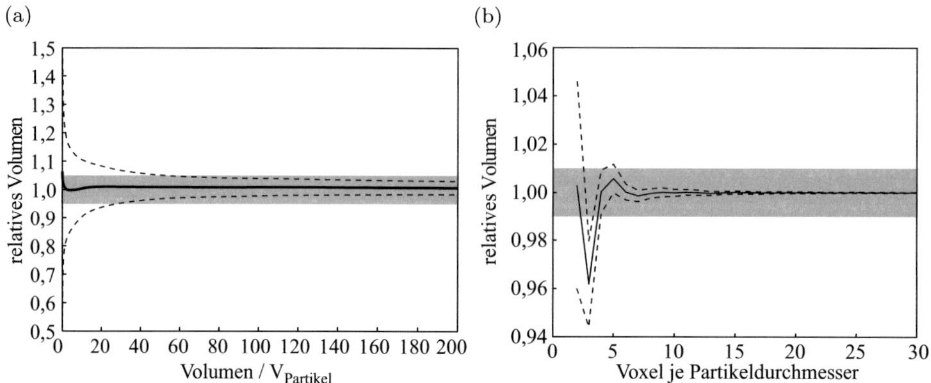

Abbildung 5.14.: Die linke Grafik (a) zeigt das relative Volumen einer Struktur aus überlappenden, zufällig angeordneten Kugeln als Funktion der Größe des analysierten Volumens. Als Bezugsvolumen dient das gesamte Volumen, aus dem die kleineren Volumen herausgeschnitten wurden. Die rechte Grafik (b) zeigt ebenfalls das relative Volumen, allerdings als Funktion der Auflösung. Dazu wurden 40 zufällig platzierte, nicht überlappende Kugeln analysiert. Als Bezugsvolumen dient hier das analytisch berechnete Volumen der Kugeln. In beiden Fällen repräsentieren die gestrichelten Linien die Standardabweichung. Die grau hinterlegten Bereiche stellen Intervalle von 5 % beziehungsweise 1 % dar.

Materialanteile in der Größenordnung der hier untersuchten Strukturen gültig. Für wesentlich höhere oder geringere Materialanteile kann sich dieser Richtwert entsprechend verschieben. Da die meisten porösen Elektroden jedoch einen Materialanteil von über 50 % aufweisen, bietet diese Abschätzung eine sinnvolle Faustregel.

Eine weitere Fehlerquelle besteht in einer zu geringen Auflösung der Mikrostruktur. Durch die diskrete Abtastung der Bilder kann das aus der erhaltenen Voxelstruktur berechnete Volumen eines Partikels das tatsächliche Volumen sowohl über- als auch unterschätzen. Um diesen Effekt zu verdeutlichen wurden ebenfalls künstliche Kugelstrukturen eingesetzt. Damit das Volumen analytisch berechnet werden kann wurden die Kugeln so angeordnet, dass sie sich nicht überlappen. Dies wurde realisiert, indem jeder Kugel, deren Radius aus einer Gleichverteilung zwischen 0,9 und 1,1 Längeneinheiten gewählt wurde, ein würfelförmiges Volumen mit einer Kantenlänge von zwei Längeneinheiten zugeordnet wurde. Innerhalb dieses Volumens wurde der Mittelpunkt innerhalb eines zentralen Würfels mit einer Kantenlänge von 0,25 Längeneinheiten zufällig gewählt. Durch die Berücksichtigung von 40 dieser Kugeln mitteln sich Effekte der Lage der Mittelpunkte relativ zum Voxelgitter heraus. Wie Abbildung 5.14b zeigt, liegt der Fehler, selbst bei einer mit 40 Partikeln noch recht kleinen Struktur, schon für eine Auflösung von 5 Voxel je Partikeldurchmesser nur noch bei ungefähr einem Prozent. Deshalb ist zu erwarten, dass dieser Effekt für reale Strukturen aus einer Rekonstruktion kaum eine Rolle für die Bestimmung der Volumenanteile spielt.

5.3.2. Oberflächen

Die Oberfläche einer porösen Struktur spielt für elektrochemische Anwendungen eine wichtige Rolle. Deshalb ist ihre Bestimmung ein wichtiger Punkt der Mikrostrukturanalyse. Da die rekonstruierten Volumina niemals eine komplette Elektrode umfassen können, gibt man in der Regel die volumenspezifische Oberfläche an. Diese hat die Dimension einer inversen Länge, gibt also beispielsweise an, wie groß die Oberfläche in μm^2 je Volumenelement in μm^3 ist. Bei der Berechnung der volumenspezifischen Oberfläche ist deshalb zu beachten, dass die Randflächen des zugeschnittenen Volumens nicht als Oberfläche gewertet werden.

Um aus einer Mikrostrukturrekonstruktion die Oberfläche einer Materialphase zu erhalten, stellt das Zählen der Voxelflächen, die an eine beliebige andere Phase angrenzen, die einfachste Möglichkeit dar. Da die Voxelflächen jedoch nur entlang der drei Koordinatenachsen ausgerichtet sein können, führt diese Methode zu einer Überschätzung der Oberfläche, die sich auch durch eine höhere Auflösung nicht verhindern lässt. Betrachtet man das Beispiel einer Kugel, so berechnet sich deren Oberfläche zu $4\pi R^2$. Berechnet man ihre Oberfläche auf Basis einer Voxelstruktur, so erhält man das sechsfache der Kreisfläche mit dem gleichen Radius, also $6\pi R^2$. Anschaulich lässt sich das einfach nachvollziehen, da man eine Kugel aus jeder der sechs Richtungen parallel zu den Koordinatenachsen betrachten kann und die dann sichtbaren Voxelflächen immer einen Kreis ausfüllen.

Bei einer Kugel führt die Berechnung der Oberfläche aus den Voxeldaten also zu einer Überschätzung der Oberfläche um $50\,\%$. Für beliebig und vor allem unregelmäßig

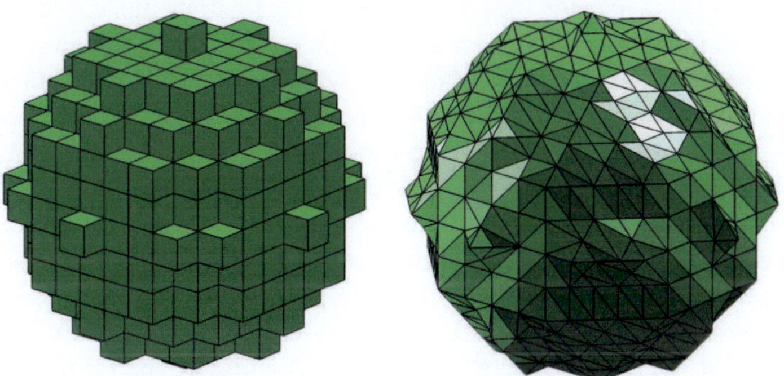

Abbildung 5.15.: Gegenüberstellung der Visualisierungen einer diskretisierten Kugel als Voxeloberfläche sowie der durch den *marching cube*-Algorithmus geglätteten Oberfläche.

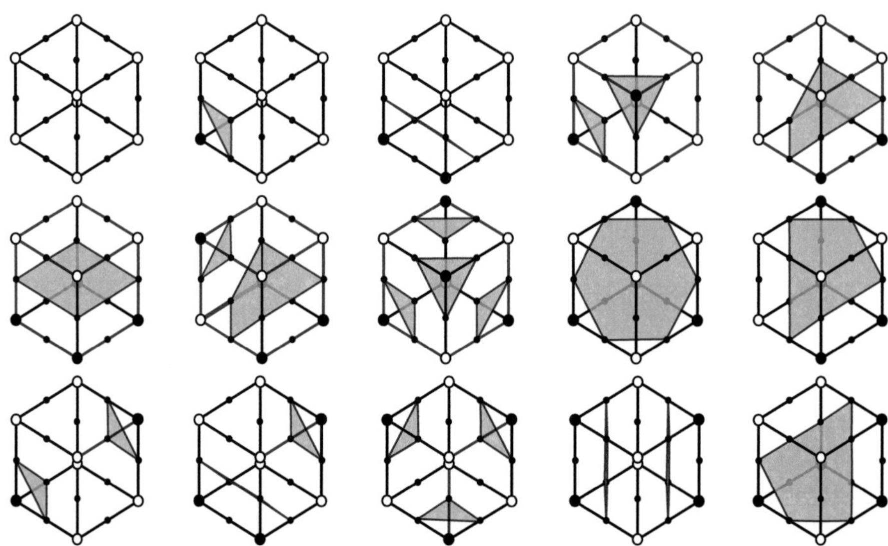

Abbildung 5.16.: Bei die Berechnung der Oberfläche mit dem *marching cube*-Algorithmus werden die 2^8 möglichen Fälle der Materialverteilung unter Ausnutzung von Symmetrien auf 15 Basisfälle reduziert.

geformte Strukturen, lässt sich die Abweichung von der tatsächlichen Oberfläche nicht so einfach angeben. Eine alternative Berechnungsmethode, die eine bessere Annäherung an die tatsächliche Oberfläche liefert, basiert auf der Triangulation der Fläche eines konstanten Graustufenwerts. Geht man von einer segmentierten Struktur aus, so liegen diese Punkte eines konstanten Graustufenwerts immer in der Mitte der Verbindungslinie benachbarter Punkte. Abbildung 5.15 stellt die Voxelrepräsentation einer Kugel und die Triangulation der Fläche konstanten Graustufenwerts gegenüber. Der *marching cube*-Algorithmus (engl. für wandernder Würfel) [Lor87], der für die Computervisualisierung von Voxeldaten entwickelt wurde, betrachtet für die Triangulation der Grenzfläche zwischen zwei Phasen immer einen Teilwürfel, der aus acht Voxel besteht. Je nach Materialzugehörigkeit der acht Voxel, kann dieser Würfel von einer oder mehreren Flächen unterteilt werden. Dazu betrachtet man immer, ob zwei durch eine Kante verbundenen Ecken des Würfels verschiedene Materialzugehörigkeiten besitzen. Ist dies der Fall, so wird die Kante in der Mitte geteilt. Auf diese Weise werden die Lagen der Grenzflächen im Würfel konstruiert. Der Prozess wird für alle möglichen Würfel im Volumen wiederholt. Ist man nur an der Größe der Oberfläche interessiert, so muss diese Grenzfläche nicht für jeden Würfel einzeln konstruiert werden. Insgesamt gibt es bei zwei Phasen $2^8 = 256$ verschiedene Möglichkeiten, diese auf den acht Ecken eines Würfels zu verteilen.

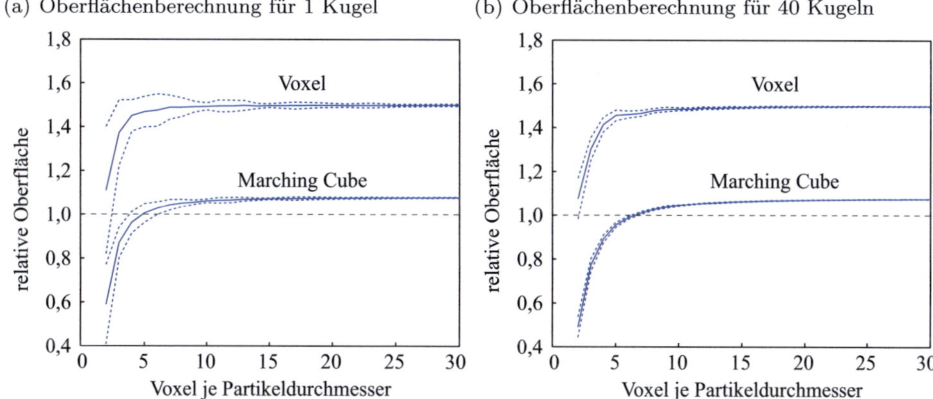

Abbildung 5.17.: Darstellung des Einflusses der Auflösung auf die Werte der berechneten Oberflächen für eine Kugel (a), sowie für eine Struktur aus 40 nicht überlappenden Kugeln (b). Dabei sind die Oberflächenwerte auf den analytisch berechneten Wert der Oberfläche bezogen. Für den Grenzfall hoher Auflösungen konvergiert der aus der Voxeloberfläche berechnete Wert gegen das 1,5-fache des analytischen Werts. Bei der *marching cube*-Methode beträgt die Überschätzung nur etwa 7 %.

Durch Symmetrieoperationen wie Rotation, Spiegelung oder Inversion lassen sich viele der 256 Fälle ineinander überführen. Übrig bleiben lediglich 15 Basisfälle. Diese sind in Abbildung 5.16 dargestellt. Berechnet man die Flächeninhalte der Grenzflächen dieser Basisfälle einmal, so muss zur Berechnung der Oberfläche einer Struktur lediglich die Häufigkeit des Vorkommens jeder dieser Basisfälle gezählt werden. Durch Multiplikation mit den dazugehörigen Flächeninhalten erhält man die gesamte Oberfläche der Struktur. Zur Berechnung der spezifischen Oberfläche muss diese auf ein Volumen bezogen werden. Da in jeder Raumrichtung mit N_i Voxel nur $N_i - 1$ Würfel gebildet werden können, ist dieses Referenzvolumen kleiner als das gesamte Voxelvolumen. Es berechnet sich zu

$$V_{ref} = (N_x - 1) \cdot (N_y - 1) \cdot (N_z - 1) \cdot V_{voxel}, \tag{5.3}$$

wobei N_i die Abmessung des untersuchten Volumens in Richtung i in Voxel ist. Berechnet man auf diese Weise für jede Materialphase in der Struktur die Grenzfläche zu allen anderen Phasen, so lassen sich aus den Oberflächen auch beliebige Kontaktflächen zwischen unterschiedlichen Phasen berechnen. Bei Kathodenstrukturen wird so die Kontaktfläche zwischen dem Aktivmaterial und den Poren berechnet, da nur diese Fläche elektrochemisch aktiv sein kann (siehe Abschnitt 6.3).

Obwohl die Annäherung der Oberfläche durch diese Methode wesentlich näher am wahren Wert der Oberfläche liegt, als der auf Basis der Voxelflächen berechnete Wert, so führt die in Abbildung 5.16a zu erkennende Rauheit der Oberfläche immer noch zu einer Überschätzung der Oberfläche. Für eine Kugeloberfläche ist dieser Effekt in Abhängigkeit der Auflösung in Abbildung 5.17 dargestellt, die die berechneten Werte bezogen auf die analytische Oberfläche einer Kugel zeigt. Die gestrichelten Linien geben jeweils die Standardabweichung an. Für diese wurde die Berechnung der Oberfläche 100 mal wiederholt, wobei der Kugelmittelpunkt jeweils zufällig gewählt wurde, um die Diskretisierungseffekte auf Grund der Lage der Kugel relativ zum Diskretisierungsgitter auszugleichen. Abbildung 5.17b zeigt die gleiche Berechnung, jedoch für eine Struktur aus 40 nicht überlappenden Kugeln. In beiden Fällen ist zu erkennen, dass die Berechnung der Voxeloberfläche ab einer Auflösung von 10 Voxel je Partikeldurchmesser einen konstanten Wert liefert, was mit der von L. Holzer [Hol04] genannten minimalen Auflösung übereinstimmt. Die analytisch berechnete Kugeloberfläche wird in diesem Fall um 50 % überschätzt. Bei der Berechnung der Oberfläche mit dem *marching cube*-Algorithmus beträgt diese Überschätzung lediglich 7 %. Für geringe Auflösungen wird der Wert der berechneten Oberfläche in beiden Fällen deutlich kleiner.

Da der genaue Verlauf der Kurven stark von der Form der Struktur abhängt, kann der Fehler in der Oberfläche nicht pauschal korrigiert werden. Bei der Interpretation der berechneten Oberflächen einer realen Struktur muss deshalb beachtet werden, dass die Oberfläche einer nicht ausreichend hoch aufgelösten Phase unterschätzt werden kann. Gleichzeitig kann jedoch die Oberfläche von Anteilen der Struktur mit größeren Partikeln auf Grund der besseren Auflösung überschätzt werden.

5.3.3. Partikelgrößen

Obwohl die Partikelgröße ein recht anschauliches Maß ist, ist eine Definition der Partikelgröße nicht trivial. Die typischerweise zur Herstellung der Elektroden eingesetzten Werkstoffe liegen in Form eines Pulvers mit unregelmäßig geformten Partikeln vor. Bevor die für diese Arbeit gewählte Methode der Berechnung eines Maßes für die Partikelgröße vorgestellt wird, behandelt der folgende Abschnitt einen Sonderfall.

Im Fall näherungsweise kugelförmiger Partikel ist der Kugeldurchmesser ein offensichtlich gutes Maß für die Partikelgröße. In diesem Fall besteht eine einfache Möglichkeit der Berechnung der Partikelgröße über das bekannte Verhältnis der Kugeloberfläche zu ihrem Volumen. Die mittlere Partikelgröße $\langle d_i \rangle$ der Phase i kann dann leicht berechnet werden:

$$\langle d_i \rangle = \frac{6 \cdot \varepsilon_i}{\mathcal{A}_{spec,i}}. \qquad (5.4)$$

Dabei bezeichnet ε_i den Volumenanteil der Materialphase i und $\mathcal{A}_{spec,i}$ die volumenspezifische Oberfläche. Diese Vorgehensweise lässt sich prinzipiell immer dann anwenden, wenn die Partikel alle die gleiche Form haben und sich für diese Form das Oberflächen-Volumen-Verhältnis analytisch berechnen lässt.

Liegen die Partikel in der Rekonstruktion komplett separiert vor, oder lassen sich einzelne Partikel definieren und durch einen geeigneten Algorithmus separieren, so kann die Struktur auf Basis einzelner Partikel analysiert werden. Unabhängig von der Form der Partikel kann beispielsweise ihr Volumen zur Berechnung der Partikelgröße herangezogen werden. Auch die Berechnung einer Exzentrizität oder der größten und minimalen Ausdehnung sind dann möglich.

Zur Analyse der Größe beliebig geformter Partikel, die nicht notwendigerweise separiert vorliegen, wurde im Rahmen dieser Arbeit ein Verfahren auf Basis der Euklid'schen Abstandstransformation (*euclidean distance transform*, EDT) eingesetzt. Bei einem binären Bild versteht man unter dieser Transformation für jedes Materialvoxel die Berechnung der kürzesten Distanz zu einem nicht zur Materialphase gehörenden Voxel. Somit erhält man für jedes Voxel des Materials die Information, wie weit es von der Partikeloberfläche entfernt ist. Das Voxel in einem Partikel, das den maximalen Wert aufweist, entspricht dem Mittelpunkt der größtmöglichen Kugel, die komplett in das Partikel gelegt werden kann. Der Wert dieses Maximums in der EDT liefert ein Maß für den Radius dieser Kugel. Für sphärische Partikel ist der Durchmesser der größten im Inneren Platz findenden Kugel gerade gleich dem Partikeldurchmesser. Für elliptische Partikel erhält man ein Maß für die kleine Halbachse und für faserartige Strukturen ein Maß für den Faserdurchmesser. Aber auch für unregelmäßig geformte Partikel liefert die Methode ein Maß für die kleinste charakteristische Länge der Partikel, wobei keinerlei Annahmen über die Partikelformen gemacht werden müssen. Abbildung 5.18 illustriert die einzelnen Schritte der Methode. Ausgehend von einem Binärbild (Abbildung 5.18a) wird die EDT berechnet und die Maxima der EDT gesucht (rote Punkte in Abbildung 5.18b). Durch die unregelmäßige Form der Partikel bilden sich häufig langgezogene Ketten von Maxima aus. Um eine Überschätzung der dazugehörigen Radien zu vermeiden, werden die Maxima, deren Umkreise mit Radius r überlappen, zu einem Maximum zusammengefasst. Die Wahl des Umkreisradius r hängt von der in der Struktur vorliegenden Partikelgröße ab und sollte deutlich kleiner als diese gewählt werden (siehe Abbildung 5.18c). Die Werte der verbleibenden Maxima (Abbildung 5.18d) werden als Maß für die Partikelgrößen verwendet, wobei dem Bild die in die Partikel gelegten Kreise überlagert sind. Die so bestimmten Partikelgrößen lassen sich in einem Histogramm als Partikelgrößenverteilung darstellen, oder zur Berechnung einer mittleren Partikelgröße verwenden.

Auf Grund der diskreten Abtastung liefert diese Methode bei kleinen Partikeln ein verfälschtes Ergebnis. Grund hierfür ist, dass ein Partikel mit einem Durchmesser von beispielsweise drei Voxel als Maximum in der EDT einen Wert von zwei liefert. Das gleiche gilt für alle Durchmesser mit einer ungeraden Voxelzahl, wobei der Einfluss für größere Durchmesser schnell abnimmt. Aus diesem Grund wurden zufällige Kugelstrukturen mit Durchmessern bekannter Größe generiert. Startpunkt waren dafür zufällig gewählte Mittelpunkte, deren Abstand zu den Volumengrenzen größer war, als der vorgegebene Radius. Anschließend wurden die benachbarten Voxel, deren

(a) Binäres Ausgangsbild.

(b) EDT mit Maxima.

(c) Erkennung von Maximagruppen.

(d) Ergebnis mit Maximawerten als Kreisradien.

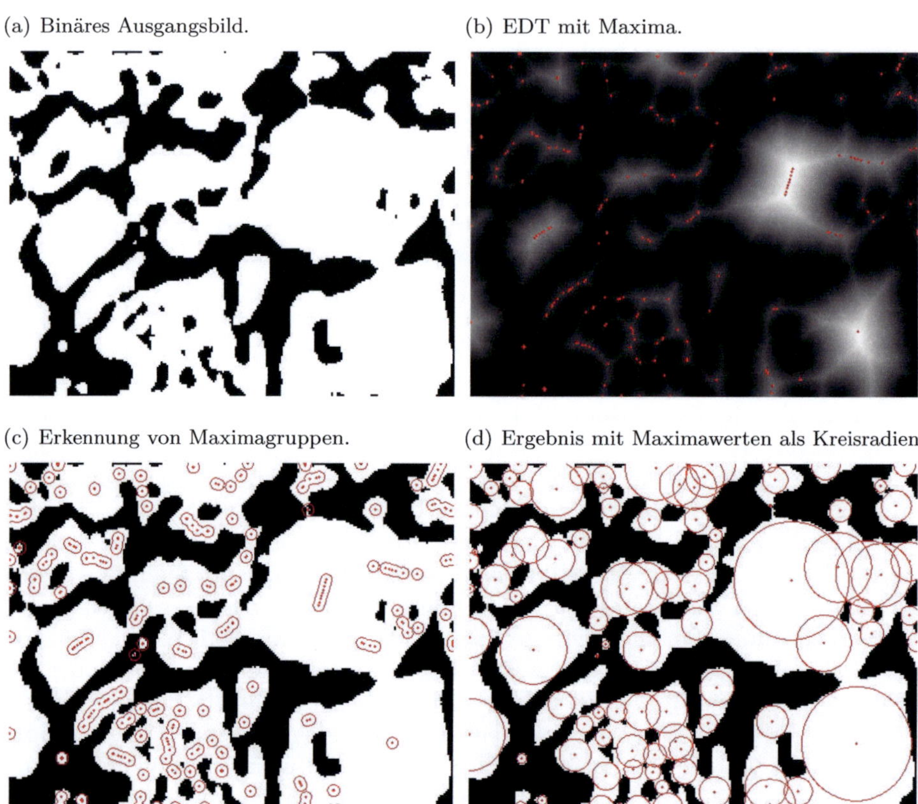

Abbildung 5.18.: Darstellung der Schritte der Partikelgrößenbestimmung über die Berechnung der EDT (engl. *Euclidean distance transform*) am Beispiel eines zweidimensionalen Schnittbildes einer Graphitanode. Der Inhalt der einzelnen Abbildungen ist im Text beschrieben. Die Berechnung der Partikelgrößen erfolgt auf Basis der dreidimensionalen Bilddaten.

Mittelpunkte innerhalb des Radius um den Kugelmittelpunkt lagen, als Material gesetzt. Dieser Vorgang wurde iterativ wiederholt, wobei ein Überlappen der Kugeln vermieden wurde. Mit dieser Methode wurden Teststrukturen mit Kugelradien von 1,2 bis 15 Voxel erzeugt, bei einer Schrittweite von 0,2 Voxel. Aus den über die EDT berechneten Durchmesser wurde eine Korrekturfunktion berechnet und im Programm hinterlegt. Danach berechnet sich der Partikeldurchmesser d aus dem Maximum in der EDT m_{EDT} gemäß

$$d = 2 \cdot (1{,}0132 \cdot m_{EDT} + 0{,}3017). \tag{5.5}$$

Ein Nachteil der Methode ist, dass eine eingeschlossene Pore im Inneren des Partikels, oder ein Riss, die Berechnung der Partikelgröße stört. Der Grund hierfür liegt in der Tatsache, dass der Abstand zu einem beliebigen nicht zur Materialphase gehörenden Voxel berechnet wird. Ist im Inneren eines Partikels ein fehlsegmentiertes Voxel vorhanden, so legt der Algorithmus eine Reihe kleinerer Kugeln um dieses fehlsegmentierte Voxel herum. Statt eines großen Partikels wird eine Reihe kleinerer Partikel detektiert. Deshalb ist speziell für die Berechnung der Partikelgröße wichtig, die Struktur zuvor durch Anwendung morphologischer Filter, wie in Abschnitt 5.2.5 beschrieben, von Segmentierungsfehlern zu befreien.

5.3.4. Effektive Transportparameter und Tortuosität

Betrachtet man Transportvorgänge in heterogenen Medien, die aus Materialphasen mit unterschiedlichen Transportparametern bestehen, kann das Transportverhalten auf makroskopischen Längenskalen durch effektive Transportparameter beschrieben werden. Die folgenden Betrachtungen werden für die Leitfähigkeiten σ_i der verschiedenen Phasen durchgeführt, sind aber ebenso für Diffusions- oder andere Transportprozesse gültig. Des Weiteren wird nur der Fall zweier Phasen betrachtet, auch wenn die theoretischen Betrachtungen in analoger Weise für mehr Phasen durchgeführt werden können.

Die Behandlung heterogener Medien durch effektive Materialparameter geht weit in das 19. Jahrhundert zurück [Ray92]. Schon früh wurden die theoretischen Grenzen der effektiven Leitfähigkeit eines anisotropen [Wie04] sowie eines isotropen Mediums [Has62] erkannt (siehe auch [Tor02]). Zur Herleitung des ersten Falls kann man sich eine Struktur aus abwechselnden Schichten der Leitfähigkeiten σ_1 und σ_2 vorstellen. Sind diese Schichten parallel zur Transportrichtung ausgerichtet (Abbildung 5.19a), so erhält man die höchstmögliche Leitfähigkeit. Diese ergibt sich aus dem volumengewichteten Mittelwert der Leitfähigkeiten der beiden Phasen:

$$\sigma_{eff} = \varepsilon_1 \cdot \sigma_1 + \varepsilon_2 \cdot \sigma_2, \tag{5.6}$$

wobei ε_i den Volumenanteil der jeweiligen Phase bezeichnet. Stehen die Schichten senkrecht zur Transportrichtung (Abbildung 5.19b) erhält man das untere Limit der effektiven Leitfähigkeit:

$$\sigma_{eff} = \left(\frac{\varepsilon_1}{\sigma_1} + \frac{\varepsilon_2}{\sigma_2} \right)^{-1}. \tag{5.7}$$

Für die Herleitung der Leitfähigkeitsgrenzen einer isotropen Struktur geht man von Kugeln aus, deren innere Bereiche die Leitfähigkeit σ_1 aufweisen und die von Kugelschalen der Leitfähigkeit σ_2 umgeben sind. Mit diesen Kugeln wird ein Volumen komplett ausgefüllt, wobei der Kugelradius immer kleiner wird, um die verbleibenden Poren zu schließen (Abbildung 5.19c). Das Volumenverhältnis zwischen innerer Kugel und Kugelschale wird dabei konstant gehalten. Für diese Struktur wird die maximal

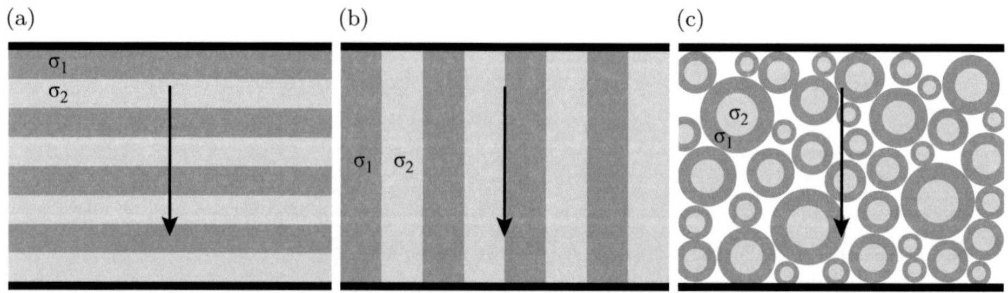

Abbildung 5.19.: Anisotrope (a,b) und isotrope (c) Modellstrukturen zur Herleitung der Wiener- sowie der Hashin-Shtrikman-Grenzen der effektiven Leitfähigkeit heterogener Strukturen.

mögliche effektive Leitfähigkeit dann erzielt, wenn die Kugelschale von dem Material der höheren Leitfähigkeit gebildet wird. Entsprechend ergibt sich das untere Limit der effektiven Leitfähigkeit für den umgekehrten Fall, also wenn die Phase der höheren Leitfähigkeit von der Phase mit der geringeren Leitfähigkeit umgeben wird. Dabei handelt es sich um absolute Grenzen für beliebige isotrope Strukturen, die sich für $\sigma_1 > \sigma_2$ im dreidimensionalen Fall in der Form

$$\bar{\sigma} - \frac{(\sigma_1 - \sigma_2)^2 \varepsilon_1 \varepsilon_2}{(\varepsilon_1 \cdot \sigma_2 + \varepsilon_2 \cdot \sigma_1) + 2\sigma_2} \leq \sigma_{eff} \leq \bar{\sigma} - \frac{(\sigma_1 - \sigma_2)^2 \varepsilon_1 \varepsilon_2}{(\varepsilon_1 \cdot \sigma_2 + \varepsilon_2 \cdot \sigma_1) + 2\sigma_1} \tag{5.8}$$

ausdrücken lassen, wobei $\bar{\sigma} = \varepsilon_1 \cdot \sigma_1 + \varepsilon_2 \cdot \sigma_2$ ist [Tor02].

In der ersten Hälfte des 20. Jahrhunderts hat D.A.G. Bruggeman, aufbauend auf den Ergebnissen von Rayleigh [Ray92] und anderen [Lor80, Lic34], weitere Fälle zufälliger heterogener Strukturen betrachtet und theoretische Zusammenhänge zwischen der effektiven Leitfähigkeit, den Volumenanteilen der Phasen und ihrer Leitfähigkeiten hergeleitet [Bru35]. Ein Spezialfall dieser Betrachtungen ist heute als Bruggeman-Gleichung für den Transport in einer Porenstruktur bekannt. Dabei handelt es sich um den Fall zufällig eingestreuter isolierender Kugeln ($\sigma_2 = 0$) in einer leitfähigen Matrix der Leitfähigkeit σ_1, wobei die Kugeln nicht überlappen. In diesem Fall erhält man im dreidimensionalen Fall den Zusammenhang

$$\sigma_{eff} = \varepsilon_1^{1,5} \cdot \sigma_1. \tag{5.9}$$

Dieser Zusammenhang stellt für eine isotrope Struktur aus eingestreuten Kugeln eine obere Grenze der effektiven Leitfähigkeit dar [Bru35]. Bei realen Strukturen mit eingestreuten und annähernd kugelförmigen Partikeln ist die effektive Leitfähigkeit der Poren also immer geringer.

Da bei der Modellierung poröser Elektroden der Transport in der Regel in einer Phase stattfindet, wird im Folgenden von einer leitfähigen Phase ausgegangen, die

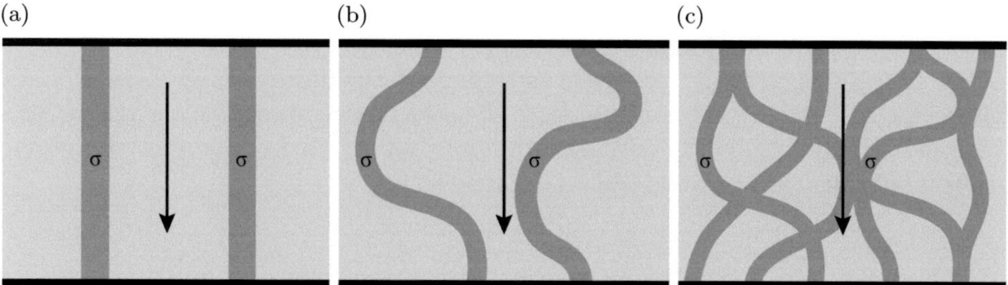

Abbildung 5.20.: Beispielstrukturen aus leitfähigen Pfaden in einer isolierenden Matrix zur anschaulichen geometrischen Definition der Tortuosität. Im Fall der verknüpften Pfade (c) ist eine geometrische Berechnung nicht ohne weiteres möglich.

den Materialanteil ε sowie die Leitfähigkeit σ aufweist. Wie in Abbildung 5.19a und b anschaulich dargestellt, kann die effektive Leitfähigkeit bei gleichen Volumenanteilen stark variieren. Es hat sich deshalb eingebürgert, den Effekt der Volumenanteile von dem Effekt der Verteilung der Phase zu separieren. Der Zusammenhang zwischen der Leitfähigkeit und der effektiven Leitfähigkeit lautet dann

$$\sigma_{eff} = \frac{\varepsilon}{\tau} \cdot \sigma, \tag{5.10}$$

wobei τ als Tortuosität bezeichnet wird. Sie gibt an, wie stark die Transportpfade durch die Struktur gewunden sind. Für spezielle Strukturen lässt sich die Tortuosität geometrisch berechnen. Dafür ist notwendig, dass die Pfade unabhängig voneinander durch die Struktur laufen und einen konstanten Querschnitt besitzen, der deutlich kleiner als die typische Längenskala ist, auf der Richtungsänderungen der Pore auftreten. Vergleicht man nun einen Transportpfad der die Struktur auf kürzestem Weg durchquert (Abbildung 5.20a) mit einer gewundenen Pore (Abbildung 5.20b), so kommt bei gleichen Volumenanteilen zu einer Verringerung der effektiven Leitfähigkeit. Dabei spielen zwei Effekte eine Rolle. Zum einen die Verlängerung des Transportpfades um den Faktor l/d, zum anderen die zum Erhalt der Volumenanteile notwendige Verringerung des Transportquerschnitts um den gleichen Faktor l/d. In diesem Fall wäre die Tortuosität also

$$\tau_{geom} = \frac{l^2}{d^2}, \tag{5.11}$$

wobei l die Pfadlänge und d den kürzesten Weg durch die Struktur bezeichnet. Für eine realistischere Struktur mit untereinander verbundenen Poren variierenden Querschnitts (Abbildung 5.20c), ist eine geometrische Ableitung der Tortuosität nicht möglich. Zur näherungsweisen Berechnung wird dieses Verfahren jedoch trotzdem eingesetzt [She10b], wobei die mittlere Länge zufälliger Pfade durch die Struktur berechnet wird. Zur Berücksichtigung variierender Porenquerschnitte wird teilweise ein zusätzlicher Korrekturfaktor eingesetzt, der als Konstriktivität bezeichnet wird. Allerdings ist eine exakt gültige Berechnung der Konstriktivität für eine reale Struktur nicht möglich. Einen Überblick über verschiedene Definitionen und ihren Einsatz liefert [She07]. Dabei wird teilweise auch die Wegverlängerung l/d als Tortuosität τ definiert. In diesem Fall muss Gleichung 5.10 mit τ^2 statt τ geschrieben werden. Gelegentlich wird τ^2 als Tortuositätsfaktor bezeichnet.

Um die Probleme der Definition und der Berechnung der effektiven Leitfähigkeit, beziehungsweise der Tortuosität, zu umgehen, wird in dieser Arbeit Gleichung 5.10 zur Definition der Tortuosität verwendet. Die effektive Leitfähigkeit einer rekonstruierten Mikrostruktur wird durch Lösen der Laplace-Gleichung auf der Porenphase berechnet. Dazu wird an den in Transportrichtung gegenüberliegenden Flächen eine Potentialdifferenz angelegt. An den anderen vier Flächen des quaderförmigen Volumens werden isolierende Randbedingungen angenommen. Diese Annahmen sind im Grenzfall eines unendlich ausgedehnten Volumens korrekt. Bei den in Realität immer begrenzten Volumenausschnitten führen die isolierenden Randbedingungen zu abgeschnittenen Transportpfaden. Dies muss für rekonstruierte Mikrostrukturen jedoch in Kauf genommen werden, da diese keine periodischen Randbedingungen aufweisen.

Für die Berechnung wurde ein Finite-Volumen-Modell in MATLAB implementiert. Dafür dient jedes Voxel der Rekonstruktion als Zelle, es wird also mit der maximal möglichen Auflösung gerechnet. Die linke Seite des Gleichungssystems besteht aus dem diskretisierten Laplace-Operator, der zu einer dünnbesetzten Matrix mit einem besetzten Hauptband sowie vier Nebendiagonalen führt. Für den Transport in einer Struktur ohne Porosität mit einer Größe von $3 \times 3 \times 5$ Voxel ist das resultierende Gleichungssystem in Abbildung 5.21 dargestellt. Liegt eine Porosität vor, so wird die Matrix so konstruiert, dass die Elemente der Nebendiagonalen Null sind, wenn sie sich auf ein nicht zur Materialphase gehörendes Voxel beziehen. In diesem Fall entspricht der Wert des Eintrags auf der Hauptdiagonalen dem Negativen der Anzahl der Nachbarn gleicher Phase. Da die Matrix für große Strukturen sehr schnell sehr groß wird, muss die Implementierung mittels dünnbesetzter (engl. *sparse*) Matrizen erfolgen (siehe Abschnitt 2.5.4). Entsprechend muss ein Löser gewählt werden, der diesen Datentyp beherrscht. Dafür hat sich von den in MATLAB verfügbaren Lösern MINRES [Pai75, Bar94] als der schnellste und speichereffizienteste erwiesen. Damit ist es möglich, auf einer Hochleistungsworkstation mit 256 GB Arbeitsspeicher die Tortuosität von Strukturen mit mehr als $5 \cdot 10^8$ Voxel zu berechnen. So ließen sich alle im Rahmen dieser Arbeit betrachteten Strukturen in ihrer vollen Größe rechnen. Für Strukturen mit geringer Auflösung, also wenn viele Tranportpfade nur eine Breite von ein bis zwei Voxel aufweisen, wird die Tortuosität leicht überschätzt. Grund hierfür ist, dass der Transport dann stückweise linear entlang der Koordinatenachsen erfolgt. Der daraus folgende Treppcheneffekt verringert die effektive Leitfähigkeit. Abhilfe schafft ein Erhöhen der Auflösung, entweder durch Interpolation der Graustufendaten vor der Segmentierung, oder durch ein Vervielfältigen jedes Voxels in

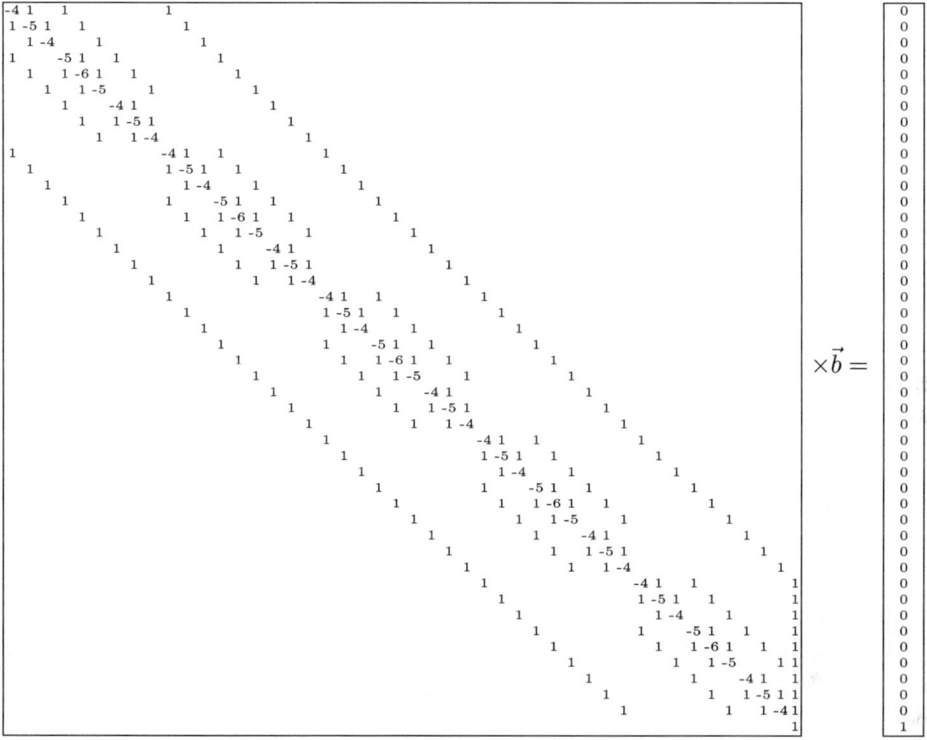

Abbildung 5.21.: Darstellung des Gleichungssystems zur Berechnung des Potentialverlaufs in einer $3 \times 3 \times 5$ Voxel großen Struktur aus einem leitfähigen Material ohne Porosität. Die Voxelgröße hat die dimensionslose Länge Eins, die Leitfähigkeit ebenso. In Transportrichtung liegt eine dimensionslose Spannung von Eins an. Die Nullen in der Operatormatrix sind nicht explizit dargestellt.

den drei Raumrichtungen. Letzteren Fall kann man sich so vorstellen, dass jedes Voxel durch einen $2 \times 2 \times 2$ Würfel aus Voxel der selben Materialphase ersetzt wird. Für die in [End11] vorgestellte LiFePO$_4$-Struktur wurden die berechneten Tortuositätswerte mit der ursprünglichen Auflösung sowie für eine um den Faktor zwei höher aufgelöste Version verglichen. Dies lieferte Werte von $\tau = 1{,}72$ für die ursprüngliche Struktur und $\tau = 1{,}62$ für die doppelt so hoch aufgelöste Struktur. Dabei beträgt der Speicherbedarf das Achtfache. Selbst bei dieser Struktur, bei der der Anteil schlecht aufgelöster Poren durch den hohen Leitrußanteil sehr hoch ist, bewegt sich der Unterschied nur im einstelligen Prozentbereich. Für die im Rahmen dieser Arbeit untersuchten Elektroden, bei denen die meisten Poren deutlich größer als die Voxelgröße sind, kann davon ausgegangen werden, dass der Effekt geringer ist. Da auf Grund der Abmessungen der Rekonstruktionen eine Verdopplung der Auflösung

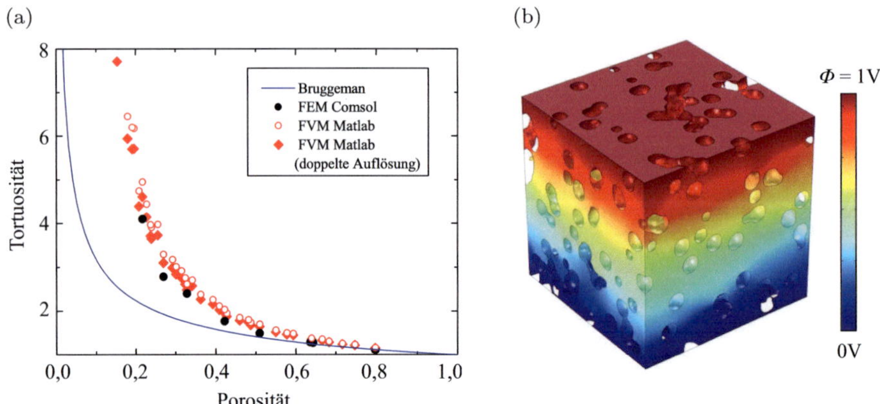

Abbildung 5.22.: Verlauf der mit unterschiedlichen Methoden berechneten Tortuositätswerte (a) für zufällige Strukturen überlappender Kugeln eines Radius. Die mit Comsol
berechnete Potentialverteilung (b) in den Poren einer Struktur mit einer Porosität von
74,7 %.

aus Speichergründen nicht möglich war, wurde Berechnungen an Teststrukturen variierender Porosität mit zwei unterschiedlichen Auflösungen durchgeführt (Abbildung
5.22a). Neben den mit dem FVM-Programm durchgeführten Berechnungen wurden für einige Strukturen vergleichende Berechnungen mit COMSOL Multiphysics
durchgeführt. Dafür wurde mittels Simpleware ScanIP[2] ein geglättetes Rechengitter
erstellt (Abbildung 5.22b). Die Ergebnisse aller drei Methoden liegen eng beisammen.
Dabei liefern die mit COMSOL durchgeführten Berechnungen systematisch die niedrigsten Tortuositätswerte, was vermutlich an dem besser aufgelösten Gitter in feinen
Poren liegt. Die Berechnungen mit der verdoppelten Auflösung liefern aus den oben
genannten Gründen Werte, die geringer ausfallen als die der originalen Strukturen.
Zusätzlich ist in Abbildung 5.22a) der auf Basis der Bruggeman-Beziehung abge-
schätzte Tortuositätsverlauf eingetragen. Selbst für die Kugelstrukturen unterschätzt
diese die Tortuositäten für geringe Porositäten stark. Der Grund hierfür liegt vor
allem in dem Überlapp der Kugeln, was zu abgeschnittenen Transportpfaden führen
kann.

Der in den Simulationen angenommene Transportvorgang entspricht dem im Separator tatsächlich vorliegenden Fall. Aus diesem Grund lassen sich die aus den
Simulationen ermittelten Tortuositäten direkt zur Berechnung der effektiven ionischen Leitfähigkeit und des effektiven Diffusionskoeffizienten in den Poren des
Separators einsetzen. In den Elektroden hingegen herrscht an der Seite des Stromableiters eine isolierende Randbedingung, da die Porosität hier endet. Stattdessen

---

[2]Simpleware Ltd., http://www.simpleware.com/software/scanip

findet eine Reaktion an der Grenzfläche zwischen Porosität und Aktivmaterial statt. Dadurch variiert die Stromdichte im Porenraum über die Dicke der Elektrode. Für den Fall, dass die Struktur über die gesamte Elektrodendicke konstante geometrische Eigenschaften aufweist, sie also homogen ist, sind die aus den Simulationen berechneten Tortuositätswerte auch im Fall einer variierenden Stromdichte gültig. Auf Grund der Herstellungsart der Elektroden sind gleichbleibende Eigenschaften über die gesamte Schicht jedoch eher unwahrscheinlich. Durch Sedimentationsprozesse, die Filmtrocknung sowie das Kalandrieren kann die Porosität und damit auch weitere Mikrostrukturparameter über die Schichtdicke variieren. Eine Schicht geringer Porosität nahe des Stromableiters würde mit der oben beschriebenen Berechnungsmethode der Tortuosität zu einem überschätzten Wert führen, obwohl sich diese Schicht auf einen Großteil der Struktur überhaupt nicht auswirken würde. Für den Fall homogener Eigenschaften in der Ebene senkrecht zur Transportrichtung, sowie variierender Eigenschaften in Transportrichtung (über die Schichtdicke), lässt sich die effektive Leitfähigkeit, und damit auch die Tortuosität, als Funktion der Position in der Schicht aus den Simulationen berechnen.

Die Simulation des Transportvorgangs liefert die räumlich aufgelöste Potentialverteilung in den Poren. Basierend auf der Annahme, dass die Struktur in x- und y-Richtung homogen ist (vorausgesetzt der Transport erfolgt in z-Richtung), lässt sich der mittlere Potentialverlauf $\phi(z_k)$ in z-Richtung zu

$$\phi(z_k) = \frac{1}{\varepsilon(z_k) \cdot N_x N_y} \cdot \sum_{i=1}^{N_x} \sum_{j=1}^{N_y} \phi(x_i, y_j, z_k) \tag{5.12}$$

berechnen, wobei $\phi(x_i, y_j, z_k) = 0$ gilt, wenn an der entsprechenden Position kein leitfähiges Material vorhanden ist. Außerdem bezeichnet $\varepsilon(z_k)$ die Porosität der k-ten Schicht:

$$\varepsilon(z_k) = \frac{1}{N_x N_y} \sum_{i=1}^{N_x} \sum_{j=1}^{N_y} B(x_i, y_j, z_k). \tag{5.13}$$

Die binäre Matrix $B(x_i, y_j, z_k)$ gibt die dreidimensionale Verteilung der Phase an, in der der Transport stattfindet. Dabei steht 1 für die Transportphase und 0 für alle anderen. Basierend auf dem gemittelten Potentialverlauf lässt sich die z-abhängige effektive Leitfähigkeit berechnen:

$$\sigma_{eff}(z) = \frac{I \cdot \sigma}{\frac{\partial \phi(z)}{\partial z} \cdot A}. \tag{5.14}$$

Dabei ist I der gesamte Strom durch die Struktur, die durch die Integration des Flusses berechnet wird, und A die Querschnittfläche. Da die z-abhängige Porosität,

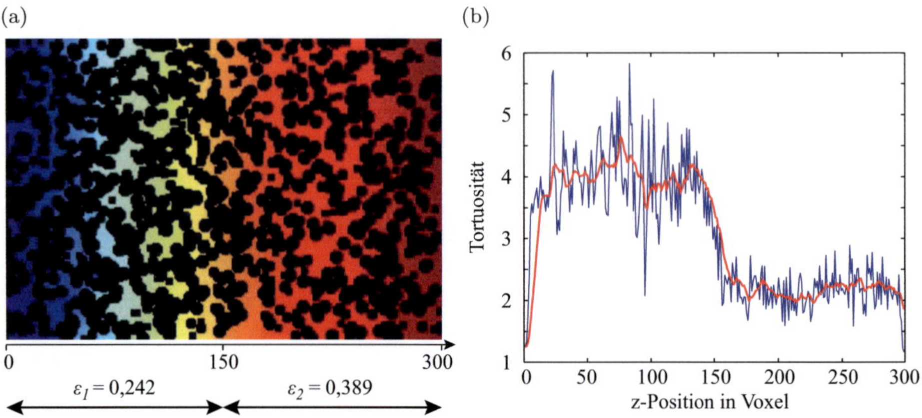

Abbildung 5.23.: Aus dem Potentialverlauf (a) einer Struktur, die aus zwei Schichten unterschiedlicher Porosität besteht, lässt sich der Tortuositätsverlauf (b) in Abhängigkeit der Position innerhalb der Struktur berechnen. Die rote Kurve stellt den gleitenden Mittelwert der Tortuosität dar, wobei für die Berechnung ein Fenster von 10 Werten verwendet wurde. Der für die gesamte Struktur berechnete Tortuositätswert beträgt 3,45.

sowie die tatsächliche Leitfähigkeit σ bekannt sind, lässt sich mit der effektiven Leitfähigkeit auch eine z-abhängige Tortuosität definieren:

$$\tau(z) = \frac{\varepsilon(z) \cdot \sigma}{\sigma_{eff}(z)}. \tag{5.15}$$

Zur Demonstration des Verfahrens wird eine zufällige Kugelstruktur mit einer Größe von $200 \times 200 \times 300$ Voxel eingesetzt, die aus zwei Hälften mit unterschiedlichen Porositäten von $\varepsilon_1 = 0{,}242$ und $\varepsilon_2 = 0{,}389$ besteht. Der Radius der Kugeln beträgt 5 Voxel. Abbildung 5.23a zeigt einen Querschnitt durch den Potentialverlauf der zweischichtigen Struktur. Der resultierende Tortuositätsverlauf ist in Abbildung 5.23b gezeigt.

Die geringeren Tortuositätswerte am Anfang und am Ende der Struktur sind eine Folge der Randbedingungen. Da an den Seitenflächen ein konstantes Potential aufgeprägt wird, ist dort die Stromverteilung homogener, als sie es im Inneren der Struktur wäre. Daher ist dort auch der mittlere Potentialgradient flacher, was einer geringeren Tortuosität entspricht. Dieser Effekt muss bei der Interpretation der Ergebnisse berücksichtigt werden.

Das Verfahren kann zum einen zur Untersuchung der Homogenität in eine Richtung verwendet werden. Zum anderen können die ermittelten Tortuositäts- und Porositätswerte zur Parametrisierung homogenisierter Modelle für poröse Elektroden verwendet werden, die eine Abhängigkeit der Parameter von der z-Koordinate zulassen (siehe Abschnitt 6.8).

5.3.5. Mikrostrukturparameter der Rekonstruktionen

Die in den vorangegangenen Abschnitten beschriebenen Methoden können nun zur quantitativen Analyse der rekonstruierten und segmentierten Batterieelektroden herangezogen werden. Die Anwendung der Methoden, sowie eventuell zu berücksichtigende Besonderheiten der Strukturen, werden in den folgenden Absätzen beschrieben. Um ein Gefühl der Strukturen innerhalb der rekonstruierten Volumina zu bekommen, sind die verwendeten Datensätze in Abbildung 5.24 in dreidimensionaler Form dargestellt.

Volumenanteile

Die Volumenanteile der einzelnen Phasen können direkt aus den Strukturen berechnet werden. Eine Vorverarbeitung der Daten ist nicht notwendig. Die Ergebnisse der Berechnung sind in Tabelle 5.3 für die Anoden und Tabelle 5.4 für die Kathoden aufgeführt.

Tortuositäten

Die Tortuositäten wurden für die Rekonstruktionen, wie in Abschnitt 5.3.4 beschrieben, berechnet. Die Ergebnisse der Berechnung sind in den Tabellen 5.3 und 5.4 aufgeführt. Neben dem globalen Wert für die gesamte Struktur ist auch der ortsabhängige Wert über die Elektrodendicke zugänglich. Da es für die effektiven Transportparameter neben der Tortuosität auch auf die Porosität ankommt, wurde für die Strukturen ein positionsabhängiger Effektivitätsparameter bestimmt. Dieser stellt das Verhältnis zwischen den effektiven und den intrinsischen Transportparametern dar und ist als Quotient aus Porosität ε und Tortuosität τ zu verstehen. Die Verläufe dieser Größe sind in Abbildung 5.25 dargestellt. Neben den aus den Potentialgradienten berechneten Verläufen ist jeweils auch der gleitende Mittelwert eingezeichnet, um den Verlauf auf größeren Skalen besser erkennen zu können. Zum Vergleich sind auch die globalen Werte der Strukturen eingezeichnet. Während die Werte bei Anode B um den globalen Wert schwanken, ist in Anode A ansatzweise ein Gradient in dem Effektivitätsfaktor zu erkennen. Welche Seite dabei zum Separator zeigt und welche zum Stromableiter, lässt sich leider nicht mit Sicherheit sagen, sodass auf eine tiefer gehende Interpretation der Beobachtung verzichtet werden muss.

Im Vergleich zu den Anoden weisen die Verläufe der Kathoden wesentlich größere Schwankungen auf. Der Grund hierfür liegt in der kleineren Grundfläche der rekonstruierten Volumina. Obwohl die Werte teils weit vom globalen Wert abweichen, sind keine Hinweise auf einen signifikanten Gradienten zu beobachten.

(a) Zelle A, Anode

(b) Zelle B, Anode

(c) Zelle A, Kathode

(d) Zelle B, Kathode

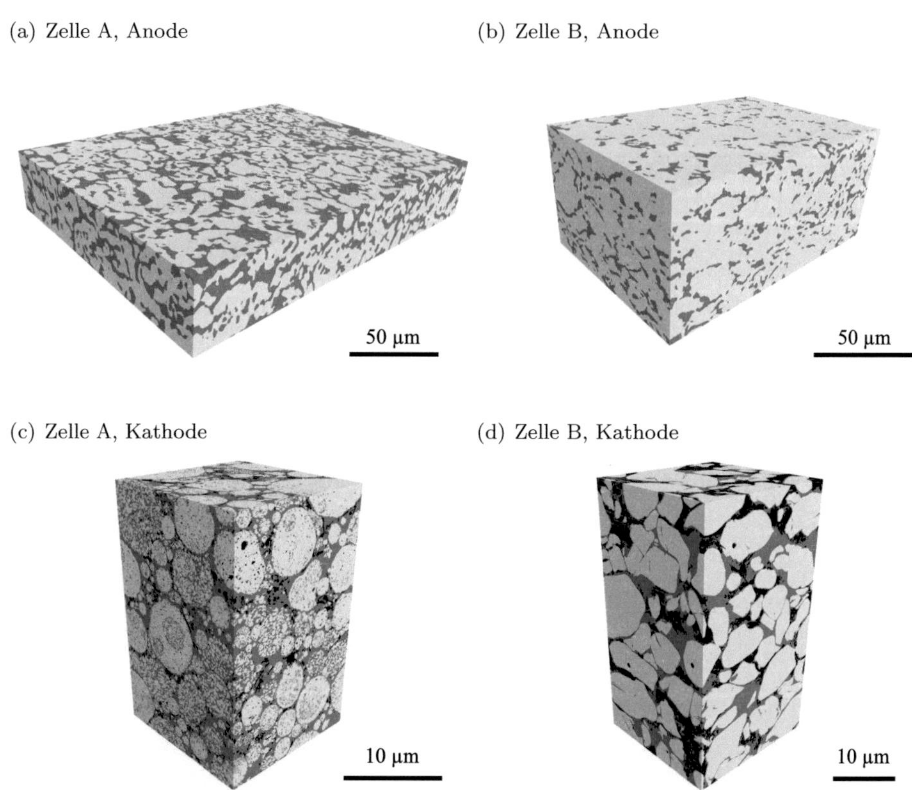

Abbildung 5.24.: Dreidimensionale Darstellung der rekonstruierten und segmentierten Volumina der vier Elektroden. Dabei ist die hellgraue Phase jeweils das Aktivmaterial, die dunkelgraue Phase stellt die Poren dar und der Kohlenstoffzusatz der Kathoden ist schwarz.

Oberflächen

Die Oberfläche wird zunächst für jede Phase einzeln berechnet. Für die Anoden ist prinzipiell nur die Berechnung der Oberfläche für eine der Phasen notwendig, da es sich hier um zweiphasige Strukturen handelt. Die Oberfläche des Aktivmaterials muss gleich der Oberfläche der Porosität sein, da diese in direktem Kontakt stehen. Somit ist die berechnete Oberfläche des Aktivmaterials gleichzeitig auch die potentiell elektrochemisch aktive Oberfläche.

Für die Kathodenstrukturen bedeutet die separate Berechnung der Oberflächen, dass beispielsweise zur Berechnung der Oberfläche des Aktivmaterials die Kohlenstoffphase und die Porosität zusammen als andere Phase gewertet werden. Wiederholt man die Berechnung für alle drei Phasen, so lassen sich daraus beliebige Grenzflächen zwischen den drei Phasen berechnen. Von besonderer Bedeutung ist dabei die potentiell

(a) Zelle A, Anode

(b) Zelle B, Anode

(c) Zelle A, Kathode

(d) Zelle B, Kathode

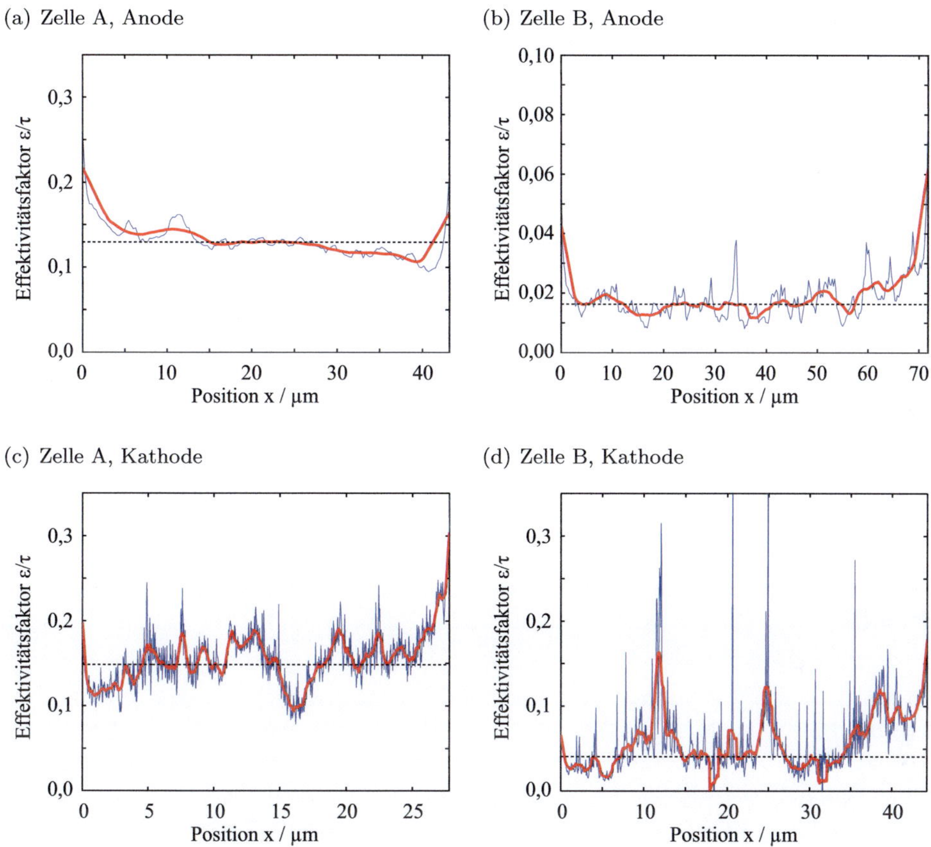

Abbildung 5.25.: Auftragungen des positionsabhängigen Effektivitätsfaktors ε/τ, der als Quotient der effektiven und der intrinsischen Transportparameter zu verstehen ist. Neben dem berechneten Wert (blau), ist auch der gleitende Durchschnitt mit einer Fensterbreite von 10 Voxel eingezeichnet (rot), sowie der globale Wert (schwarz, gestrichelt).

elektrochemisch aktive Oberfläche. Um diese zu erhalten, muss von der Oberfläche $\mathcal{A}_{Kath.}$ des Aktivmaterials die Kontaktfläche zu der Kohlenstoffphase abgezogen werden. Diese Kontaktfläche ist sowohl in der Oberfläche des Aktivmaterials, als auch in der Oberfläche $\mathcal{A}_{Kohlenst.}$ des Kohlenstoffzusatzes enthalten, wohingegen sie in der Oberfläche $\mathcal{A}_{Pore}$ der Porenphase fehlt. Diese enthält die Oberfläche der beiden anderen Phasen, jedoch ohne die Kontaktfläche zwischen diesen. Demnach lässt sich die aktive Oberfläche berechnen zu

$$\mathcal{A}_{aktiv} = \mathcal{A}_{Kath.} - 0{,}5 \cdot \left(\mathcal{A}_{Kath.} + \mathcal{A}_{Kohlenst.} - \mathcal{A}_{Pore}\right). \tag{5.16}$$

Die so berechneten Werte der einzelnen Phasen, sowie die aktive Oberfläche sind in Tabelle 5.3 und 5.4 aufgeführt. Da im Fall der Anoden alle drei Werte identisch sind, ist für diese lediglich die aktive Oberfläche aufgeführt. Zu dieser ist generell zu erwähnen, dass es sich um eine potentiell aktive Oberfläche handelt. In Abhängigkeit der Belastung der Elektrode, sowie des Ladezustands, kann auch nur ein Teil der Schicht elektrochemisch aktiv sein.

Partikelgrößen
Die Berechnung der Partikel- und Porendurchmesser wurde mit dem in Abschnitt 5.3.3 beschrieben Verfahren durchgeführt. Aus den daraus erhaltenen Partikelgrößen lässt sich eine mittlere Partikelgröße berechnen. Dabei kann entweder der anzahlmäßige Mittelwert oder der volumengewichtete Mittelwert berechnet werden. Bei letzterem wird angenommen, dass das Volumen des Partikels mit der dritten Potenz von der Partikelgröße abhängt:

$$\langle d \rangle_{vol} = \frac{\sum_{i=1}^{N} d_i \cdot d_i^3}{\sum_{i=1}^{N} d_i^3} \tag{5.17}$$

Die Gewichtung mit dem Volumen berücksichtigt, dass wenige große Partikel den Hauptteil der Elektrodenkapazität ausmachen können. In Tabelle 5.3 und 5.4 sind beide Mittelwerte aufgeführt.

Alternativ zur Berechnung einer mittleren Partikelgröße kann eine Partikelgrößenverteilung berechnet werden. Dazu werden die Volumenanteile der jeweiligen Partikelgrößen in einem Histogramm aufgetragen. Dies ist für die vier Elektroden in Abbildung 5.26 dargestellt. Dabei ist zu beachten, dass für die LiFePO$_4$-Kathode (Zelle A) die gesamte Aktivmaterialstruktur berücksichtigt wird. Eine separate Analyse der Agglomerate wird im nächsten Abschnitt diskutiert.

Tabelle 5.3.: Auflistung der Mikrostrukturparameter der beiden Anoden im Vergleich. Der Zusatz *vol.* bei der Partikelgröße gibt an, dass es sich um den volumengewichteten Mittelwert handelt.

	Zelle A	Zelle B
Volumenanteil Graphit	0,648	0,818
Volumenanteil Pore	0,352	0,182
Tortuosität der Poren	2,72	11,18
Aktive Oberfläche	0,395 μm^{-1}	0,359 μm^{-1}
Mittlere Partikelgröße Graphit	4,236 μm	4,321 μm
Mittlere Partikelgröße Graphit (vol.)	6,747 μm	9,115 μm
Mittlere Porengröße	2,947 μm	1,976 μm

Analyse der Agglomerate

Wie in dem Schnittbild (Abbildung 5.13a) durch die segmentierte Struktur der LiFePO$_4$-Kathode zu sehen ist, existieren zwei Arten von Agglomeraten. Die einen sind sehr dicht und weisen eine geringe Porosität auf, die anderen bestehen aus separaten Partikeln, zwischen denen sich Poren sowie kleine Kohlenstoffpartikel befinden. Es ist offensichtlich, dass die offenporigeren Sekundärpartikel eine größere zugängliche Oberfläche aufweisen als die dichteren Sekundärpartikel. Um die Eigenschaften der beiden Sekundärpartikelklassen genauer zu untersuchen müssen diese zunächst separiert werden.

Die Partikel der beiden Agglomeratklassen bestehen aus dem gleichen Material, wie mit einer EDX-Analyse gezeigt werden kann (Abbildung 5.27a). Eine Unterscheidung auf Basis herkömmlicher Kontrastmechanismen ist deshalb nicht möglich. Die Separation muss folglich auf Grund der unterschiedlichen morphologischen Eigenschaften der Partikel geschehen. Grundsätzliches Vorgehen dabei ist, dass zunächst eine Maske erzeugt wird, die möglichst nur die dichten Agglomerate umfasst. Mit Hilfe dieser Maske kann dann die ursprüngliche LiFePO$_4$-Struktur in die beiden Klassen aufgeteilt werden.

Tabelle 5.4.: Auflistung der Mikrostrukturparameter der beiden Kathoden im Vergleich. Dabei bedeutet der Zusatz *vol.* bei den Partikelgrößen, dass es sich um volumengewichtete Mittelwerte handelt.

	Zelle A	Zelle B
Volumenanteil Aktivmaterial	0,552	0,689
Volumenanteil Kohlenstoff	0,064	0,110
Volumenanteil Pore	0,384	0,202
Tortuosität der Poren	2,59	4,94
Oberfläche Aktivmaterial	6,771 μm^{-1}	0,923 μm^{-1}
Oberfläche Kohlenstoff	2,037 μm^{-1}	0,909 μm^{-1}
Oberfläche Pore	7,867 μm^{-1}	1,624 μm^{-1}
Aktive Oberfläche	6,301 μm^{-1}	0,819 μm^{-1}
Mittlere Partikelgröße Aktivmaterial	0,218 μm	1,536 μm
Mittlere Partikelgröße Aktivmaterial (vol.)	0,361 μm	4,639 μm
Mittlere Agglomeratgröße Aktivmaterial	1,250 μm	-
Mittlere Agglomeratgröße Aktivmaterial (vol.)	4,748 μm	-
Mittlere Partikelgröße Kohlenstoff	0,120 μm	0,401 μm
Mittlere Porengröße	0,207 μm	0,468 μm
Mittlere Porengröße (vol.)	0,652 μm	1,467 μm

(a) Anode, Zelle A

(b) Anode, Zelle B

(c) Kathode, Zelle A

(d) Kathode, Zelle B

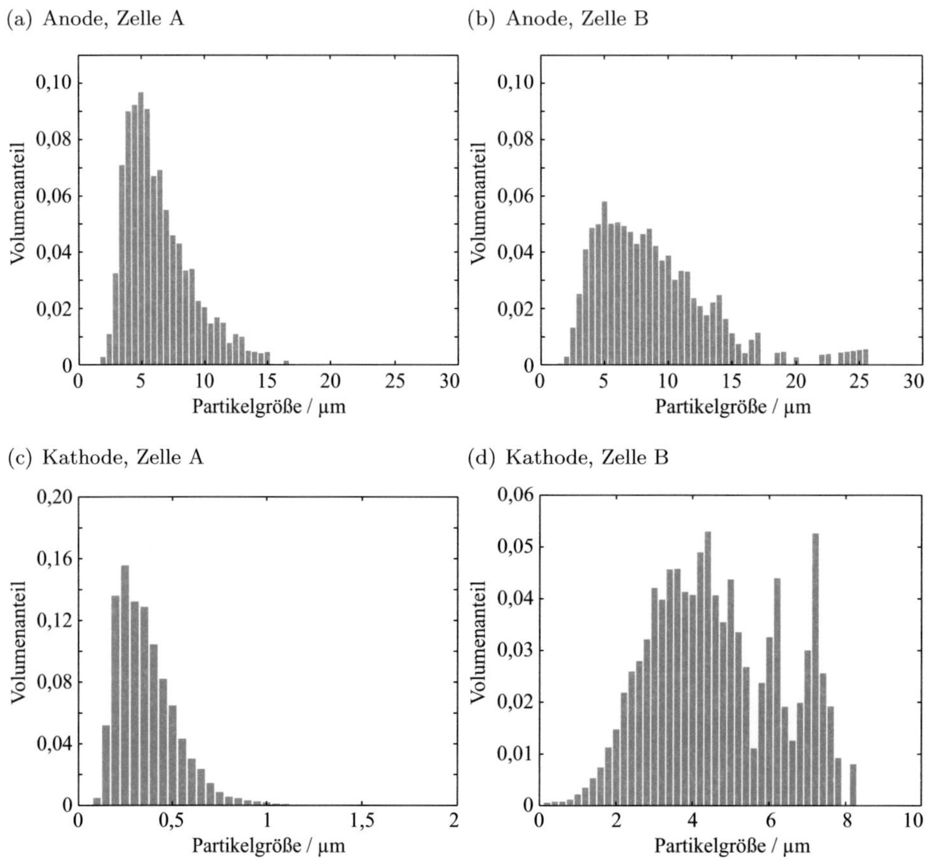

Abbildung 5.26.: Aus den Rekonstruktionen berechnete Partikelgrößenverteilungen des Aktivmaterials der vier Elektroden. Die Histogramme sind normiert, sodass die Summe über alle Volumenanteile eins ergibt.

Zur Erzeugung der Maske werden im ersten Schritt kleine isolierte Bereiche der LiFePO$_4$-Struktur mit einem Volumen kleiner 10 000 Voxel entfernt, da diese auf Grund ihrer Größe nicht zu den dicht zusammenhängenden Bereichen gehören können. Anschließend wird die Pore, zu der bei dieser Analyse auch die Kohlenstoffphase gezählt wird, über eine Erosion um 1 Voxel zurückgezogen, wodurch dünne Poren in den dichten Agglomeraten entfernt werden. Die daraus resultierenden isolierten Poren im Inneren der dichten Agglomerate können über die Anwendung einer *cavity fill*-Operation entfernt werden. Nun besteht die Struktur aus den weitestgehend massiven Bereichen der dichten Agglomerate und aus den nach wie vor porösen Bereichen der losen Agglomerate. Das nun folgende Ausdehnen der Poren um 6 Voxel führt dazu,

(a)

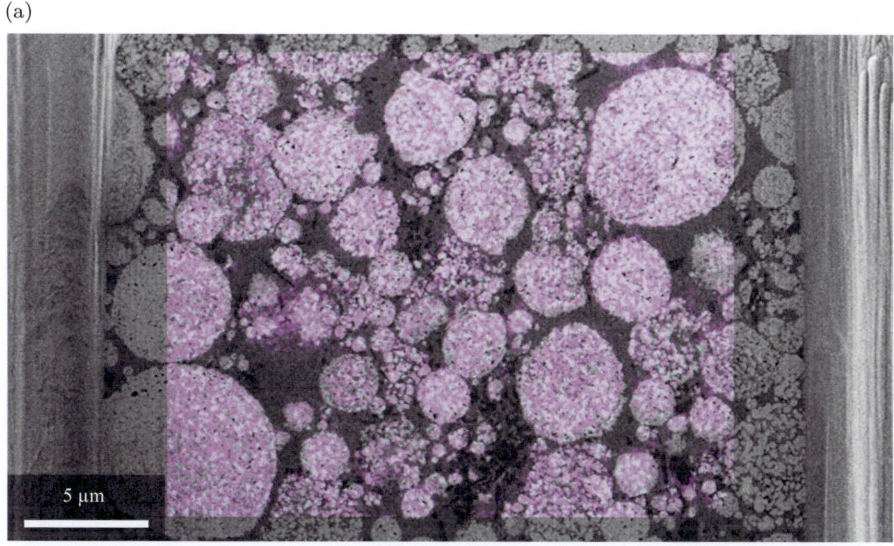

(b)

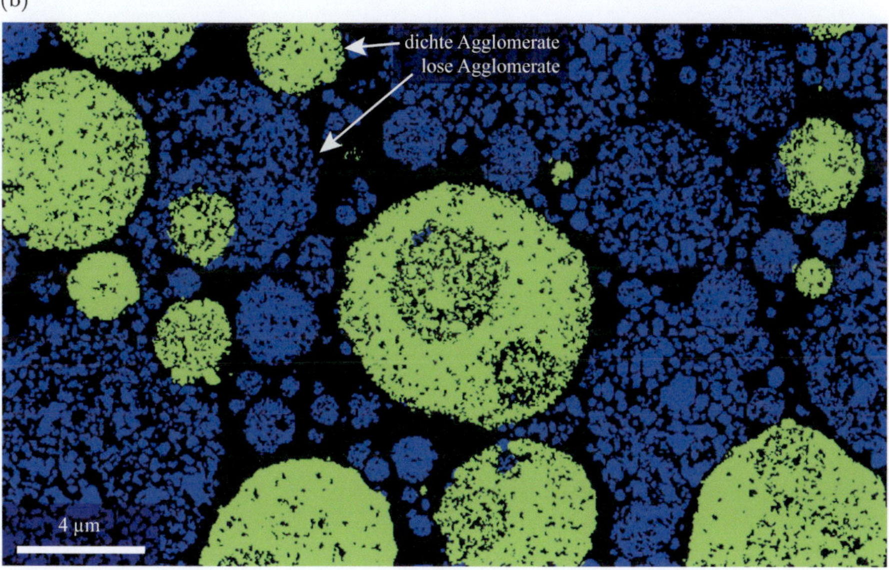

Abbildung 5.27.: In der EDX-Elementanalyse (a) ist das Eisen- und das Phosphorsignal der REM-Aufnahme überlagert. Da kein Unterschied zwischen den dichten und den losen Agglomeraten zu erkennen ist, kann kein signifikanter Unterschied in der Materialzusammensetzung existieren. Aufgrund der unterschiedlichen morphologischen Eigenschaften der Agglomerate lassen sich diese separieren (b).

Tabelle 5.5.: Auflistung der Mikrostruktureigenschaften der beiden Agglomeratklassen der LiFePO$_4$-Kathode (Zelle A). Die Berechnung der jeweiligen Mikrostrukturparameter wird durch die Trennung der Agglomerate auf Grund ihrer morphologischen Eigenschaften möglich.

	dichte Agglomerate	lose Agglomerate
Volumenanteil Gesamtelektrode	0,404	0,148
Volumenanteil Aktivmaterial	0,732	0,268
Mittlere Primärpartikelgröße (vol.)	0,272 µm	0,374 µm
Mittlere Agglomeratgröße (vol.)	4,748 µm	-
Oberfläche (auf ges. Volumen)	3,976 µm^{-1}	2,795 µm^{-1}
Anteil an der Oberfläche	0,587	0,413

dass die meisten Partikel der losen Agglomerate isoliert vorliegen, sofern sie nicht bereits vollständig verschwunden sind. Diese verbleibenden isolierten Partikel können nun ebenfalls entfernt werden, wobei die Schwelle ihres Volumens auf 50 000 Voxel gesetzt wurde. Damit die so entstandene Maske die dichten Agglomerate vollständig umfasst, wird nun der Porenraum über eine Erosion um 7 Voxel zurückgezogen und anschließend die LiFePO$_4$-Bereiche um 3 Voxel ausgedehnt. Abschließend werden alle in den LiFePO$_4$-Bereichen isoliert vorliegenden Poren herausgefiltert und zusätzlich kleine übriggebliebene isolierte LiFePO$_4$-Bereiche mit einem Volumen unter 8000 Voxel entfernt. Mit dieser Maske wird die Struktur nun in die beiden Sekundärpartikelklassen unterteilt. Ein Schnittbild durch das Resultat ist in Abbildung 5.27b dargestellt.

Natürlich ist der Übergang zwischen den dichten und den losen Agglomeraten fließend. So werden beispielsweise einige kleine und eher dichte Agglomerate zu den losen Sekundärpartikeln gezählt, und einige dichte Teilbereiche der losen Agglomerate zu den dichten Sekundärpartikeln. Dennoch lässt die so erhaltene Separation in die beiden Agglomeratklassen eine quantitative Analyse der jeweiligen Eigenschaften zu.

Die losen Agglomerate machen 14,8 % des Volumens der gesamten Elektrode aus, die dichten Agglomerate hingegen 40,4 %. Somit liegen 26,8 % des Aktivmaterial in Form der losen Agglomerate vor. Eine separate Analyse der Oberflächen ergibt, dass die losen Agglomerate dabei 41,3 % der Oberfläche stellen. Damit ist das Oberflächen-Volumen-Verhältnis der losen Agglomerate mit 19,297 µm^{-1} fast doppelt so groß wie das der dichten Agglomerate, das 9,990 µm^{-1} beträgt. Die volumengewichteten mittleren Partikelgrößen lassen sich für die losen Agglomerate zu 272 nm bestimmen und für die dichten Agglomerate zu 374 nm. Dabei handelt es sich bei letzteren um eine Abschätzung der Primärpartikelgröße der dichten Agglomerate, da diese durch die feinen Poren in den dichten Agglomeraten separiert werden. Zusätzlich lassen sich, nach einem morphologischen Schließen mit einem Radius von 3 Voxel und einem nachfolgenden Entfernen isolierter Poren, die Agglomeratgrößen analysieren. Diese Operationen entfernen die restliche Porosität der dichten Agglomerate, womit ihre mittlere volumengewichtete Größe zu 4,748 µm bestimmt werden kann. Die berechneten Parameter der beiden Agglomeratklassen sind in Tabelle 5.5 zusammenfassend gegenübergestellt.

5.4. Diskussion der Unterschiede der Elektroden

Die beiden folgenden Abschnitte widmen sich der Diskussion der mikrostrukturellen Eigenschaften und Unterschiede der untersuchten Elektroden. Dabei erfolgt zuerst ein Vergleich der beiden Anodenstrukturen, da sich diese auf Grund des gleichen Materials direkt vergleichen lassen. Anschließend erfolgt die Diskussion der beiden Kathodenstrukturen.

5.4.1. Strukturen der Graphitanoden

Die beiden Graphitstrukturen erscheinen in den Rasterelektronenmikroskopaufnahmen ihrer Oberflächen recht ähnlich (Abbildung 4.3), wobei auf Basis dieser Aufnahmen noch kein drastischer Unterschied in der Porosität zu erwarten wäre. Betrachtet man hingegen Schnittbilder durch die rekonstruierten und segmentierten Volumina (Abbildung 5.11), so wird schon ein deutlicher Unterschied zwischen den beiden Strukturen sichtbar. Dieser ist auch in den dreidimensionalen Visualisierungen (Abbildung 5.28) gut zu sehen und spiegelt sich in den Porositätswerten wider, wobei die Anode der Leistungszelle (Zelle A) eine Porosität von 35,2 % aufweist. Die Anode der Energiezelle hingegen hat nur eine Porosität von 18,2 %. Im Vergleich dazu wurde für die in [She10b] rekonstruierte Anode einer Energiezelle eine Porosität von nur 15,4 % bestimmt.

Die Kapazität einer Elektrode verhält sich proportional zum Volumenanteil des Aktivmaterials. Daraus wird klar, dass die Anode einer Energiezelle eine möglichst geringe Porosität aufweisen muss, um hohe Kapazitätswerte zu erzielen. Gleichzeitig stellt die Porosität aber auch den Volumenanteil dar, in dem der ionische Transport im Elektrolyten erfolgen muss. Auf diesen wirkt sich eine geringe Porosität gleich doppelt negativ aus. Zum einen ist die effektive Leitfähigkeit der Porenstruktur porportional zur Porosität. Zum anderen wird die Tortuosität größer, je geringer die Porosität wird (siehe Abschnitt 5.3). Vergleicht man die Tortuositäten der beiden Anoden, so ist die der Energiezelle mit 11,18 mehr als viermal so groß wie die der Leistungszelle mit 2,72. Zusammen mit der Porosität ergibt das eine um den Faktor 7,9 bessere effektive Leitfähigkeit in der Porosität der Anode A, verglichen mit Anode B. Diese strukturellen Unterschiede wirken sich auf die gleiche Weise auch auf die Diffusion im Elektrolyten aus, wobei der Einfluss mit der Dicke der Elektrode ansteigt. Auch wenn die Dicken der rekonstruierten Volumina geringfügig dünner sind als die tatsächlichen Elektrodendicken (siehe Abschnitt 6.3), so lässt sich anhand dieser bereits vermuten, dass die Transportvorgänge im Elektrolyten für Anode B eine wichtigere Rolle spielen werden als für Anode A. Zusätzlich ist bei Anode A ein leichter Gradient in der effektiven Leitfähigkeit zu beobachten. Sollte diese in Separatornähe größer sein, wirkt sich dies ebenfalls positiv auf die Transportvorgänge im Elektrolyten aus.

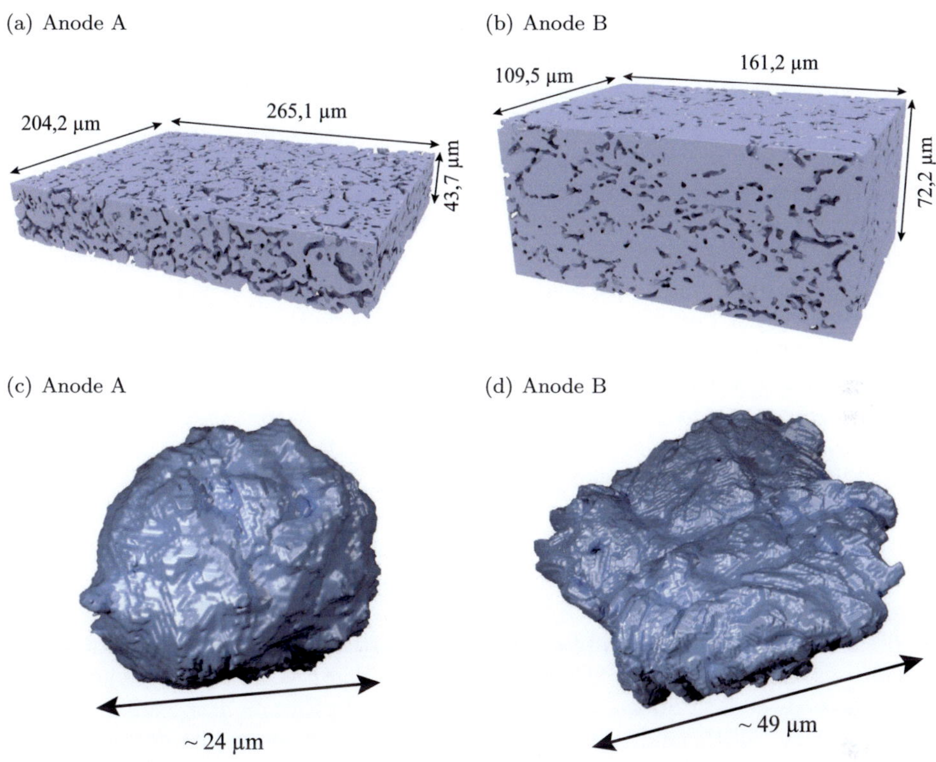

Abbildung 5.28.: Dreidimensionale Darstellung der Partikeloberflächen der rekonstruierten und segmentierten Anodendatensätze (a,b). Dabei handelt es sich jeweils um das gesamte rekonstruierte Volumen. Das Aktivmaterial ist in Grau dargestellt und die Poren erscheinen transparent. Zusätzlich sind auch einzelne Partikel (c,d) dargestellt, die aus der Elektrodenstruktur extrahiert wurden.

Die volumenspezifischen Oberflächen der beiden Anoden unterscheiden sich nur unwesentlich. Dabei weist die Anode der Leistungszelle einen um 10,0 % höheren Wert auf. Um auf die gesamte Oberfläche der Elektrode zu kommen, muss die volumenspezifische Oberfläche jedoch mit dem Elektrodenvolumen multipliziert werden. Um einen von der betrachteten Elektrode unabhängigen Wert zu erhalten, bietet sich die Betrachtung eines Oberflächenvergrößerungsfaktors an. Dieser berechnet sich als Produkt aus der volumenspezifischen Oberfläche und der Elektrodendicke. Greift man für die Berechnung auf die in Abschnitt 6.3 gezeigten tatsächlichen Elektrodendicken zurück, so erhält man für Anode A einen Vergrößerungsfaktor von 18,8 und für Anode B einen Vergrößerungsfaktor von 27,3. Damit weist die Anode der Energiezelle eine um 45 % größere Oberfläche auf, als die Anode der

Leistungszelle. Unter diesem Gesichtspunkt muss auch die Impedanz der Anoden (Abschnitt 4.2) betrachtet werden, wodurch die geringere Impedanz der Anode B nachvollziehbar wird.

Betrachtet man die mittleren Partikelgrößen der Anoden, so ist der anzahlmäßige Mittelwert fast gleich groß. Für Anode A erhält man einen Wert von ungefähr 4,2 µm, für Anode B einen Wert von 4,3 µm. Der volumengewichtete Mittelwert hingegen ist bei Anode B mit 9,1 µm deutlich größer als bei Anode A mit 6,7 µm. Das weist auf eine deutlich breitere Partikelgrößenverteilung bei Anode B hin, was durch die berechneten Partikelgrößenverteilungen (Abbildung 5.26) bestätigt wird. Die ausgeprägteren Unterschiede in der Partikelgrößenverteilung von Anode B begünstigen eine bessere Volumenausfüllung in der Elektrode und damit eine geringere Porosität. Für das elektrochemische Verhalten bedeutet dies, dass größere Unterschiede zwischen den Konzentrationen in großen und kleinen Partikeln zu erwarten sind. Daher werden Wechselwirkungen zwischen großen und kleinen Partikeln in Anode B vermutlich einen größeren Effekt haben als in Anode A.

5.4.2. Strukturen der Kathoden

Da die beiden Kathoden aus unterschiedlichen Aktivmaterialien bestehen ist klar, dass sich die Strukturen unterscheiden müssen, um den Eigenschaften des jeweiligen Aktivmaterials gerecht zu werden. Hinzu kommt, dass für eine Energiezelle andere Eigenschaften wichtig sind, als für eine Leistungszelle. Dass die beiden Kathoden gänzlich unterschiedliche Strukturen aufweisen, ist bereits aus den Oberflächenaufnahmen ersichtlich (Abbildung 4.3) und wird durch die dreidimensionale Darstellung der Rekonstruktionen noch deutlicher (Abbildung 5.29). Am direktesten lässt sich zwischen den Kathoden noch der Porenraum vergleichen, da in diesem bei beiden Elektroden der Transport im Elektrolyten stattfinden muss.

Ähnlich wie bei den Anoden ist auch bei den Kathoden die Porosität im Fall der Leistungszelle mit 38,4 % fast doppelt so hoch wie im Fall der Energiezelle mit 20,2 %. Interessant ist auch, dass sowohl die beiden Elektroden der Leistungszelle, als auch die der Energiezelle, sehr ähnliche Porositäten aufweisen. Aus diesem Grund verhält sich auch die Tortuosität der beiden Kathoden ähnlich wie im Fall der Anoden. Die $LiFePO_4$-Kathode aus Zelle A weist eine Tortuosität der Poren von 2,59 auf, die $LiCoO_2$-Kathode aus Zelle B hingegen 4,94. Somit ergibt sich für die effektiven Transportkoeffizienten im Elektrolyten ein um den Faktor 3,63 größerer Wert für Kathode A im Vergleich zu Kathode B. Da sich auch die Dicken der Kathoden ähnlich wie die Dicken der Anoden verhalten, ist die für die Anoden gezogene Schlussfolgerung auch für die Kathoden gültig. Die Transportprozesse im Elektrolyten werden auch für Kathode B eine wichtigere Rolle spielen als für die Kathode der Zelle A. Bei Kathode A ist weiterhin interessant, dass der zweiskalige Aufbau aus kleinen Primärpartikeln in porösen Sekundärpartikeln, auch eine zweiskalige

Porenstruktur erzeugt. Während die großen Poren zwischen den Sekundärpartikeln gute Transportwege in die Schicht hinein sicherstellen, bieten die kleinen Poren innerhalb der Sekundärpartikel eine Möglichkeit, das Lithium direkt zum Ort der elektrochemischen Reaktion zu transportieren.

Betrachtet man nun die Struktur der $LiCoO_2$-Kathode aus Zelle B, so fällt auf, dass die für den Elektrolyten zugängliche Oberfläche des Aktivmaterials mit $0{,}819\,\mu m^{-1}$ mehr als doppelt so groß ist wie die der dazugehörigen Anode. Im Vergleich dazu weist Kathode A eine für den Elektrolyten zugängliche Oberfläche von $6{,}301\,\mu m$ auf, was dem 7,7-fachen des Werts von Kathode B entspricht. Diese enorm große Oberfläche ist eine Folge der kleinen Primärpartikel, die im Inneren der Sekundärpartikel eine zusätzliche Möglichkeit zum Lithiumeinbau anbieten. Dass die Oberflächen beider Kathoden deutlich größer sind als die der Anoden, lässt sich als Designentscheidung auf Grund der SEI-Bildung an der Oberfläche der Graphitpartikel verstehen. Diese führt zu einem irreversiblen Lithiumverlust innerhalb der ersten Zyklen, wobei die Gesamtmenge des verlorenen Lithiums proportional zur gesamten Oberfläche ist. Deshalb muss für die Anoden mit der Wahl der Oberfläche ein Kompromiss zwischen gutem dynamischen Verhalten und einem geringen Kapazitätsverlust getroffen werden.

Die Kathoden weisen zusätzlich zum Binder mit dem Kohlenstoffzusatz noch einen weiteren, elektrochemisch nicht aktiven Bestandteil auf. Wie in den Oberflächenaufnahmen (Abbildung 4.3) und dem Schnittbildern durch die rekonstruierten Strukturen (Abbildung 5.13) zu sehen ist, liegt der Leitruß in Kathode B in Form feinkörniger Agglomerate zwischen den Partikeln vor. Dadurch wird ein Teil der Oberfläche der $LiCoO_2$-Partikel für den Elektrolyten blockiert. Dies macht bei Kathode B einen Oberflächenverlust in Höhe von 11,3 % aus. Bei Kathode A besteht der Kohlenstoffzusatz zum einen aus einem Leitruß, der in den porösen Agglomeraten vorliegt, und zum anderen aus Kohlenstofffasern. Diese verknüpfen die Sekundärpartikel untereinander und bilden so eine leitfähige Kohlenstoffmatrix. Mit dieser Struktur kommt Kathode A mit einem Volumenanteil des Kohlenstoffs von 6,4 % aus, während für die perkolierende Struktur in Kathode B ein Volumenanteil von 11,0 % notwendig ist. Dies wirkt sich natürlich auf die durch den Kohlenstoff blockierte Oberfläche aus, die bei Kathode A nur 6,9 % ausmacht.

Betrachtet man die Partikelgrößen der beiden Kathoden, so ist auch hier ein deutlicher Unterschied zu erkennen. Die Partikel der $LiCoO_2$-Kathode sind massiv und weisen mit einer volumengewichteten mittleren Größe von $4{,}6\,\mu m$ einen deutlich kleineren Wert auf, als die dazugehörige Anode. Die Verteilung der Partikelgrößen ist ebenfalls wieder sehr breit. Damit kann wie im Fall der Anode bereits argumentiert, ein hoher Volumenanteil des Aktivmaterials erreicht werden. Die gute Volumenausnutzung spiegelt sich auch im Verhältnis zwischen der Partikelgröße und der Porengröße wieder, die bei ungefähr 1/3 der Partikelgröße liegt. Bestimmt man die volumengewichtete mittlere Partikelgröße für die $LiFePO_4$-Kathode aus Zelle A, so

(a) Kathode A (b) Kathode B

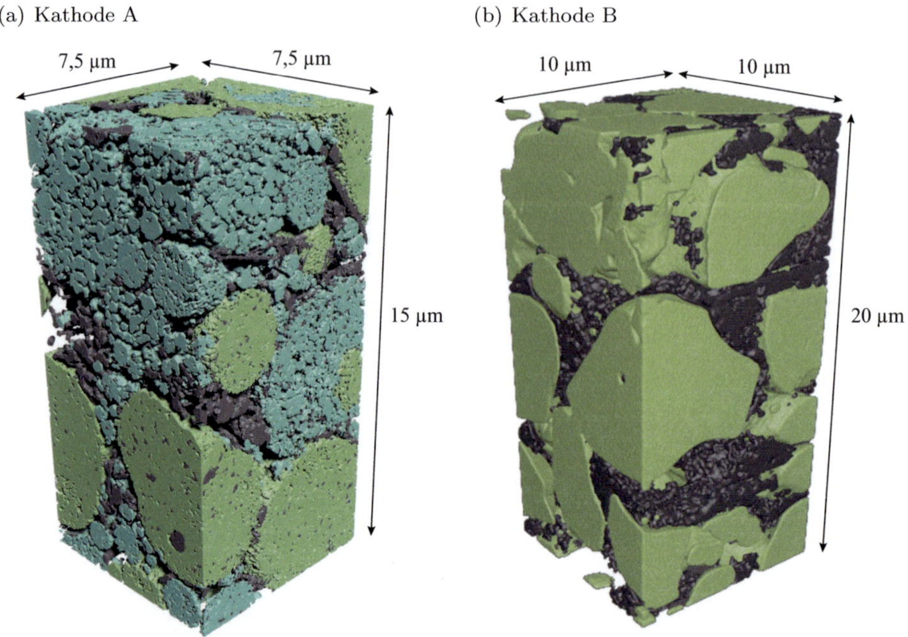

Abbildung 5.29.: Dreidimensionale Darstellung der Partikeloberflächen der rekonstruierten und segmentierten Kathodendatensätze. Dabei handelt es sich jeweils um einen Teilausschnitt des gesamten rekonstruierten Volumens. Das Aktivmaterial ist in Grün dargestellt, der Leitruß in Dunkelgrau und die Poren sind transparent. Bei Kathode A wurden für die beiden Agglomeratklassen unterschiedliche Grüntöne verwendet.

erhält man einen Wert von 0,361 µm. Dabei ist jedoch zu beachten, dass es zwei Klassen von Sekundärpartikeln gibt. Analysiert man diese separat, so bekommt man für die losen Agglomerate, die aus einzelnen Primärpartikeln bestehen, einen volumengewichteten Mittelwert von 0,374 µm. Wie bereits in den Schnittbildern durch die $LiFePO_4$-Struktur zu sehen ist, sind die Primärpartikel in den dichten Agglomeraten deutlich kleiner, was in einem volumengewichteten Mittelwert von 0,271 µm resultiert. Die mittlere Größe der dichten Agglomerate liegt mit 4,748 µm in der gleichen Größenordnung wie die Größe der $LiCoO_2$-Partikel.

Die Mischung aus zwei Sorten von Agglomeraten in Kathode A lässt darauf schließen, dass ein Typ eher für die Kapazität der Kathode verantwortlich ist, während der andere Typ das dynamische Verhalten verbessert. Da die dichten Agglomerate in Kathode A ungefähr dreiviertel des Aktivmaterials beinhalten ist davon auszugehen, dass diese auf eine hohe Kapazität optimiert sind. Die losen Agglomerate hingegen scheinen auf eine hohe Leistung optimiert zu sein. Diese Vermutung wird durch die

Tatsache gestützt, dass diese bei einem Viertel des Volumens ungefähr die Hälfte der aktiven Oberfläche zur Verfügung stellen.

Natürlich ist bei der Diskussion und dem Vergleich der Partikelgrößen der beiden Kathoden zu beachten, dass es sich um unterschiedliche Aktivmaterialien handelt. Um die Kapazität des Lithiumeisenphosphats überhaupt voll auszunutzen und dabei eine gute Hochstromfähigkeit zu erzielen, müssen die Partikel klein sein. Zusätzlich werden die Partikel an der Oberfläche mit einem dünnen Kohlenstofffilm beschichtet, um die elektronische Leitfähigkeit zu verbessern. Während die in der Literatur berichteten Rekordladezeiten nur bei Einsatz echter Nanopartikel möglich sind [Kan09], kommt es bei Partikelgrößen von wenigen hundert Nanometern verstärkt auf die Art und die Qualität der Kohlenstoffbeschichtung an [Zha10].

Trotz des unterschiedlichen Materials werden bei den beiden Kathoden die unterschiedlichen Optimierungskriterien in der Mikrostruktur sichtbar. Während Kathode A auf guten Transport in den Poren sowie eine große Oberfläche optimiert ist, scheint bei Kathode B der Volumenanteil des Aktivmaterials an erster Stelle zu stehen. Dies macht sich in der geringeren Oberfläche sowie der hohen Tortuosität in den Poren bemerkbar.

6. Elektrodenmodellierung

Im Folgenden sollen die Erkenntnisse aus der Analyse der Mikrostruktur verwendet werden, um das Verhalten der Elektroden zu modellieren. Dafür sollen möglichst viele der aus der Mikrostrukturrekonstruktion erhaltenen Informationen berücksichtigt werden. Dadurch reduziert sich die Anzahl der Modellparameter, die geschätzt oder angepasst werden müssen, was eine bessere Beurteilung des Modells zulässt. Zur Annäherung des modellierten Systems an die Realität soll das Aktivmaterial durch eine Partikelgrößenverteilung repräsentiert werden, statt wie in bisherigen Modellen durch eine diskrete Partikelgröße. Einen ähnlichen Ansatz hat Robert Darling [Dar97] für zwei diskrete Partikelgrößen verfolgt, wobei er schon mit zwei Partikelgrößen zeigen konnte, dass sich das Verhalten der Elektrode dadurch ändert.

Für die Untersuchung der Elektrodeneigenschaften ist es zweckmäßig, eine Halbzellen-konfiguration zu betrachten. Das bedeutet, man beschränkt sich auf die Simulation einer Elektrode, die dann über den gesamten erlaubten Konzentrationsbereich zykliert werden kann (siehe Abbildung 2.2). Da die Gesamtmenge des Lithiumsalzes im Elektrolyten bei Belastung der Zelle konstant bleibt, stellt sich der Konzentrationsgradient im Elektrolyten so ein, dass ungefähr in der Mitte des Separators immer die Anfangskonzentration vorliegt. Die genaue Position hängt vom Elektrolytvolumen in den beiden Elektroden ab. Als vereinfachende Annahme kann man sich deshalb auf die Berücksichtigung der halben Separatordicke beschränken, was für die Definition der Randbedingungen der Simulationen vorteilhaft ist.

In den folgenden Abschnitten werden zunächst das elektrochemische Modell und die homogenisierte Implementierung in COMSOL Multiphysics beschrieben. Anschließend wird die Bestimmung der benötigten Modellparameter aus den Rekonstruktionen und weiteren Messungen betrachtet. Schließlich wird dieses Modell für die vergleichende Modellierung der Anoden verwendet, sowie die Anpassung für die $LiCoO_2$-Kathode beschrieben. Die $LiFePO_4$-Kathode nimmt auf Grund der Eigenschaften des Aktivmaterial eine Sonderstellung ein, die andere Modellierungsansätze erfordert. Abschließend werden die Erkenntnisse aus den Simulationen diskutiert und mögliche zukünftige Entwicklungen auf dem Gebiet der Modellierung poröser Elektroden aufgezeigt.

6.1. Elektrochemisches Modell

Die Beschreibung des elektrochemischen Modells gliedert sich wie folgt: Im ersten Teil werden die Transportprozesse in den einzelnen Materialphasen behandelt. Anschließend folgt die Kopplung der verschiedenen Phasen durch Spezifizierung der Quellterme.

Für den Elektrolyten kommt die in Abschnitt 2.2.3 beschriebene Theorie einer konzentrierten binären Lösung zum Einsatz. Darin existieren zwei miteinander gekoppelte Transportgleichungen, die den Transport durch Diffusion und Migration beschreiben.

$$\frac{\partial c_l}{\partial t} = \nabla \left(D_l \nabla c_l \right) - \frac{\vec{j_l}}{F} \cdot \vec{\nabla} t_+ \tag{6.1}$$

$$\vec{j_l} = -\sigma_l \vec{\nabla} \phi - \left(D_+ - D_- \right) \cdot \vec{\nabla} c_l$$

$$= -\sigma_l \vec{\nabla} \phi - F \cdot \frac{D_l}{2} \left(\frac{1}{1 - t_+} - \frac{1}{t_+} \right) \cdot \vec{\nabla} c_l \tag{6.2}$$

Dabei werden der Diffusionskoeffizient D_l, die ionische Leitfähigkeit σ_l und die Kationenüberführungszahl t_+ als Funktion der Salzkonzentration c_l im Elektrolyten angenommen. An der Grenzfläche zum Aktivmaterial tritt ein Fluss auf, dessen Größe durch die später genauer definierte Ladungstransferstromdichte j_{ct} vorgegeben wird. Daraus ergibt sich der Fluss der Lithiumionen durch die Grenzfläche zu

$$\vec{n} \cdot \left(D_l \vec{\nabla} c_l \right) = \frac{1 - t_+}{F} \cdot j_{ct} \tag{6.3}$$

und der Stromfluss zu

$$\vec{n} \cdot \vec{j_l} = j_{ct}, \tag{6.4}$$

wobei $\vec{n}$ jeweils den Normalenvektor auf der Partikeloberfläche bezeichnet. An allen anderen Grenzflächen werden isolierende Randbedingungen angenommen.

Der Transport des Lithiums in der Elektrode wird als Diffusion einer neutralen Spezies behandelt. Für die Graphitanoden und die LiCoO$_2$-Kathode wird in einer ersten Näherung keine Phasenseparation berücksichtigt. Der Transport wird deshalb durch das Fick'sche Gesetz mit konstantem Diffusionskoeffizienten beschrieben:

$$\frac{\partial c_s}{\partial t} = \vec{\nabla} \left(D_s \vec{\nabla} c_s \right). \tag{6.5}$$

Der Fluss an der Partikeloberfläche ist ebenfalls durch die Ladungstranferstromdichte gegeben:

$$\vec{n} \cdot \left(D_s \vec{\nabla} c_s \right) = -\frac{j_{ct}}{F}. \tag{6.6}$$

Zusätzlich findet in der Elektrodenmatrix der Transport der Elektronen statt. Dieser wird durch

$$\vec{j_s} = \sigma_s \vec{\nabla} \phi \tag{6.7}$$

beschrieben, wobei die Leitfähigkeit σ_s im mikroskopischen Modell vom Material und damit vom Ort abhängt. Die Randbedingung an der Partikeloberfläche ist durch

$$\vec{n} \cdot \vec{j}_s = -j_{ct} \tag{6.8}$$

gegeben.

Die Ladungstransferreaktion wird durch den in Abschnitt 2.2.1 hergeleiteten Ausdruck

$$j_{ct} = F \frac{k^\circ a_{ox}^\alpha a_{red}^{1-\alpha}}{\gamma_{TS}} \cdot \left(\exp\left(\frac{(1-\alpha)F}{R_g T}\eta \right) - \exp\left(-\frac{\alpha F}{R_g T}\eta \right) \right) \tag{6.9}$$

beschrieben. Dabei wird die oxidierte Spezies c_l als ideal angenommen, für die reduzierte Spezies c_s wird der Aktivitätskoeffizient für ein ideales Kristallgitter angenommen, in dem es keine weiteren Wechselwirkungen gibt:

$$a_{red} = \frac{c_s}{1 - c_s/c_{s,max}}. \tag{6.10}$$

Für die Aktivität des Übergangszustands lässt sich analog zu der in Abschnitt 2.2.2 aufgezeigten Argumentation vorgehen, wobei natürlich nur der Übergang vom Übergangszustand in das Aktivmaterial von schon belegten Gitterplätzen beeinflusst wird. Für den Aktivitätskoeffizienten lässt sich deshalb schreiben:

$$\gamma_{TS} = \left(1 - \frac{c_s}{c_{s,max}} \right)^{-1}. \tag{6.11}$$

Damit ergibt sich der hier für die Modellierung verwendete Ausdruck:

$$j_{ct} = F k^\circ c_l^\alpha c_s^{1-\alpha} \left(1 - \frac{c_s}{c_{s,max}} \right)^\alpha \cdot \left(\exp\left(\frac{(1-\alpha)F}{R_g T}\eta \right) - \exp\left(-\frac{\alpha F}{R_g T}\eta \right) \right). \tag{6.12}$$

Zusätzlich zu dem eigentlichen Ladungstransfer, also dem Einbau in das Gitter des Aktivmaterials, findet an der Anode der Transport durch die SEI statt. Die dabei auftretenden Verluste werden in diesem Modell als zusätzlicher Widerstandsbeitrag ρ_{SEI} berücksichtigt. Der damit verbundene Spannungsabfall $\rho_{SEI} \cdot j_{ct}$ muss bei der Berechnung der Ladungstransferüberspannung η berücksichtigt werden. Damit berechnet sich die diese zu

$$\eta = (\phi_s^{eq} - \phi_l^{eq}) - (\phi_s - \phi_l) - \rho_{SEI} \cdot j_{ct}, \tag{6.13}$$

worin ϕ_i^{eq} die jeweiligen Gleichgewichtswerte der Potentiale bezeichnen. Das Gleichgewichtspotential des Aktivmaterials ist dabei durch das Leerlaufpotential als Funktion der Oberflächenkonzentration definiert, wobei zusätzlich noch die Konzentrationsüberspannung des Elektrolyten zu berücksichtigen ist. Da der absolute Wert des

Elektrolytpotentials für die Modellierung keine Rolle spielt, kann der Gleichgewichtswert als Null angenommen werden. Damit erhält man

$$\eta = \phi_{ocv}(c_{s,surf}) - \phi_s + \phi_l + \frac{R_g T}{F} \ln \frac{c_l}{c_{l,0}} - \rho_{SEI} \cdot j_{ct}. \tag{6.14}$$

Da nun die Ladungstransferstromdichte mit der neuen Definition der Überspannung in Form einer impliziten Gleichung gegeben ist, muss zur Lösung eine Hilfsvariable eingeführt werden. Die genaue Vorgehensweise hierfür wird in Abschnitt 6.2 beschrieben.

Da der aus Aluminium oder Kupfer bestehende Stromsammler eine sehr gute Leitfähigkeit besitzt, können die dort auftretenden elektrischen Transportverluste vernachlässigt werden. Der Kontaktwiderstand zwischen dem Stromableiter und der Elektrodenbeschichtung kann jedoch zu einem signifikanten Beitrag in den Verlusten der Elektrode führen [Ill12]. Deshalb wird ein zusätzlicher Spannungsabfall durch den Kontaktwiderstand bei der Berechnung des Potentials ϕ_{cc} des Stromableiters berücksichtigt:

$$\phi_{cc} = \phi_s + \rho_{kontakt} \cdot j_L. \tag{6.15}$$

Dabei ist $\rho_{kontakt}$ der flächenspezifische Kontaktwiderstand und j_L die Laststromdichte, die negativ ist, wenn das Elektrodenpotential sinkt, also wenn Lithium in die Elektrode eingebaut wird. Das Potential ϕ_{cc}, das der nicht explizit modellierte Stromableiter hätte, stellt die Messgröße dar, wenn die Spannung relativ zu einer unbelasteten Referenzelektrode aus Lithium gemessen würde, die in der Mitte des Separators säße.

6.2. Homogenisierung und Implementierung

Für die Übersetzung eines mikroskopischen Modells in ein effektives oder homogenisiertes Modell existieren mehrere Methoden. Eine Diskussion der verschiedenen Vorgehensweisen findet sich in [Cus02], worauf auch die folgende Darstellung zweier für poröse Elektroden verwendeter Verfahren basiert. Diese sind die Volumenmittelung und die Homogenisierung.

Bei der Volumenmittelung (engl. *volume averaging*) werden repräsentative Teilvolumina betrachtet, deren Ausdehnung jedoch klein gegenüber der Ausdehnung des Gesamtsystems sein muss. Auf diesen Teilvolumina können die Variablen in einen Mittelwert und einen räumlich variierenden Anteil zerlegt werden. Ist die Skala der räumlichen Änderung klein genug, so ist das Verhalten auf der makroskopischen Skala durch das Verhalten der Mittelwerte gegeben.

Bei der Homogenisierung geht man von einer periodischen Struktur aus, die zwei unterschiedliche Skalen aufweist. Diese können beispielsweise die mittlere Porengröße und die Elektrodendicke sein, wobei deren Verhältnis ϵ klein sein muss. Der Grenzwert des Problems für $\epsilon \to 0$ und seine Lösung werden als Homogenisierung bezeichnet. Dabei geht die allgemeine Gültigkeit durch die Annahme einer periodischen Struktur nicht verloren.

Im Rahmen dieser Arbeit wird auf die streng mathematische Herleitung verzichtet. Während die Homogenisierung des Ionentransports im Elektrolyten sowie des Elektronentransports in der Elektrode analog zum Newman-Modell erfolgt, wird für die Betrachtung des Ladungstransfers und des Lithiumtransports im Aktivmaterial ein neuer Ansatz verfolgt.

Die Betrachtung der porösen Elektrode als effektives Medium liefert für die Transportvorgänge im Elektrolyten die folgenden eindimensionalen Differentialgleichungen:

$$\frac{\partial c_l}{\partial t} = \frac{\partial}{\partial x}\left(D_{l,eff}\frac{\partial}{\partial x}c_l\right) - \frac{j_l}{F}\cdot\frac{\partial}{\partial x}t_+ - \frac{1-t_+}{F}q_{ct} \tag{6.16}$$

$$\vec{j_l} = -\sigma_{l,eff}\frac{\partial}{\partial x}\phi - F\cdot\frac{D_{l,eff}}{2}\left(\frac{1}{1-t_+} - \frac{1}{t_+}\right)\cdot\frac{\partial}{\partial x}c_l - q_{ct} \tag{6.17}$$

Durch die homogenisierte Betrachtung muss der Ladungstransfer als Quellterm q_{ct} berücksichtigt werden, anstatt wie zuvor als Randbedingung:

$$q_{ct} = \mathcal{A}_{spec}\cdot j_{ct}. \tag{6.18}$$

Die effektiven Transportparameter können als Funktionen des Volumenanteils und der Tortuosität geschrieben werden:

$$D_{l,eff} = \frac{\varepsilon_{pore}}{\tau_{pore}}\cdot D_l \tag{6.19}$$

$$\sigma_{l,eff} = \frac{\varepsilon_{pore}}{\tau_{pore}}\cdot \sigma_l \tag{6.20}$$

Für den Elektronentransport in der porösen Elektrode kann analog vorgegangen werden:

$$\frac{\partial}{\partial x}\left(\sigma_{s,eff}\frac{\partial}{\partial x}\phi_s\right) = q_{ct} \tag{6.21}$$

Die effektive Leitfähigkeit lässt sich in diesem Fall nicht aus den Mikrostrukturparametern berechnen, da die Struktur im Allgemeinen aus mehreren Phasen mit unterschiedlichen elektronischen Leitfähigkeiten besteht. Hinzu kommt, dass die Kontaktwiderstände zwischen den Partikeln unbekannt sind und einen Beitrag zur effektiven Leitfähigkeit liefern. Aus diesem Grund wird dieser Parameter als effektiver Parameter im Modell mitgeführt und ist als solcher auch in Messungen zugänglich.

Wie in Abschnitt 6.1 beschrieben, hängt die Ladungstransferstromdichte von der Konzentration an den Partikeloberflächen ab. Im Newman-Modell und den daraus

abgeleiteten homogenisierten Elektrodenmodellen wird für jedes Diskretisierungselement über die Elektrodendicke zusätzlich das mikroskopische Problem der Lithium-
diffusion im Partikel gelöst. Zur Vereinfachung wird das Partikel in der Regel als
kugelförmig angenommen, sodass sich das Problem unter Ausnutzung der Symmetrie
auf ein eindimensionales Diffusionsproblem reduziert. Die Lösung dieser radialen
Diffusionsgleichung liefert die Konzentration an der Partikeloberfläche, die in die
Berechnung der Ladungstransferstromdichte eingeht. Die Annahme kugelförmiger
Partikel einheitlicher Größe ist für die meisten Elektroden jedoch nicht gerechtfertigt,
was durch die Ergebnisse der vorgestellten Rekonstruktionen bestätigt wird. Die
im Rahmen dieser Arbeit verfolgte Erweiterung des Modells besteht darin, jedem
Diskretisierungselement der Elektrode mehrere mikroskopische Probleme zuzuweisen.
Anschaulich kann man sich vorstellen, dass in jeder Schicht der Elektrode eine
Partikelgrößenverteilung vertreten ist. Der aus dem Ladungstransfer resultierende
Quellterm in den homogenisierten Gleichungen setzt sich dann aus einer Summe von
Beiträgen zusammen, wobei jeder Beitrag einer Partikelgrößenklasse entspricht. Bei
N_p Partikelgrößenklassen erhält man somit den Ausdruck

$$q_{ct} = \sum_{i=1}^{N_p} \mathcal{A}_{spec,i} \cdot j_{ct,i} \tag{6.22}$$

wobei die $j_{ct,i}$ die mikroskopischen Ladungstransferstromdichten der einzelnen Partikelgrößenklassen in Abhängigkeit ihrer Oberflächenkonzentrationen darstellen. Die
$\mathcal{A}_{spec,i}$ bezeichnen die Beiträge der Partikelgrößenklassen zur volumenspezifischen
Oberfläche der Elektrode. Es gilt also für jedes Diskretisierungselement sowie für
jede Partikelgrößenklasse eine zusätzliche Diffusionsgleichung zu lösen. Bis auf die
geänderte Randbedingung sowie die variable Diffusionslänge sind diese Modelle
identisch zum Newman-Modell.

Die N_p Partikelgrößenklassen und die N_x Diskretisierungselemente über die Elektrodendicke führen zu $N_p \cdot N_x$ zusätzlichen Modellen. Dies bedeutet zwar eine beträcht-
liche Zunahme des Rechenaufwands verglichen mit dem Newman-Modell, ist jedoch
immer noch um Größenordnungen schneller als das Lösen eines mikroskopischen
Modells mit der Mikrostruktur als Modellgeometrie.

Die Implementierung des erweiterten Modells erfolgt in der FEM-Software COMSOL
Multiphysics[1] in der Version 4.3b unter Verwendung des MATLAB Livelinks. Durch
diesen kann die Erstellung des Modells und die Auswertung der Simulationsergebnisse
automatisiert aus MATLAB heraus erfolgen.

Das gesamte Modell besteht aus $N_x \cdot N_p + 1$ Teilmodellen. Das erste Teilmodell bildet
den Elektrolyten und die poröse Elektrode ab. Die Koordinaten in den Gebieten werden in Einheiten der Elektrodendicke beziehungsweise der Separatordicke angegeben.
Die Transformation $x \rightarrow x \cdot l^{-1}$ führt über die Berechnung der Ableitung auf einen

---

[1] COMSOL Multiphysics, http://www.comsol.com

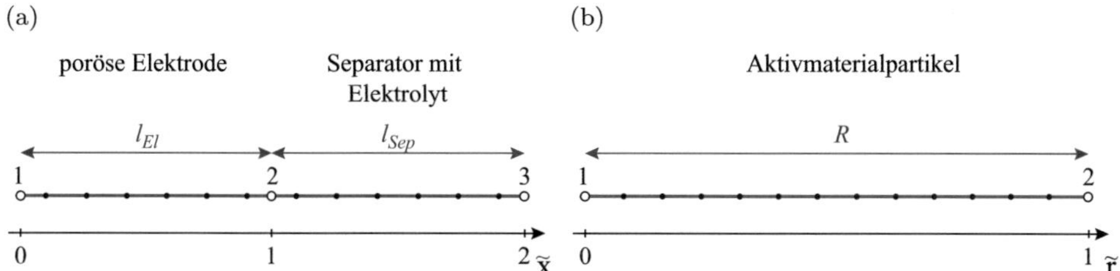

Abbildung 6.1.: Skizze der Modellgeometrien für die Elektrode (a) und für die einzelnen Partikel (b). Die $\tilde{x}$- beziehungsweise $\tilde{r}$-Achse sind mit den dimensionslosen Längeneinheiten beschriftet, die Pfeile geben die in der realen Zelle repräsentierten Dimensionen an. Die offenen Kreise kennzeichnen die Randpunkte, an welchen Randbedingungen gesetzt werden.

Skalierungsfaktor, der durch eine skalierte effektive Leitfähigkeit und eines skalierten effektiven Diffusionskoeffizienten berücksichtigt wird. Dies führt am Beispiel des Elektrolyten im Separator zu

$$D^*_{l,eff} = D_{l,eff} \cdot l^{-2}_{sep} \tag{6.23}$$

und

$$\sigma^*_{l,eff} = \sigma_{l,eff} \cdot l^{-2}_{sep}. \tag{6.24}$$

Auf Dirichlet-Randbedingungen hat diese Skalierung keinen Einfluss, die Neumann-Randbedingungen müssen jedoch auch skaliert werden:

$$D\frac{\partial c_l}{\partial x} = \mathcal{N} \cdot l^{-1}_{sep}. \tag{6.25}$$

Dabei ist $\mathcal{N}$ die Teilchenflussdichte am Rand aus dem Gebiet heraus. Dieser muss also durch die gewählte Längenskala dividiert werden. Das Vorgehen für die Leitfähigkeit und für den Transport in der porösen Elektrode ist identisch und wird hier nicht explizit gezeigt.

In den verbleibenden $N_x \cdot N_p$ Teilmodellen muss jeweils die sphärische Diffusionsgleichung gelöst werden. Diese ergibt sich auf Grund der sphärischen Symmetrie aus dem Radialanteil des Laplace-Operators:

$$\frac{\partial c_s}{\partial t} = \frac{\partial}{\partial \tilde{r}}\left(\frac{D}{R^2}\frac{\partial c_s}{\partial \tilde{r}}\right) + \frac{2 \cdot D}{(\tilde{r} \cdot R)^2}\frac{\partial c_s}{\partial \tilde{r}}. \tag{6.26}$$

Dabei ist R der Radius des jeweiligen Partikels und $\tilde{r}$ die dimensionslose Radialkoordinate innerhalb des Partikels.

Abbildung 6.1 zeigt die Geometrien des Halbzellmodells und des Partikelmodells. Die Elektrode weist über ihre Dicke N_x äquidistant verteilte Knoten auf. An jedem dieser Knoten werden über einen Quellterm die N_p Partikelmodelle angekoppelt. Die Berechnung der Austauschstromdichten $j_{ct,(ij)}$ der einzelnen Partikel erfolgt auf Basis der Position x_i in der Elektrode und der Oberflächenkonzentration $c_{surf,(ij)}$ der j-ten Partikelklasse. Im Elektrolyten ergeben sich somit die Quellterme

$$q_{ct,i} = \frac{\mathcal{A}_{spec}}{N_x} \cdot \sum_{j=1}^{N_p} j_{ct,(ij)} \cdot f(R_j). \qquad (6.27)$$

Dabei ist $f(R_j)$ der relative Anteil der Partikelklasse j an der spezifischen Oberfläche. Diese Funktion kann unter der Annahme kugelförmiger Partikel aus der Partikelgrößenverteilung berechnet werden. Grundlage hierfür ist, dass das Oberflächen-Volumen-Verhältnis der Partikel einer R^{-1}-Abhängigkeit folgt.

$$f(R_j) = \frac{\varepsilon_j \cdot R_j^{-1}}{\sum_j \varepsilon_j \cdot R_j^{-1}} \qquad (6.28)$$

Hier bezeichnet ε_j den relativen Volumenanteil der Partikelklasse j an der Elektrode. Multipliziert man $f(R_j)$ mit der volumenspezifischen Oberfläche $\mathcal{A}_{spec}$ der Elektrode, so erhält man die Oberflächenbeiträge der einzelnen Partikelklassen.

Der Fluss in die einzelnen Partikel (Randpunkt 2 in Abbildung 6.1b) muss entsprechend umgerechnet werden, damit eine Stromdichte im Elektrolyten, die beispielsweise einer 1C-Rate entspricht, die Partikel auch in einer Stunde lädt oder entlädt. Dazu muss die Ladungstransferstromdichte mit dem Oberflächen-Volumen-Verhältnis der Partikelklasse j multipliziert werden und durch das der Einheitskugel dividiert werden. Damit erhält man für den Teilchenfluss $\mathcal{N}_{ct,(ij)}$ in die Partikel:

$$\mathcal{N}_{ct,(ij)} = \frac{j_{ct,(ij)}}{F} \cdot \frac{\mathcal{A}_{spec} \cdot f(R_j)}{3 \cdot \varepsilon_j}. \qquad (6.29)$$

Für das andere Ende der eindimensionalen Partikelgeometrie (Randpunkt 1 in Abbildung 6.1b), das dem Partikelzentrum entspricht, wird eine isolierende Randbedingung angenommen.

Auf der Elektrodengeometrie (Abbildung 6.1a) werden folgende Randbedingungen angenommen. Bei Randpunkt 1 wird der Zelle die Laststromdichte j_L aufgeprägt, die die Randbedingung der Stromdichte j_s der Elektrode darstellt. Für den Elektrolyten herrschen hier isolierende Randbedingungen. An Randpunkt 2 wird das Elektrolytpotential der Elektrode gleich dem Elektrolytpotential des Separators gesetzt. Analog dazu wird auch die Elektrolytkonzentration der Elektrode an diesem Punkt gleich der Konzentration im Separator gesetzt. Da im Separator keine Quellterme auftreten, kann sowohl für den Teilchenfluss als auch für den Stromfluss im Separator an Randpunkt 2 die Laststromdichte j_L vorgegeben werden. Randpunkt 3 stellt die Mitte des Separators dar. Hier wird als Konzentration die Gleichgewichtskonzentration des

Elektrolyten $c_{l,0}$ vorgegeben und das Elektrolytpotential zu Null gesetzt. Damit ist das System vollständig definiert. Da der Mittelpunkt des Separators einen fixen Bezugspunkt für das Potential darstellt, kann am Randpunkt 1 das Halbzellenpotential abgegriffen werden, wobei wie in Abschnitt 6.1 erwähnt der Kontaktwiderstand zum Stromableiter berücksichtigt werden muss.

6.3. Parametrisierung der Modelle

Neben den Modellgleichungen selbst, bildet die sorgfältige Ermittlung der Modellparameter die Basis für die Aussagekraft einer Simulation. Dieses Kapitel widmet sich deshalb der Beschreibung der im Modell benötigten Parameter. Sofern die Methoden zu ihrer Berechnung noch nicht in den vorangegangenen Kapiteln erläutert wurden, werden diese ebenfalls beschrieben.

Elektrodendicke

Die Dicke der Elektroden wurde aus Rasterelektronenmikroskopaufnahmen bestimmt. Da sich die Elektroden nicht brechen lassen und ein Schneiden oder Stanzen der Elektroden zur Kompression der porösen Schicht führt, kommen diese Verfahren nicht für die Präparation der Probe in Frage. Deshalb wurden die jeweiligen Elektrodenproben zunächst auseinandergerissen. Dadurch wird der dünne Stromableiter zwar verformt und löst sich lokal von der Beschichtung, die Beschichtung selbst bleibt dabei jedoch gut erhalten. Das so entstandene Rissbild wird im Elektronenmikroskop betrachtet. Dabei ist darauf zu achten, dass man die Probe tatsächlich parallel zu der Elektrodenoberfläche betrachtet. Dies ist der Fall, wenn die Elektrodenoberfläche oder -unterseite auf keiner Seite der Rissfläche zu sehen ist. Beispiele der zur Bestimmung der Schichtdicken verwendeten Aufnahmen sind in Abbildung 6.2 zu sehen. Die in Tabelle 6.3 angegebenen Werte wurden durch Mittlung über mehrere Messungen von unterschiedlichen Positionen bestimmt. Zusätzlich wurden Verifikationsmessungen mit einer Mikrometerschraube angefertigt. Bei diesen Messungen muss die Dicke des Stromableiters separat bestimmt und von den Messungen subtrahiert werden. Die Ergebnisse dieser Messungen sind mit den Messungen aus den Rissbildern kompatibel, fallen jedoch im Mittel 1 bis 2 µm kleiner aus. Dies lässt sich durch eine leichte Kompression der porösen Elektrode durch die Mikrometerschraube erklären.

Separatordicke

Da sich die kommerziellen Separatoren weder schneiden noch reißen lassen ohne die Querschnittsfläche zu beschädigen, wurden für die Dickenbestimmung Schnitte mit einem Ionenstrahl angefertigt. Aus diesen konnte dann im Rasterlektronenmikroskop

(a) Anode, Zelle A: 47,7 µm

(b) Anode, Zelle B: 76,1 µm

(c) Kathode, Zelle A: 56,8 µm

(d) Kathode, Zelle B: 72,3 µm

Abbildung 6.2.: Elektronenmikroskopische Rissaufnahmen der Elektroden. Dabei handelt es sich um Beispiele der Bilder, die zur Bestimmung der Schichtdicken verwendet wurden. Bei den ermittelten Werten handelt es sich um Mittelwerte, die aus verschiedenen Aufnahmen bestimmt wurden.

die Dicke bestimmt werden. Da von den kommerziellen Separatoren keine Rekonstruktionen angefertigt wurden, kann die Porosität nicht exakt ermittelt werden. Die daraus resultierenden Fehler sind jedoch auf Grund der insgesamt sehr geringen Dicke der Separatoren klein. Da sich das mit dem Ionenstrahl abgetragene Separatormaterial in den Poren niederschlägt, erscheint die Porosität in den Schnittaufnahmen deutlich geringer als in den Oberflächenaufnahmen (siehe Abbildung 2.4). Für die Simulationen wurde die Porosität beider Separatoren als 0,5 angenommen, womit die Bruggeman-Abschätzung eine Tortuosität von 1,41 liefert.

Für die Experimentalzellen wurden Glasfaserseparatoren verwendet, deren Dicke im komprimierten Zustand mit einer Mikrometerschraube zu 220 µm gemessen wurde. Da die Leitfähigkeit des Elektrolyten bekannt ist und der Elektrolytwiderstand als Ohm'scher Beitrag im Impedanzspektrum leicht zu messen ist, kann für den Glasfaserseparator ein Faktor $\varepsilon/\tau = 0{,}615$ für die Berechnung der effektiven Transportparameter ermittelt werden. Für das als Referenzelektrode verwendete

(a) Zelle A (b) Zelle B

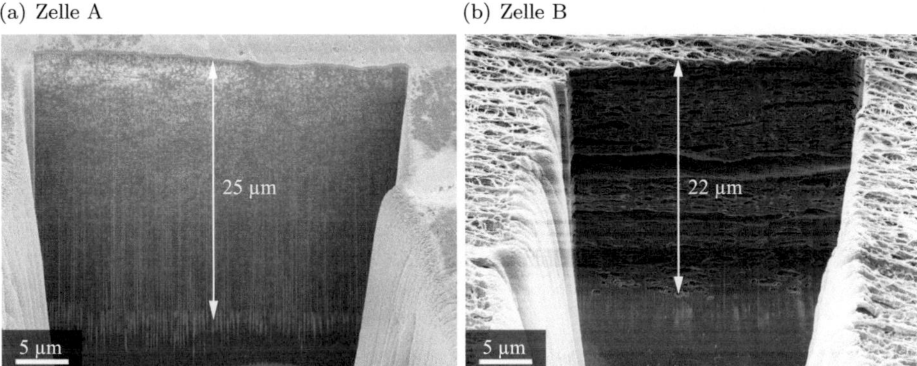

Abbildung 6.3.: Mit der FIB angefertigte Schnitte durch die Separatoren der kommerziellen Zellen. Da zwischen den Separatoren und dem verwendeten leitfähigen Klebepad kein Materialkontrast besteht, kann die untere Kante des Separators nur durch den Übergang von der porösen zur dichten Struktur identifiziert werden.

Aluminiumnetz wurde die Dicke zu 100 µm bestimmt. Es weißt eine Porosität von 68,6 % auf, womit sich nach Bruggeman eine Tortuosität von 1,21 ergibt. Rechnet man mit einer konstanten Faktor von 0,615 zur Ermittlung der effektiven Transportparameter, er erhält man für den aus drei Separatoren und dem Netz bestehenden Stapel eine effektive Separatordicke von etwa 760 µm.

Mikrostrukturparameter

Die Methoden zur Bestimmung der für die Modellierung benötigten Mikrostrukturparameter wurden bereits in Abschnitt 5.3 beschrieben. Tabelle 6.3 beinhaltet eine Auflistung der verwendeten Werte für die Volumenanteile, die Tortuositäten der Poren, die aktiven Oberflächen sowie die volumengewichteten mittleren Partikelgrößen.

Außerdem wurde für jede Elektrode auch eine Partikelgrößenverteilung berechnet. Für die Verwendung im Modell ist die berechnete Verteilung allerdings zu fein unterteilt. Deshalb wurden reduzierte Partikelgrößenverteilungen berechnet, in der die zu einer Partikelgrößenklasse zusammengefassten Partikel einen größeren Durchmesserbereich abdecken. Dabei ist der durch eine Klasse abgedeckte Größenbereich nicht notwendigerweise konstant. Für alle zu einer Klasse zusammengefassten Werte wurde jeweils der tatsächliche Mittelwert berechnet. Dieser ist in Abbildung 6.4 durch die roten Symbole gekennzeichnet. Dort sind sowohl die originalen, als auch die reduzierten Partikelgrößenverteilungen dargestellt. Aus diesen reduzierten Parti-

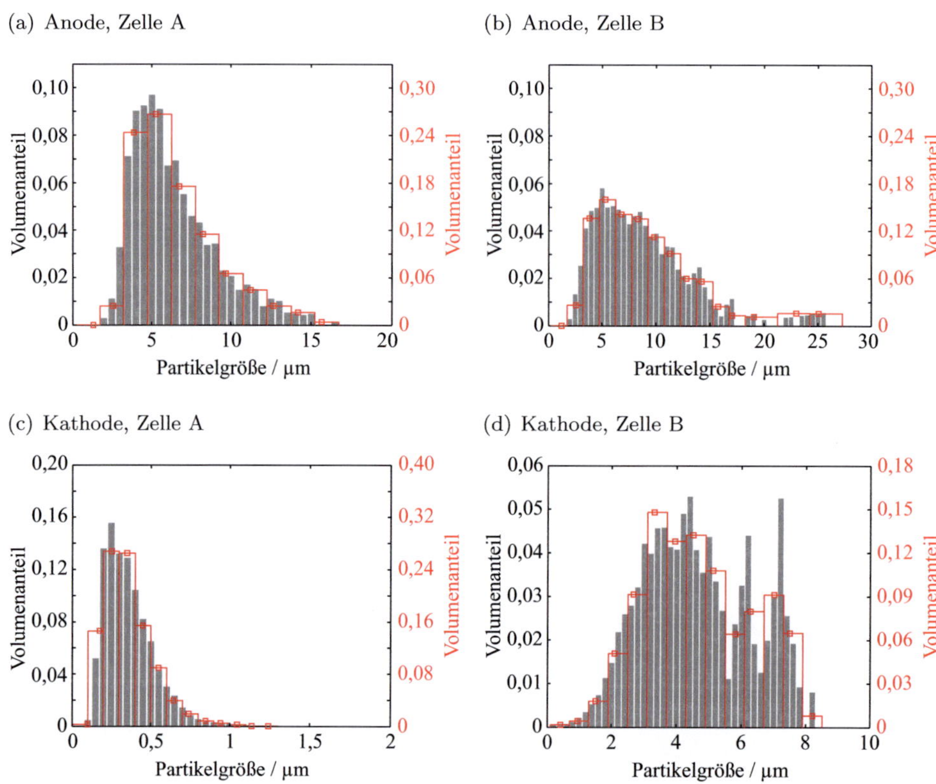

Abbildung 6.4.: Die aus den Rekonstruktionen berechneten Partikelgrößenverteilungen (graue Balken) werden für die Verwendung im Modell auf eine gröbere Verteilung reduziert (rote Rahmen). Die roten Symbole kennzeichnen die mittleren Größen der in den Klassen zusammengefassten Partikel.

kelgrößenverteilungen werden, wie in Abschnitt 6.2 beschrieben, auch die Anteile der einzelnen Partikelgrößenklassen an der gesamten Oberfläche berechnet.

Effektive elektronische Leitfähigkeit

Die Bestimmung der effektiven elektronischen Leitfähigkeit einer, auf einem Stromableiter aufgebrachten, porösen Elektrode ist mit konventionellen Verfahren nicht ohne Weiteres möglich. Aus diesem Grund wurde im Rahmen dieser Arbeit ein neues Messverfahren entwickelt, das sowohl die effektive Schichtleitfähigkeit als auch den Kontaktwiderstand zum Stromableiter liefert [End13]. Die Funktionsweise des Verfahrens ist in Anhang B erläutert.

Die Machbarkeit der Messmethode wurde mit einem experimentellen Messaufbau demonstriert. Mit diesem Aufbau sind auch die in [End13] gezeigten Messungen aufgenommen worden. Der daraufhin entwickelte und in Anhang B gezeigte Messstand ist jedoch nicht rechtzeitig in Betrieb gewesen, um die im Rahmen dieser Arbeit untersuchten Elektroden zu messen. Aus diesem Grund wurde für die Anoden auf Basis der Messungen aus [End13] ein Wert von $1000\,\mathrm{S\,m^{-1}}$ angenommen. Für die Kathoden wurde entsprechend ein Wert von $10\,\mathrm{S\,m^{-1}}$ angenommen.

Gleichgewichtspotential

Das Verfahren zur Messung der Gleichgewichtspotentiale ist in Abschnitt 2.6 beschrieben. Die Messergebnisse der vier Elektroden sind in Abbildung 4.6 in Abschnitt 4.2 gezeigt. Diese werden als Interpolationsfunktionen im Modell hinterlegt. Dabei erfolgt zwischen den Stützstellen eine lineare Interpolation.

Austauschkoeffizient und Kontaktwiderstand

Die für den Ladungstransferwiderstand sowie für den Durchtrittswiderstand der SEI benötigten Parameter können aus den Impedanzspektren bestimmt werden. Dazu werden die in Abschnitt 4.2 gezeigten Impedanzmessungen der Elektroden bei einem Ladezustand von $50\,\%$ verwendet. Für die beiden Anodenimpedanzen sowie die Impedanz der $LiCoO_2$-Kathode erfolgt die Auswertung nach der gleichen Vorgehensweise. Die Auswertung der Impedanz der $LiFePO_4$-Kathode folgt im Anschluss mit einem anderen Modell.

Auf Grund der Kopplung zwischen dem elektronischen Transportpfad in der Elektrodenmatrix und dem ionischen Transportpfad in den elektrolytgefüllten Poren bildet sich in der Elektrode eine elektrochemisch aktive Zone aus. Da deren Ausdehnung frequenzabhängig ist, kann der Ladungstransferwiderstand nicht direkt aus dem Impedanzspektrum abgelesen werden. Deshalb erfolgt die Auswertung mit einem Leitermodell (siehe Abschnitt 2.6). Darin wird der elektronische Pfad als kurzgeschlossen angenommen. Die Kopplung an den ionischen Transportpfad ist durch eine Reihenschaltung aus einem RQ-Element, das die Ladungstransferimpedanz und die Doppelschichtkapazität repräsentiert, und einem zylindrischen *finite space* Warburgelement gegeben. Eine Darstellung des Leitermodells ist in Abbildung 6.6a gegeben.

Im Fall der Anoden befindet sich ein zusätzliches RQ-Element für den Durchtritt durch die SEI in Serie zur Ladungstransferimpedanz. Ein RQ-Element besteht aus einer Parallelschaltung eines Widerstands und eines Konstantphasenelements, das als nicht-idealer Kondensator verstanden werden kann. Die genaue Vorgehensweise ist in [Ill14] beschrieben, ein ähnlicher Modellierungsansatz wurde in [Bar99] zur

(a) Anode, Zelle A

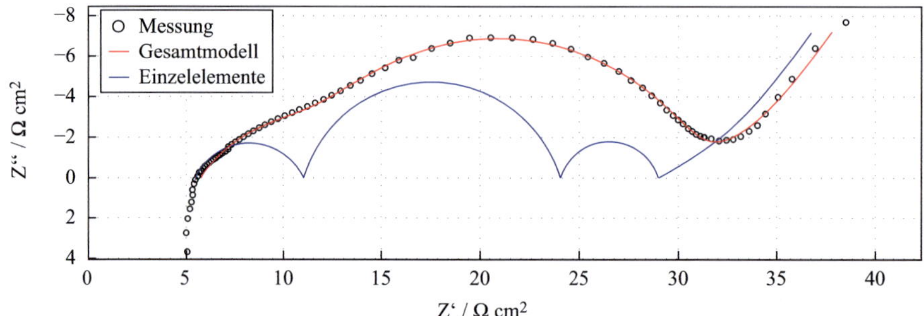

(b) Anode, Zelle B

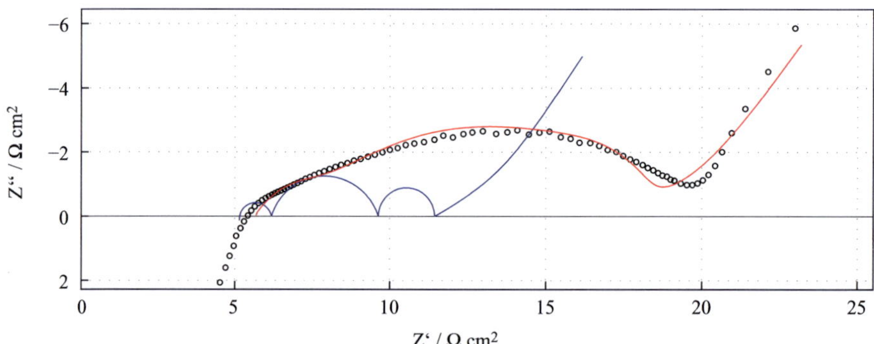

(c) Kathode, Zelle B

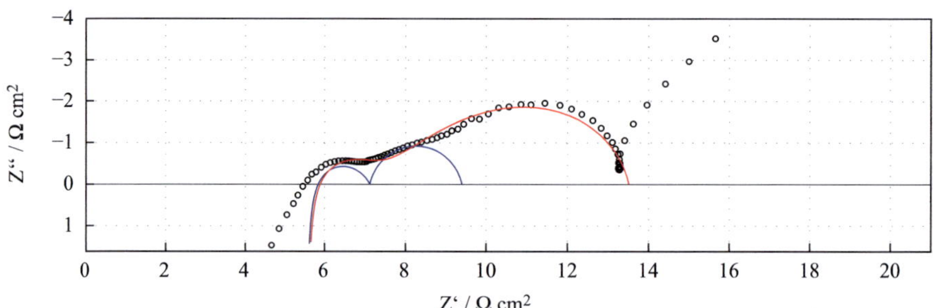

Abbildung 6.5.: An die Imepandzmessungen bei einem Ladezustand von 50 % angepasste Leitermodelle (rot), sowie der Kontaktwiderstand, der Ladungstransfer, bei den Anoden der SEI-Widerstand und die Diffusionsimpedanz als Einzelelemente hintereinandergereiht (blau). Aus dem Unterschied der Impedanz der Einzelelemente und der Gesamtimpedanz ist der Effekt des Elektrolytwiderstands in den Poren zu erkennen.

(a)

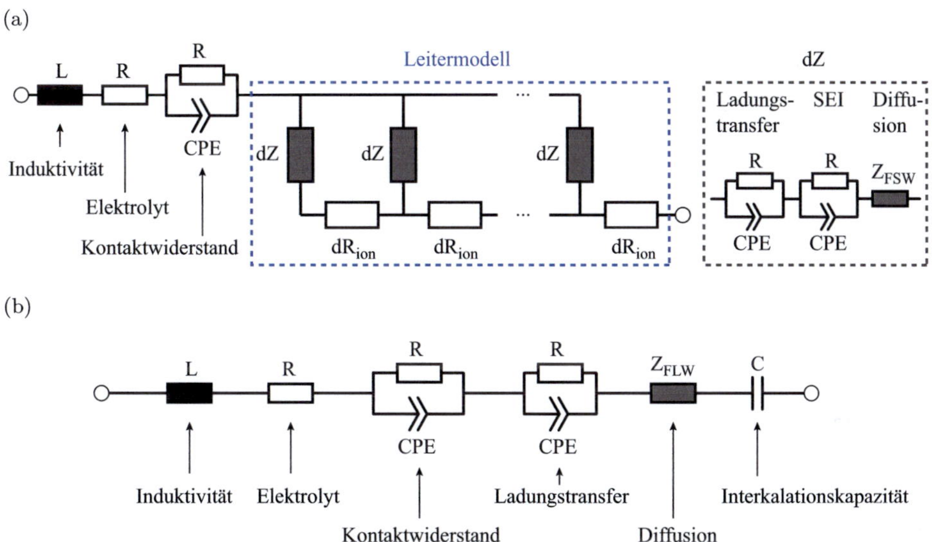

(b)

Abbildung 6.6.: Für die Auswertung der Impedanzmessungen verwendete Ersatzschalt-bildmodelle. Das Leitermodell (a) wurde in der gezeigten Form für die beiden Anoden verwendet. Für die Auswertung von Kathode B wurde ebenfalls das Leitermodell verwendet, jedoch ohne das RQ-Element für die SEI. Die LiFePO$_4$-Kathode wurde mit dem seriellen Ersatzschaltbild (b) ausgewertet.

Modellierung von Graphitanoden verfolgt. Abbildung 6.5 zeigt die Ergebnisse der Anpassungen an die Elektrodenimpedanzen. Neben dem Leitermodell beinhaltet das Impedanzmodell noch ein RQ-Element für den Kontaktwiderstand zum Stromableiter [Ill12], eine Induktivität, sowie einen Ohm'schen Widerstand für den Elektrolyten. Während des Anpassens wird die Leitfähigkeit des Elektrolyten in den Poren der Elektrode als bekannt vorausgesetzt und deshalb als konstanter Parameter behandelt. Aus der Anpassung erhält man die Kontaktwiderstände, die Ladungstransferwider-stände sowie für die Anoden die SEI-Durchtrittswiderstände, die in Tabelle 6.1 aufgelistet sind.

Für die Auswertung der LiFePO$_4$-Impedanz wird das in [Ill12] vorgestellte Modell verwendet. Wegen der hohen Porosität und dem sehr kleinen Ladungstransferwi-derstand ergibt der Einsatz eines Leitermodells für diese Elektrode keinen Sinn. Das stattdessen verwendete Modell besteht aus einer Serienschaltung von zwei RQ-Elementen für den Kontaktwiderstand zum Stromableiter und den Ladungs-transferwiderstand, einer Induktivität und einem Ohm'schen Widerstand für den Elektrolyten. Für den kapazitiven Ast wurde ein *finite length* Warburgelement und eine Kapazität angenommen (Abbildung 6.6b). Die Anpassung des Modells liefert

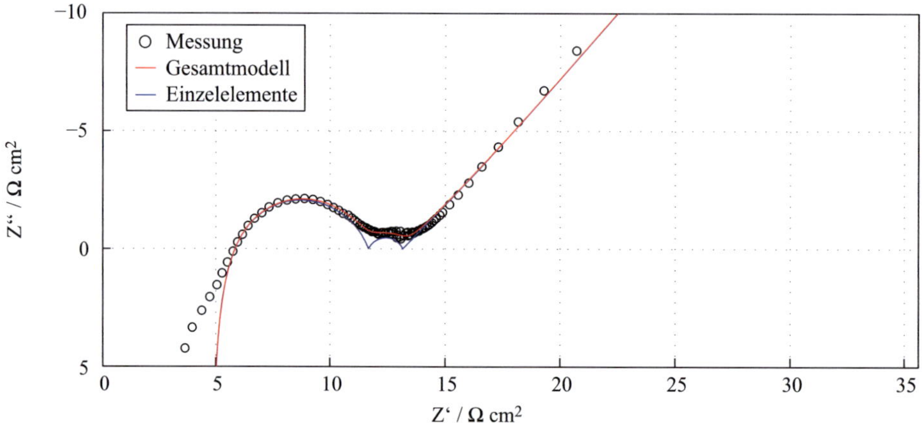

Abbildung 6.7.: An die Imepandzmessung von der LiFePO$_4$-Kathode von Zelle A bei einem Ladezustand von 50 % angepasstes Ersatzschaltbildmodell (rot). Dieses besteht aus einem Ohm'schen Widerstand, einer Induktivität, zwei RQ-Elementen für den Kontaktwiderstand und den Ladungstransfer, und ein Konstantphasenelement für den kapazitiven Ast. Die Impedanzen der Einzelelemente sind hintereinandergereiht ebenfalls eingezeichnet (blau).

den Kontaktwiderstand und den Ladungstransferwiderstand, die ebenfalls in Tabelle 6.1 aufgeführt sind.

Die aus der Anpassung der Modelle erhaltenen Werte beziehen sich alle noch auf die Elektrodenfläche, was nur im Fall des Kontaktwiderstands sinnvoll ist. Die anderen Widerstände können mit Kenntnis der Elektrodendicke l_{el} sowie der spezifischen aktiven Oberfläche $\mathcal{A}_{spec}$ über die Beziehung

$$\rho_{mikro} = \rho \cdot \mathcal{A}_{spec} \cdot l_{el} \tag{6.30}$$

auf die Oberfläche der Mikrostruktur umgerechnet werden. Für den SEI-Widerstand ergibt das schon den für das Modell benötigten Parameter. Die berechneten Werte sind in Tabelle 6.3 aufgeführt.

Tabelle 6.1.: Flächenspezifische Widerstände der untersuchten Elektroden. Für Anode A, Anode B und Kathode B wurden diese über ein Leitermodel ermittelt, für Kathode A über Anpassung eines seriellen Erstatzschaltbildes.

	Anode A	Anode B	Kathode A	Kathode B
Kontaktwiderstand	2,70 $\Omega\,\mathrm{cm}^2$	1,36 $\Omega\,\mathrm{cm}^2$	7,05 $\Omega\,\mathrm{cm}^2$	1,61 $\Omega\,\mathrm{cm}^2$
Ladungstransferwiderstand	3,97 $\Omega\,\mathrm{cm}^2$	1,84 $\Omega\,\mathrm{cm}^2$	0,582 $\Omega\,\mathrm{cm}^2$	2,10 $\Omega\,\mathrm{cm}^2$
SEI-Widerstand	11,42 $\Omega\,\mathrm{cm}^2$	1,27 $\Omega\,\mathrm{cm}^2$	-	-

Für den Ladungstransferwiderstand, der im Modell durch die Butler-Volmer-Gleichung ausgedrückt wird, muss der Austauschkoeffizient k berechnet werden. Dazu nimmt man zunächst an, dass man sich bei der Impedanzspektroskopie im linearen Bereich der Butler-Volmer-Kennlinie bewegt. Aus der linearisierten Form lässt sich dann über

$$j_0 = \frac{R_g T}{F} \cdot \frac{1}{\rho_{ct,mikro}} \tag{6.31}$$

die Austauschstromdichte j_0 berechnen. Aus dieser ergibt sich der Austauschkoeffizient k zu:

$$k = \frac{j_0}{F} c_l^{-\alpha} c_s^{\alpha-1} (1 - c_s/c_{s,max})^{-\alpha}. \tag{6.32}$$

Dabei gilt für den Elektrolyten die Gleichgewichtskonzentration $c_l = 1\,\mathrm{mol\,L^{-1}}$, für α wurde 0,5 angenommen. Für die Anoden und die LiFePO$_4$-Kathode liegt bei einem Ladezustand von 50 % eine Lithiumkonzentration im Gitter von $0,5 \cdot c_{s,max}$ vor. Für die LiCoO$_2$-Kathode gilt auf Grund des eingeschränkten Zyklierbereichs $c_s(SoC = 50\,\%) \approx 0,7 \cdot c_{s,max}$. Die maximalen Lithiumkonzentrationen im Gitter sind:

$$
\begin{aligned}
c_{s,max}(\mathrm{LiC_6}) &= 30\,530\,\mathrm{mol\,m^{-3}} \\
c_{s,max}(\mathrm{LiFePO_4}) &= 23\,873\,\mathrm{mol\,m^{-3}} \\
c_{s,max}(\mathrm{LiCoO_2}) &= 50\,883\,\mathrm{mol\,m^{-3}}.
\end{aligned}
$$

Die auf diese Weise berechneten Werte für die Austauschkoeffizienten sind ebenfalls in Tabelle 6.3 aufgeführt.

Transportkoeffizienten des Elektrolyten

In den ursprünglichen Arbeiten von John Newman und seiner Gruppe wurden die Transportparameter des Elektrolyten entweder als konstant angenommen, oder lediglich die ionische Leitfähigkeit wurde als Funktion der Konzentration hinterlegt. Allgemein sind aber alle drei Transportparameter, die Leitfähigkeit, der Diffusionskoeffizient und die Überführungszahl, Funktionen der Konzentration. Diese Abhängigkeit kann bei geringen Stromdichten vernachlässigt werden, weil die auftretenden Konzentrationsgradienten klein, und die Konzentrationen deshalb nahe der Gleichgewichtskonzentration sind. Bei hohen Strömen, die zu großen Konzentrationsunterschieden führen, wird der Elektrolyt zur dominierenden Komponente. Die Konzentrationsabhängigkeit aller Transportparameter ist dann wichtig zur Beschreibung des Zellverhaltens [Doy96].

Da die Tranportparameter des Elektrolyten nicht aus eigenen Messungen zur Verfügung stehen, muss auf Literaturwerte zurückgegriffen werden. Für die in den Messungen verwendete Zusammensetzung des Elektrolyten existieren keine Literaturwerte. Deshalb werden Messwerte eines ähnlichen Elektrolyten verwendet [Nym08],

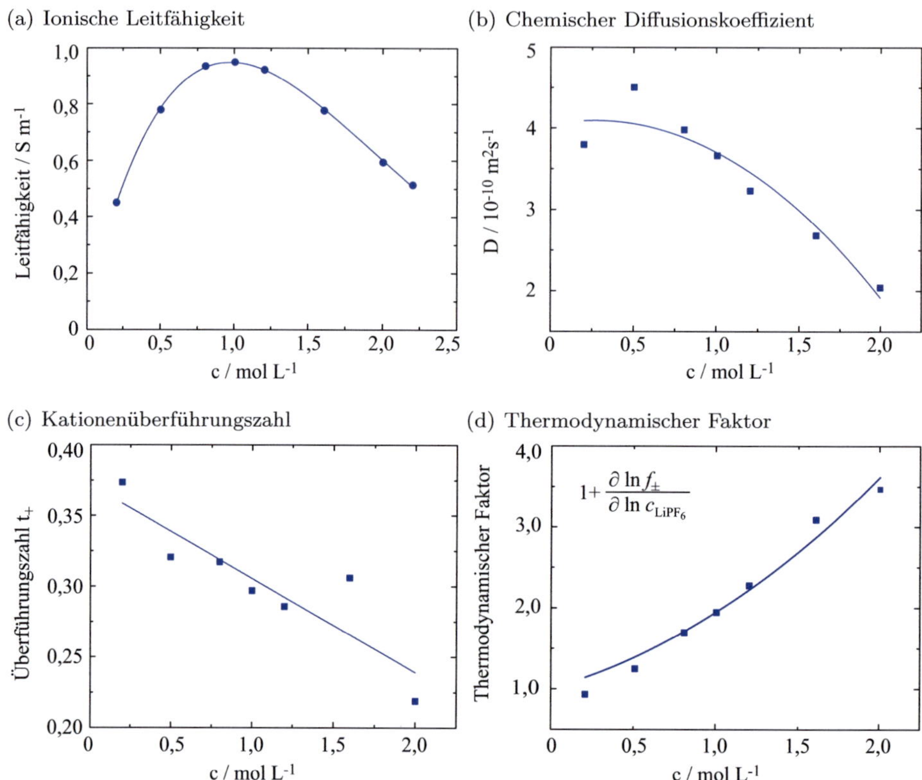

Abbildung 6.8.: Gemessene Transportparameter eines $LiPF_6$-Elektrolyten basierend auf einem Lösungsmittelgemisch aus EC und EMC im Verhältnis 3:7. Diese basieren auf galvanostatischen Polarisationsexperimenten sowie auf Messungen in Konzentrationszellen [Nym08]. Die Messungen wurden bei einer Temperatur von 25 °C durchgeführt. Die angepassten Funktionen sind im Text beschrieben.

in dem das Mischungsverhältnis von EC zu EMC 3:7 beträgt, anstatt 1:1. Die Leitfähigkeit bei einer $LiPF_6$-Konzentration von $1\,\mathrm{mol\,L^{-1}}$ der 1:1 Mischung beträgt $0{,}99\,\mathrm{S\,m^{-1}}$, die der 3:7 Mischung ist mit $0{,}95\,\mathrm{S\,m^{-1}}$ fast gleich groß.

Die Messwerte aus [Nym08] sind in Abbildung 6.8 gezeigt, zusammen mit den entsprechenden angepassten Funktionen. Dabei wurde für die Leitfähigkeit die in [Bes99, S. 585] beschriebene analytische Form verwendet:

$$\sigma(c_l) = \sigma_{max} \cdot \left(\frac{c_l}{c_l(\sigma_{max})}\right)^a \cdot \exp\left(b(c_l - c_l(\sigma_{max}))^2 - a\frac{c_l - c_l(\sigma_{max})}{c_l(\sigma_{max})}\right). \quad (6.33)$$

Tabelle 6.2.: Auflistung der Koeffizienten zur Beschreibung der Transportparameter des Elektrolyten. Die Werte stammen aus [Nym08] und sind an einem $LiPF_6$-Elektrolyten in einer EC:EMC-Mischung im Verhältnis 3:7 bei einer Temperatur von 25 °C bestimmt worden.

	Symbol	Wert
Elektrolytleitfähigkeit	(Gl. 6.33)	
	σ_{max}	$0{,}948\,\mathrm{S/m}$
	$c_l(\sigma_{max})$	$9{,}731\,\mathrm{mol\,L^{-1}}$
	a	$0{,}854$
	b	$-0{,}162\,\mathrm{L^2\,mol^{-2}}$
Kationenüberführungszahl	t_+	$t_+^0 + t_+^1 \cdot c$
	t_+^0	$0{,}372$
	t_+^1	$-0{,}066\,41\,\mathrm{L\,mol^{-1}}$
El. Diffusionskoeffizent	D_l	$D_0 + D_1 \cdot c_l + D_2 \cdot c_l^2$
	D_0	$4{,}04 \cdot 10^{-10}\,\mathrm{m^2\,s^{-1}}$
	D_1	$3{,}902 \cdot 10^{-11}\,\mathrm{m^2\,s^{-1}\,L\,mol^{-1}}$
	D_2	$-7{,}280 \cdot 10^{-11}\,\mathrm{m^2\,s^{-1}\,L^2\,mol^{-2}}$
Thermodyn. Faktor	(Gl. 6.36)	
	f_0	$1{,}000$
	f_1	$0{,}581\,\mathrm{L\,mol^{-1}}$
	f_2	$0{,}363\,\mathrm{L^2\,mol^{-2}}$

Für den Diffusionskoefizienten wurde eine quadratische Funktion verwendet

$$D(c_l) = D_0 + D_1 \cdot c_l + D_2 \cdot c_l^2, \tag{6.34}$$

wobei D_0 dem Diffusionskoeffizienten der idealen verdünnten Lösung entspricht. Die Kationenüberführungszahl wird mit einer lineare Funktion

$$t_+(c_l) = t_+^0 + t_+^1 \cdot c_l, \tag{6.35}$$

und der thermodynamische Faktor mit einer quadratischen Funktion beschrieben:

$$1 + \frac{\partial \ln f_\pm}{\partial c_l} = f_0 + f_1 \cdot c_l + f_2 \cdot c_l^2. \tag{6.36}$$

Dabei wurde der Koeffizient f_0 auf einen festen Wert von 1 gesetzt, da die Korrekturen der konzentrierten Lösung für geringe Konzentrationen verschwinden müssen. Die Ergebnisse der Anpassung der Funktionen sind in Tabelle 6.2 aufgelistet.

Es ist zu beachten, dass hinter den angepassten Funktionen kein mikroskopisches Modell steht. Eine Extrapolation über eine Konzentration von $2\,\mathrm{mol\,L^{-1}}$ hinaus ist deshalb nicht zu empfehlen. Treten in einer Simulation höhere Konzentrationen auf, führt speziell die Extrapolation des Diffusionskoeffizienten zu Problemen, da dieser oberhalb von etwa $2{,}5\,\mathrm{mol\,L^{-1}}$ negativ wird.

Wie sich später in Abschnitt 6.4 zeigen wird, führt die Verwendung der gemessenen konzentrationsabhängigen Transportparameter zu einem geringfügig schlechterem Transport. Gleichzeitig erreicht man bei höheren Stromdichten die kritischen Konzentrationsbereiche, in denen die Konzentration entweder gegen Null geht, oder den untersuchten Bereich bis $2\,\mathrm{mol\,L^{-1}}$ übersteigt. Speziell der zweite Fall führt mit der zur Beschreibung des Diffusionskoeffizienten verwendeten quadratischen Funktion zu Problemen, da die Anpassungsfunktion schnell gegen Null geht und schließlich negativ wird. Da das Leitsalz im Lösungsmittel jedoch eine begrenzte Löslichkeit hat, muss irgendwann eine Maximalkonzentration erreicht werden. Aber auch bei dieser maximalen Konzentration sollte der Diffusionskoeffizient nicht verschwinden. Es sind aber zusätzliche Effekte auf die Austauschstromdichte zu erwarten, die gegenwärtig nicht im Modell enthalten sind.

Um Stabilitätsprobleme in den Simulationen auf Grund des Diffusionskoeffizienten zu vermeiden, wird für die Elektrodensimulationen analog zu einer Arbeit von John Newman und Marc Doyle [Doy96] verfahren. Darin wird lediglich die Leitfähigkeit als konzentrationsabhängiger Parameter berücksichtigt. Die Überführungszahl und der Diffusionskoeffizient werden konstant gehalten. Der in [Nym08] bestimmte thermodynamische Faktor führt bei Verwendung in den Simulationen zu einer Verletzung der Massenerhaltung. Er wird deshalb nicht verwendet und in den Simulationen als Eins angenommen.

Für die Werte des Diffusionskoeffizienten und der Überführungszahl werden die aus den angepassten Funktionen berechneten Werte bei einer Konzentration von $1\,\mathrm{mol\,L^{-1}}$ verwendet.

Diffusionskoeffizienten des Aktivmaterials

Die Bestimmung von Diffusionskoeffizienten für Lithium in den Aktivmaterialien ist ein immer wieder kontrovers diskutiertes Thema. Alleine die Vielzahl der elektrochemischen Messmethoden wie PITT (*potentiostatic intermittent titration technique*), GITT (*galvanostatic intermittent titration technique*), CV (*cyclovoltammetry*) und EIS (*electrochemical impedance spectroscopy*) liefern Werte für die Diffusionskoeffizienten, die über Größenordnungen streuen. Diese liegen jedoch meist unterhalb der Werte, die aus ab-initio Rechnungen auf Basis der Kristallstrukturdaten erwartet werden.

Zur Verdeutlichung, wie stark die in der Literatur aufgeführten Werte streuen, zeigt Abbildung 6.9 Messungen der Diffusionskoeffizienten von Graphit und $LiCoO_2$ in Abhängigkeit der Lithiumkonzentration. Da die exakten Eigenschaften der Aktiv-

Tabelle 6.3.: Auflistung der geometrischen und elektrochemischen Parameter der einzelnen Elektroden. Auf die Ladungstransferreaktion im Fall des $LiFePO_4$ wird in Abschnitt 6.6.2 gesondert eingegangen.

| | Anoden | |
	Zelle A	Zelle B
Elektrodendicke / µm	47,7	76,1
Porosität	0,352	0,182
Tortuosität der Poren	2,72	11,18
Aktive Oberfläche / $µm^{-1}$	0,395	0,359
Mittlere Partikelgröße / µm	6,265	8,810
Kontaktwiderstand / $\Omega\,m^2$	$5,577 \cdot 10^{-4}$	$1,05 \cdot 10^{-4}$
Leitfähigkeit / $S\,m^{-1}$	$1 \cdot 10^3$	$1 \cdot 10^3$
Austauschkoeffizient / $m\,s^{-1}$	$1,035 \cdot 10^{-8}$	$1,946 \cdot 10^{-8}$
SEI-Durchtrittswiderstand / $\Omega\,m^2$	$24,5 \cdot 10^{-3}$	$9,42 \cdot 10^{-3}$

| | Kathoden | |
	Zelle A	Zelle B
Elektrodendicke / µm	56,8	72,3
Porosität	0,384	0,202
Tortuosität der Poren	2,59	4,94
Aktive Oberfläche / $µm^{-1}$	6,301	0,819
Mittlere Partikelgröße / µm	0,361	4,640
Kontaktwiderstand / $\Omega\,m^2$	$7,55 \cdot 10^{-4}$	$1,61 \cdot 10^{-4}$
Leitfähigkeit / $S\,m^{-1}$	10	10
Austauschkoeffizient / $m\,s^{-1}$	$5,231 \cdot 10^{-9}$	$4,278 \cdot 10^{-9}$

materialien in den kommerziellen Zellen unbekannt sind, kann man nicht davon ausgehen, dass die Messungen in der Literatur an einem Material mit den gleichen Eigenschaften durchgeführt wurden. Da außerdem die Streuung der Literaturwerte enorm groß ist, kann die Wahl eines Diffusionskoeffizienten aus der Literatur nicht angemessen begründet werden. Aus diesem Grund werden die Simulationen mit zwei verschiedenen Diffusionskoeffizienten durchgeführt, einmal mit dem kleinsten der in der Literatur aufgeführten Werte, und einmal mit einem größeren Wert, bei dem die Diffusion nicht mehr limitierend ist.

Sowohl für die Graphitanoden als auch für die $LiCoO_2$-Kathode wird zum einen ein Wert von $1 \cdot 10^{-10}\,m^2\,s^{-1}$ angenommen. Mit diesem ergeben sich für die mittleren Partikelradien der Anoden (siehe Tabelle 6.3) nach der Gleichung

$$t_{diff} = \frac{(l_{diff})^2}{D_s} \qquad (6.37)$$

Tabelle 6.4.: Auflistung der verbleibenden Parameter, die für die Simulation der jeweiligen Elektroden einer Zelle identisch gewählt wurden.

	Wert	Quelle
Zelle A		
Separatordicke	25 µm	FIB-Schnitt
Separatorporosität	0,5	aus REM Oberflächenaufnahme
Separatortortuosität	1,4	Bruggeman
Zelle B		
Separatordicke	22 µm	FIB-Schnitt
Separatorporosität	0,5	aus REM Oberfächenaufnahme
Separatortortuosität	1,4	Bruggeman
Experimentalzelle		
Separatordicke	760 µm	mit µm-Schraube gemessen
Separatorporosität	0,80	aus EIS & Leitfähigkeit abgeschätzt
Separatortortuosität	1,3	aus EIS & Leitfähigkeit abgeschätzt

Zeitkonstanten für die Diffusion von 0,10 s (Anode A) und 0,19 s (Anode B). Analog erhält man für Kathode B eine Zeitkonstante von 0,05 s. Für alle Elektroden spielt die Diffusion bei einem fiktiven Diffusionskoeffizienten von $1 \cdot 10^{-10}\,\mathrm{m^2\,s^{-1}}$ also keine Rolle, da die Diffusionszeiten selbst bei den höchsten Entladeströmen noch sehr kurz gegenüber der Entladedauer sind. Eventuelle Limitierungen der Kapazität können sich in diesem Fall nur durch den Ladungstransfer und durch den Elektrolyten ergeben.

Der andere jeweils gewählte Wert richtet sich nach den niedrigsten in der Literatur zu findenden gemessenen Diffusionskoeffizienten. Dies führt für die Graphitanoden zu einem Wert von $5 \cdot 10^{-15}\,\mathrm{m^2\,s^{-1}}$ [Lev97] und für die $LiCoO_2$-Kathode zu einem Wert von $1 \cdot 10^{-15}\,\mathrm{m^2\,s^{-1}}$ [Aur98]. Wiederholt man mit diesen Werten die obige Abschätzung der Zeitkonstanten, so erhält man für die Anoden Werte von 1963 s (Anode A) und 3881 s (Anode B). Diese Werte bewegen sich in der Größenordnung der typischen Lade- und Entladedauern der Zellen. Man kann also davon ausgehen, dass beide Anoden bei einem Diffusionskoeffizienten von $5 \cdot 10^{-15}\,\mathrm{m^2\,s^{-1}}$ zumindest bei höheren C-Raten diffusionslimitiert wären.

Für die $LiCoO_2$-Kathode hingegen erhält man für die Diffusion eine Zeitkonstante von 5382 s und liegt damit ebenfalls in der Größenordnung der für eine Energiezelle typischen Lade- und Entladedauern. Es kann also auch für die Kathode aus Zelle B davon ausgegangen werden, dass die Festkörperdiffusion bei einem Diffusionskoeffizienten von $1 \cdot 10^{-15}\,\mathrm{m^2\,s^{-1}}$ einen Einfluss auf die zugängliche Kapazität hat.

(a) Graphit

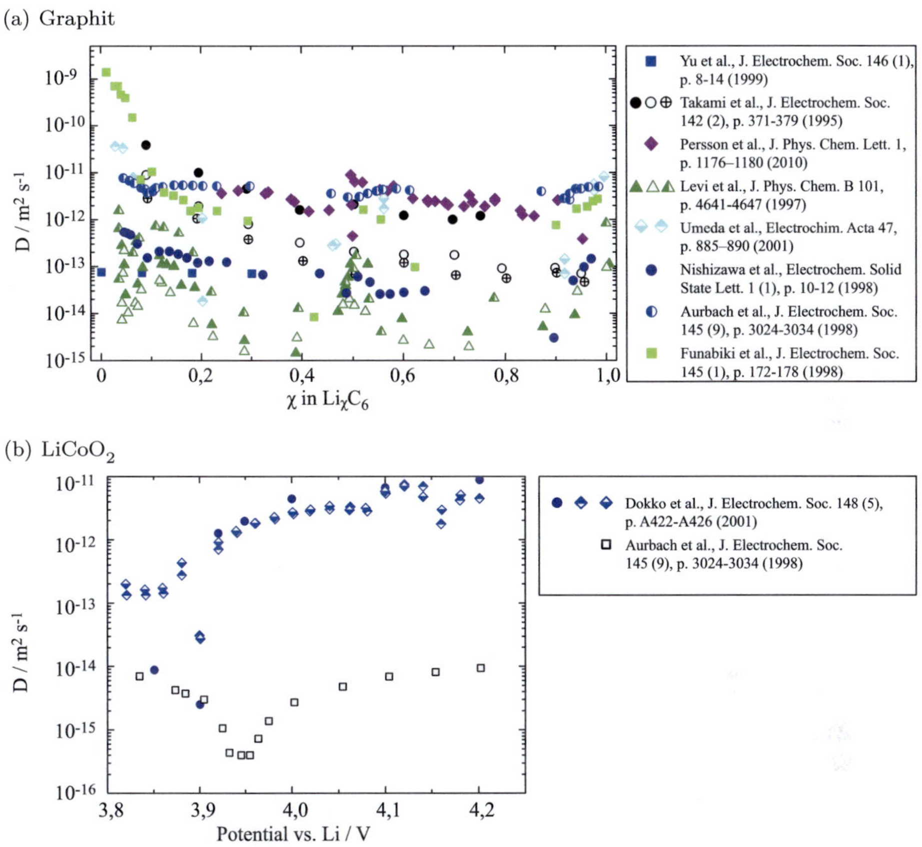

(b) $LiCoO_2$

Abbildung 6.9.: Zusammenstellung von Diffusionskoeffizienten der Aktivmaterialien. Die Messwerte für Graphit (a) wurden an unterschiedlichen kohlenstoffbasierten graphitartigen Elektroden gemessen. Sowohl bei den Messungen für Graphit als auch für $LiCoO_2$ (b) kamen verschiedene Messverfahren zum Einsatz.

Bei dieser Diskussion muss man sich jedoch der Bedeutung der Zeitkonstante t_{diff} bewusst sein. Ursprünglich wurde diese zur Definition des Diffusionskoeffizienten auf Grundlage der mittleren Zeit für einen Übergang von einem Gitterplatz zum nächsten verwendet [Ein05] (siehe auch Abschnitt 2.2.2). Im hier vorliegenden Fall ist die Zeitkonstante der Diffusion eher als Skalierungsfaktor der Zeit zu sehen. Dieser lässt sich herleiten, wenn die kontinuierliche Formulierung der Diffusionsgleichung

$$\frac{\partial c}{\partial t} + \frac{\partial}{\partial x}\left(D\frac{\partial c}{\partial x}\right) = 0 \tag{6.38}$$

in ihre dimensionslose Form überführt wird. Die eindimensionale Form wurde hier lediglich aus Gründen der Übersichtlichkeit gewählt. Zunächst wird dafür ein dimensionsloses Längenmaß $\tilde{x} = x/L$ definiert, wodurch sich die Ortsableitung als

$$\frac{\partial}{\partial x} = \frac{1}{L}\frac{\partial}{\partial \tilde{x}} \tag{6.39}$$

schreiben lässt. In der Regel wird auch die Konzentration c mit einer Referenzkonzentration c_{ref} skaliert und in der dimensionslosen Form als $\tilde{c}$ geschrieben. Damit lässt sich die Diffusionsgleichung nun in folgender Form schreiben:

$$\frac{\partial \tilde{c}}{\partial t} + \frac{\partial}{\partial \tilde{x}}\left(\frac{D}{L^2}\frac{\partial \tilde{c}}{\partial \tilde{x}}\right) = 0. \tag{6.40}$$

Multipliziert man nun die gesamte Gleichung mit L^2/D, so lässt sie sich in der dimensionslosen Form

$$\frac{\partial \tilde{c}}{\partial \tilde{t}} + \frac{\partial^2 \tilde{c}}{\partial \tilde{x}^2} = 0. \tag{6.41}$$

schreiben. Dabei ist die dimensionslose Zeit $\tilde{t}$ als $\tilde{t} = t/t_{diff}$ definiert, wobei die charakteristische Zeitkonstante der Diffusion t_{diff} zur Skalierung durch

$$t_{diff} = \frac{L^2}{D} \tag{6.42}$$

gegeben ist. Die Zeitkonstante t_{diff} gibt damit also auch eine charakteristische Zeitskala an, auf der Änderungen in der Konzentration über die eine Länge L auftreten. Dabei ist zu beachten, dass in dem Modell die sphärische Diffusionsgleichung zum Einsatz kommt. Dadurch lässt sich auf Basis der Zeitkonstante der Diffusion keine unmittelbare Aussage über den Grad der Diffusionslimitierung treffen.

6.4. Das Elektrolytmodell und seine Auswirkungen auf das Zellverhalten

Bevor sich Abschnitt 6.5 und 6.6 mit der Modellierung und der Auswirkung der Elektrodenmikrostruktur befassen, wird in diesem Abschnitt auf die Transportprozesse im Elektrolyten eingegangen.

Grundsätzlich machen sich die Verlustprozesse des Elektrolyten auf drei Wegen in der Zellspannung bemerkbar. Zum einen führt die begrenzte ionische Leitfähigkeit zu einem Gradienten im Elektrolytpotential, der sich als Ohm'scher Beitrag zu den Überspannungen bemerkbar macht. Zum anderen geht der Konzentrationsgradient auf Grund der Diffusion einerseits als Konzentrationsüberspannung in die Elektrodenpotentiale ein. Andererseits wirkt sich die Leitsalzkonzentration auf die

Austauschstromdichte aus, womit bei geringen Leitsalzkonzentrationen die Ladungstransferüberspannung ansteigt. Dieser Effekt führt bei kompletter Leitsalzverarmung
des Elektrolyten zur Limitierung der Elektrode und damit zum Ende des Lade- oder
Entladevorgangs.

Zur Untersuchung dieser Effekte wurden Simulationen mit dem Elektrolytmodell
durchgeführt, ohne dass die Transportvorgänge in den Elektroden selbst modelliert wurden. Das Modell besteht lediglich aus den Porenräumen der Elektroden,
sowie dem dazwischenliegenden Separator. Die Ladungstransferstromdichte wird
dabei als homogen über die poröse Elektrode verteilt angenommen, sodass in den
Elektrodenbereichen ein Quellterm der Größe

$$|q_{ct}| = \frac{j_{Last}}{l_{el}} \tag{6.43}$$

angesetzt wird. Darin ist j_{Last} die Laststromdichte auf Zellebene und l_{el} die Dicke
der Elektrode. Neben den Transportparametern des Elektrolyten gehen ausschließlich
geometrische Parameter des Porenraums in das Modell ein. Diese sind die Längen
der einzelnen Bereiche, ihre Porositäten und Tortuositäten.

Die Werte für die geometrischen Parameter sind an die tatsächlichen Werte der Elektroden angelehnt. Zur Vereinfachung werden jedoch für beide Elektoden einer Zelle
die gleichen Parameter gewählt. Für Zelle A ergeben sich somit Elektrodendicken von
50 µm bei einer Porosität von 40 % und einer Tortuosität von 2. Die Separatordicke
wird mit 25 µm angenommen, bei einer Porosität von 50 % und einer Tortuosität
von 1,4. Für Zelle B werden Elektrodendicken von 70 µm bei einer Porosität von
25 % und einer Tortuosität von 5 angenommen. Die Separatordicke beträgt 22 µm,
wobei Porosität und Tortuosität identisch zu Zelle A gewählt wurden.

Abbildung 6.10 zeigt Simulationen für Zelle A mit dem vollen Elektrolytmodell, in
dem alle Parameter konzentrationsabhängig hinterlegt sind. In Abbildung 6.10a ist
der Verlauf der Konzentration über die Zelllänge als Funktion der Zeit dargestellt.
Nach etwa 120 s ist ein stationärer Zustand erreicht. Dabei liegt die minimale Konzentration bei einer Laststromdichte von 5 mA bei etwa 0,83 mol L^{-1}. Abbildung
6.10b zeigt die stationären Konzentrationsprofile nach einer Zeit von 180 s für verschiedene Laststromdichten. Zum Vergleich sind gestrichelt die Konzentrationsprofile
eingezeichnet, die sich für einen konstant gehaltenen Diffusionskoeffizienten und einer
konstanten Überführungszahl ergeben würden. Im Gegensatz zum vollen Elektrolytmodell wird letzteres im Folgenden vereinfachtes Elektrolytmodell genannt. In
diesem ist lediglich die Leitfähigkeit als Funktion der Konzentration hinterlegt.

Vergleicht man die Konzentrationsprofile der beiden Modelle, so ist zum einen zu
erkennen, dass das volle Modell zu einem größeren Unterschied zwischen der maximalen und der minimalen Konzentration führt. Zum anderen ändert sich die Position
der Gleichgewichtskonzentration im Separator mit der Laststromdichte, wohingegen
sich dieser Punkt beim vereinfachten Modell ortsfest in der Mitte des Separators

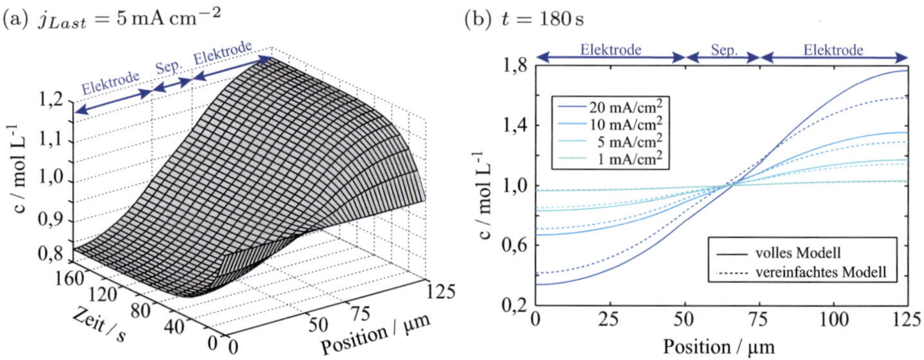

Abbildung 6.10.: Beispielsimulation der Transportvorgänge im Elektrolyten bei 25 °C, wobei der Diffusionskoeffizient, die Leitfähigkeit und die Überführungszahl als Funktion der Konzentration verwendet wurden. Beide Elektroden sind 50 µm dick, bei einer Porosität von 40 % und einer Tortuosität von 2. Der Separator hat eine Dicke von 25 µm, eine Porosität von 50 % und eine von Tortuosität von 1,4.

befindet. Der Grund dafür ist in der Konzentrationsabhängigkeit des Diffusionskoeffizienten zu suchen. Für zunehmende Konzentrationen wird dieser kleiner, wie in Abbildung 6.8 zu sehen ist. Das bedeutet, dass für die gleiche Laststromdichte ein größerer Konzentrationsgradient notwendig wird. Für geringere Konzentrationen ändert sich der Diffusionskoeffizient hingegen nur noch leicht und es ist keine große Änderung im Konzentrationsgradienten notwendig. Dieser Umstand führt dazu, dass zum Erreichen der Laststromdichte in der rechten Elektrode in Abbildung 6.10b eine größere Leitsalzmenge notwendig ist als in in der linken Elektrode. Neben dem verstärkten Konzentrationsgradienten in der rechten Elektrode führt das zu einer verringerten Leitsalzkonzentration in der linken Elektrode. Die Gradienten in der linken Elektrode bleiben dabei fast unverändert gegenüber dem vereinfachten Modell, was an dem parallelen Verlauf der beiden Kurven in diesem Bereich zu erkennen ist. Dieser Effekt in der Elektrode mit der hohen Leitsalzkonzentration verstärkt sich mit zunehmender Stromstärke und das Ungleichgewicht zwischen den beiden Elektroden wird ausgeprägter. Das führt dazu, dass sich der Ort an dem die Gleichgewichtskonzentration im Elektrolyten erhalten bleibt, mit steigender Stromdichte auf die rechte Elektrode zubewegt.

Da der mit steigender Konzentration abnehmende Diffusionskoeffizient zu noch höheren Konzentrationen führt, handelt es sich um einen sich selbst verstärkenden Effekt. Dies führt bei höheren Stromdichten schnell zu einer Instabilität in den Simulationen, da Konzentrationsbereiche erreicht werden, die durch das Modell nicht mehr abgedeckt sind. Aus diesem Grund wird im Folgenden das vereinfachte Elektrolytmodell verwendet. Für dieses ist auch die Annahme einer konstanten Konzentration in der

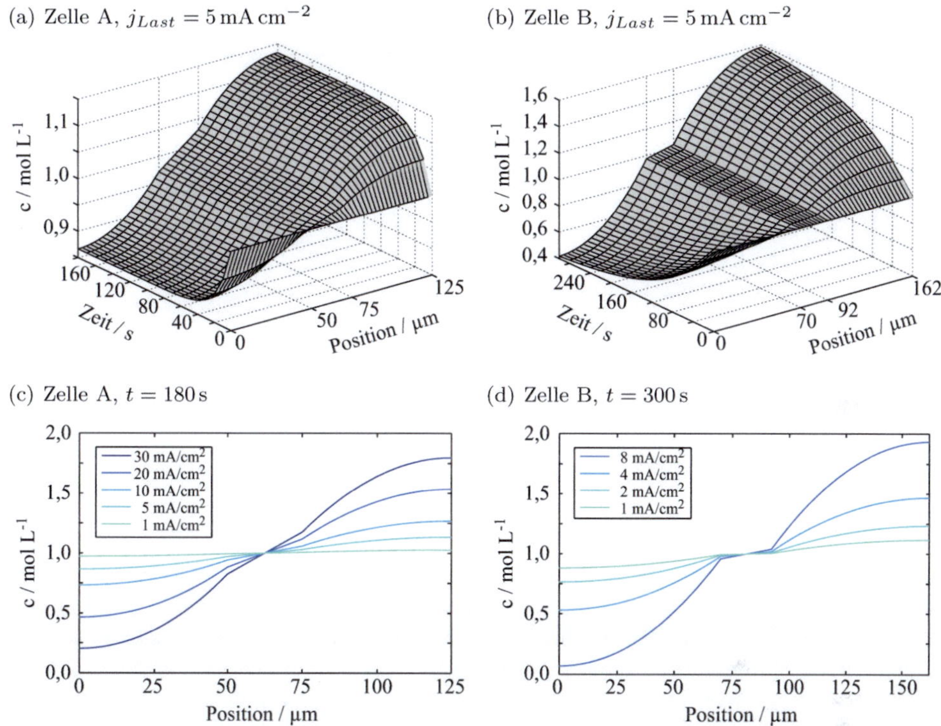

Abbildung 6.11.: Gegenüberstellung von Simulationen bei 25 °C mit dem vereinfachten Elektrolytmodell. Die Parameter der ersten Simulation (a,c) entsprechen etwa den Parametern von Zelle A, die der zweiten (b,d) denen von Zelle B. Dabei sind die Elektroden der ersten Simulation 50 µm dick, mit einer Porosität von 40 % und einer Tortuosität von 2. Der Elektrolyt weist eine Dicke von 25 µm, eine Porosität von 50 % und eine von Tortuosität von 1,4 auf. Für die zweite Simulation beträgt die Elektrodendicke 70 µm, mit einer Porosität von 25 % und einer Tortuosität von 5. Der Elektrolyt weist eine Dicke von 22 µm auf, wobei Porosität und Tortuosität identisch zur ersten Simulation gewählt wurden.

Separatormitte gerechtfertigt, die für die Elektrodensimulationen als Randbedingung verwendet wird.

Das vereinfachte Elektrolytmodell soll nun für einen Vergleich der Transportvorgänge in den Porenräumen der Zelle A und B herangezogen werden. Abbildung 6.11a und b zeigen die Konzentrationsprofile als Funktion der Zeit. Darin ist zu sehen, dass die größere Elektrodendicke in Verbindung mit der geringeren Porosität und der höheren Tortuosität zu einem deutlich größeren Konzentrationsunterschied zwischen den beiden Elektroden von Zelle B führt. Dieser Effekt geht mit einer deutlichen Zunahme der Zeit einher, die zum Einstellen eines stationären Zustands in der

(a) Zelle A: $t = 180\,\mathrm{s}$ (b) Zelle B: $t = 300\,\mathrm{s}$

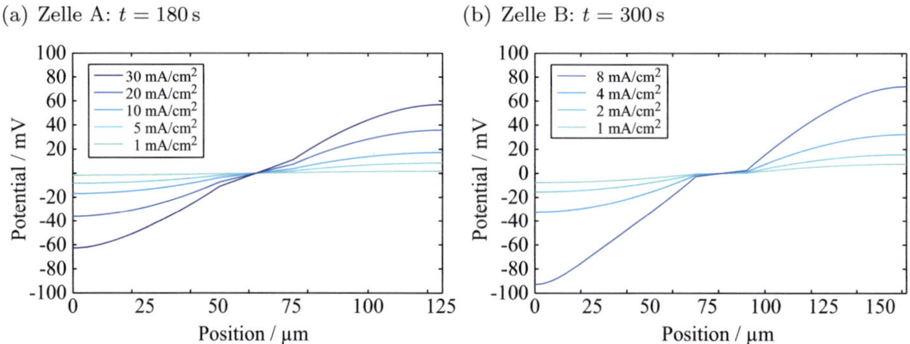

Abbildung 6.12.: Gegenüberstellung der stationären Potentialverläufe im Elektrolyten für die beiden Zellen. Dabei handelt es sich um dieselben Simulationen, die auch in Abbildung 6.11 gezeigt sind.

Elektrolytkonzentration benötigt wird. Betrachtet man die in Abbildung 6.11c und d gezeigten Konzentrationsprofile im stationären Zustand, so lässt sich die kritische Stromdichte abschätzen, ab der der Elektrolyt zum limitierenden Faktor wird. Für Zelle A erreicht die Konzentration erst für sehr hohe Stromdichten von $30\,\mathrm{mA\,cm^{-2}}$ kritische Werte. Für Zelle B hingegen ist schon bei einer Stromdichte von $8\,\mathrm{mA\,cm^{-2}}$ eine vollständige Leitsalzverarmung zu erkennen. In beiden Fällen ist der Beitrag des Separators zum gesamten Konzentrationsunterschied klein. Natürlich werden in diesem Bereich extremer Konzentrationen Effekte zum Tragen kommen, die das Elektrolytmodell nicht abbilden kann. Dennoch können diese einfachen Simulationen ein Gefühl für das Verhalten des Elektrolyten vermitteln.

Neben der Konzentration spielt auch das Potential im Elektrolyten eine wichtige Rolle. Dieses geht in die Berechnung der lokalen Ladungstransferüberspannung ein und hat somit Einfluss auf die Ausdehnung der elektrochemisch aktiven Zone. Obwohl die Annahme eines homogenen Quellterms über die gesamte Elektrodendicke die Realität nur eingeschränkt widerspiegelt, können die Simulationen zumindest ein Gefühl dafür geben, in welcher Größenordnung sich der Potentialabfall über die Zelle bewegt. Abbildung 6.12 zeigt die gleichen Simulationen wie Abbildung 6.11. Analog zu Abbildung 6.11c und d sind hier die Potentialverläufe im stationären Zustand für verschiedene Laststromdichten gezeigt. Während der maximale Potentialunterschied in Zelle A bei einer Stromdichte von $30\,\mathrm{mA\,cm^{-2}}$ bei etwa $120\,\mathrm{mV}$ liegt, werden in Zelle B bei $8\,\mathrm{mA\,cm^{-2}}$ bereits $160\,\mathrm{mV}$ erreicht. Dies liegt vor allem an der starken Abnahme der Leitfähigkeit im Bereich der niedrigen Konzentration (siehe Abbildung 6.8). Es lässt sich also zusammenfassen, dass bei beiden Elektroden die Ströme, die zu starken Konzentrationsunterschieden führen, auch signifikante Potentialunterschiede hervorrufen, die sich in der Zellspannung bemerkbar machen.

(a) $j_{Last} = 5\,\text{mA}\,\text{cm}^{-2}$ (b) $t = 900\,\text{s}$

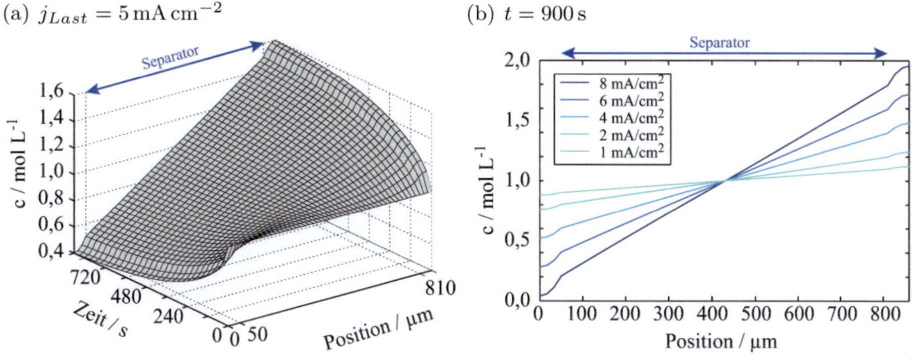

Abbildung 6.13.: Verlauf der Konzentration in einer Experimentalzelle, wenn die Dicke des Separatorstapels mit der Referenzelektrode insgesamt 760 µm beträgt. Dabei wurde für den Separator eine Porosität von 80 % angenommen und eine Tortuosität von 1,3. Die Elektroden waren wie zuvor 50 µm dick mit einer Porosität von 40 % und einer Tortuosität von 2.

Da die diskutierten Effekte bereits bei Separatordicken relevant werden, wie sie in den kommerziellen Zellen vorliegen, kann man für die Experimentalzellen wesentlich stärkere Auswirkungen erwarten. Grund hierfür ist der durch das Zelldesign notwendige dicke Separator. Dieser besitzt zwar eine hohe Porosität und eine geringe Tortuosität, die Gesamtdicke von 760 µm führt dennoch zu großen Verlusten. Abbildung 6.13 zeigt den Verlauf des Konzentrationsprofils als Funktion der Zeit, sowie die stationären Konzentrationsprofile für verschiedene Laststromdichten. Zunächst ist festzuhalten, dass die Zeit bis zum Einstellen eines stationären Konzentrationsgradienten mit über 15 Minuten sehr lang ist und bereits in die Größenordnung der Lade- und Entladezeiten kommt. Der Grund hierfür ist die deutlich gestiegene Diffusionslänge, die quadratisch in die Berechnung der Zeitkonstante der Diffusion eingeht. Wie in Abbildung 6.13b zu sehen ist, verursacht der Konzentrationsgradient im Separator nun den größten Teil an dem maximalen Konzentrationsunterschied über die Zelle. Obwohl die Simulation für die Elektrodenparameter von Zelle A durchgeführt wurde, werden nun bereits bei einer Stromdichte von $8\,\text{mA}\,\text{cm}^{-2}$ niedrigere Konzentrationen erreicht, wie zuvor bei $30\,\text{mA}\,\text{cm}^{-2}$. Durch die geringeren effektiven Transportparameter für die Elektroden der Zelle B würde dieser Effekt hier noch stärker ausfallen.

Die Simulationen mit dem vereinfachten Elektrolytmodell lassen bereits den Schluss zu, dass das Verhalten der Elektroden in den Experimentalzellen bei höheren Strömen massiv von Elektrolytprozessen beeinflusst wird. Da hier das Elektrolytmodell an seine Grenzen stößt, ist es unmöglich den Einfluss der Mikrostruktur verlässlich zu

beurteilen. Aus diesem Grund wird im Folgenden für die Modellierung der Elektroden
die Dicke der Separatoren aus den kommerziellen Zellen angenommen.

6.5. Modellierung der Graphitanoden

Die nun folgenden Abschnitte widmen sich der vergleichenden Modellierung der
beiden Graphitanoden. Auf Basis der Simulationen soll eine Aussage über die Leistungsfähigkeit der Elektroden und den Einfluss der Mikrostruktur getroffen werden.
Wie bereits im vorigen Abschnitt erwähnt, wird für die Simulationen die Dicke des
kommerziellen Separators verwendet. Erstens soll dadurch der Einfluss des Elektrolyten klein gehalten werden, damit die Charakteristiken der Mikrostruktur deutlicher in
Erscheinung treten. Zweitens kommt man erst bei höheren Stromdichten in Konzentrationsbereiche, in denen das Elektrolytmodell ungültig wird. Um die auftretenden
Effekte besser interpretieren zu können, werden zunächst die Simulationen mit nur
einer Partikelgröße betrachtet. Diese wurde als volumengewichteter Mittelwert aus
den Rekonstruktionen berechnet. Für die in Abschnitt 6.5.2 folgenden Simulationen
wurde das auf eine Partikelgrößenverteilung erweiterte Modell eingesetzt.

6.5.1. Simulationen mit mittlerer Partikelgröße

Die Simulationen der Lade- und Entladevorgänge der beiden Anoden mit den in
Abschnitt 6.3 beschriebenen Parametern liefern das Elektrodenpotential als Funktion
des Ladezustands. Diese Potentialverläufe sind in Abbildung 6.14 zu sehen. Für die
Simulationen wurde ein Diffusionskoeffizient von $1 \cdot 10^{-10}\,\mathrm{m^2\,s^{-1}}$ gewählt, damit
sich keine nennenswerten Konzentrationsgradienten in den Partikeln ausbilden, die
zu einer Verringerung der Kapazität führen könnten. In Abbildung 6.14 verlaufen
die Entladekurven oberhalb des gestrichelt eingezeichneten Gleichgewichtspotentials,
die Ladekurven entsprechend unterhalb.

Betrachtet man die Potentialverläufe von Anode A (Abbildung 6.14a), so fällt auf,
dass sich die Form der Lade- und Entladekurven bei höheren C-Raten kaum verändert.
Sie erscheinen lediglich parallel verschoben. Nur bei sehr hohen Entladeraten ist nahe
$\chi = 1$ zu erkennen, dass das Potential zunächst stark ansteigt, bevor es im untersten
Plateau der Potentialkurve wieder leicht abnimmt. Dieses Verhalten ist eine Folge
des verwendeten Modells des Ladungstransfers. Da die Austauschstromdichte j_0 bei
einem fast vollen Gitter sehr klein wird, muss die Ladungstransferüberspannung
entsprechend größer sein. Mit abnehmender Lithiumkonzentration steigt die Austauschstromdichte an, wodurch die Ladungstransferüberspannung sinkt. Erst wenn
die Zunahme anderer Überspannungen überwiegt, steigt das Elektrodenpotential
wieder an. Dieser Effekt ist in den in Kapitel 4.2 gezeigten Messungen nicht zu sehen.
Auf mögliche Ursachen der Diskrepanz wird in Abschnitt 6.7 genauer eingegangen.

(a) Anode A · (b) Anode B

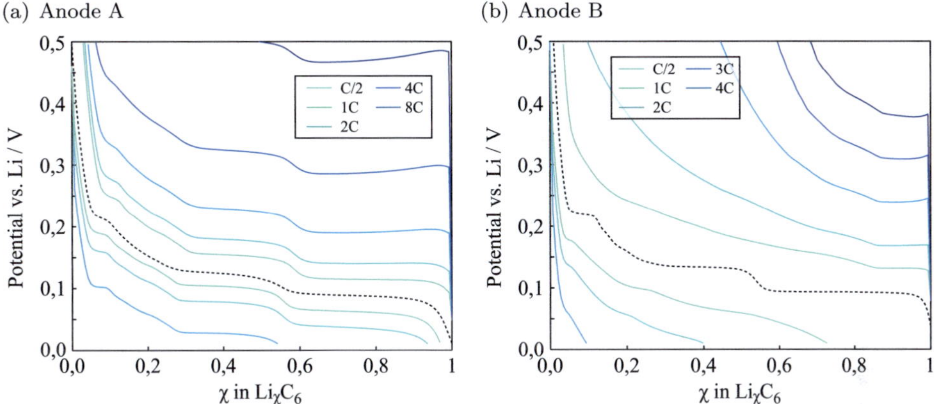

Abbildung 6.14.: Simulierte Lade- und Entladekurven der beiden Anoden bei Verwendung der mittleren Partikelgröße. Für beide Anoden wurde ein Diffusionskoeffiezient von $1 \cdot 10^{-10}\,\mathrm{m^2\,s^{-1}}$ verwendet. Bei der gestrichelten Kurve handelt es sich um das Gleichgewichtspotential. Alle Kurven oberhalb des Gleichgewichtspotentials entsprechen Entladevorgängen (bezogen auf die Vollzelle), die jeweils bei $\chi = 1$ starten. Entsprechend starten die Ladevorgänge bei $\chi = 0$ und verlaufen unterhalb des Gleichgewichtspotentials.

Vergleicht man die Potentialverläufe von Anode B (Abbildung 6.14b) mit denen von Anode A, so weisen diese ein grundsätzlich anderes Verhalten auf. Die Potentialkurven erscheinen im Vergleich zum Gleichgewichtspotential stark geglättet. Anstatt der Plateaus ist ein stetiger Verlauf der Potentialkurven zu beobachten. Dieses Verhalten lässt sich verstehen, wenn man den räumlichen und zeitlichen Verlauf der Ladungstransferstromdichte betrachtet.

Die Ladungstransferstromdichte berechnet sich aus den Potentialen im Elektrolyten und in der Elektrode, und aus den jeweiligen Konzentrationen. Da sich die Konzentrationen während des Ladens und Entladens ändern, hängt die Ladungstransferstromdichte nicht nur vom Ort, sondern auch von der Zeit ab. Abbildung 6.15 zeigt die Ladungstransferstromdichten beider Anoden für eine 1C-Entladung als Funktion des Orts x in der Elektrode und als Funktion der Zeit t.

Betrachtet man zunächst die Ladungstransferstromdichte von Anode A (Abbildung 6.15a), so weist diese zu Beginn der Entladung über die gesamte Elektrodendicke einen fast einheitlichen Wert von ungefähr $17\,\mathrm{mA\,cm^{-2}}$ auf. Lediglich in der Nähe des Separators ($x = 1$) ist die Ladungstransferstromdichte geringfügig größer als im Inneren der Elektrode. Folglich werden die Partikel in Separatornähe etwas schneller geladen und erreichen somit früher die erste Stufe in der Potentialkennlinie. Bei etwa $1500\,\mathrm{s}$ beginnt das Potential anzusteigen, was mit dem Zeitpunkt übereinstimmt, zu dem die Ladungstransferstromdichte in Separatornähe absinkt und weiter innen in

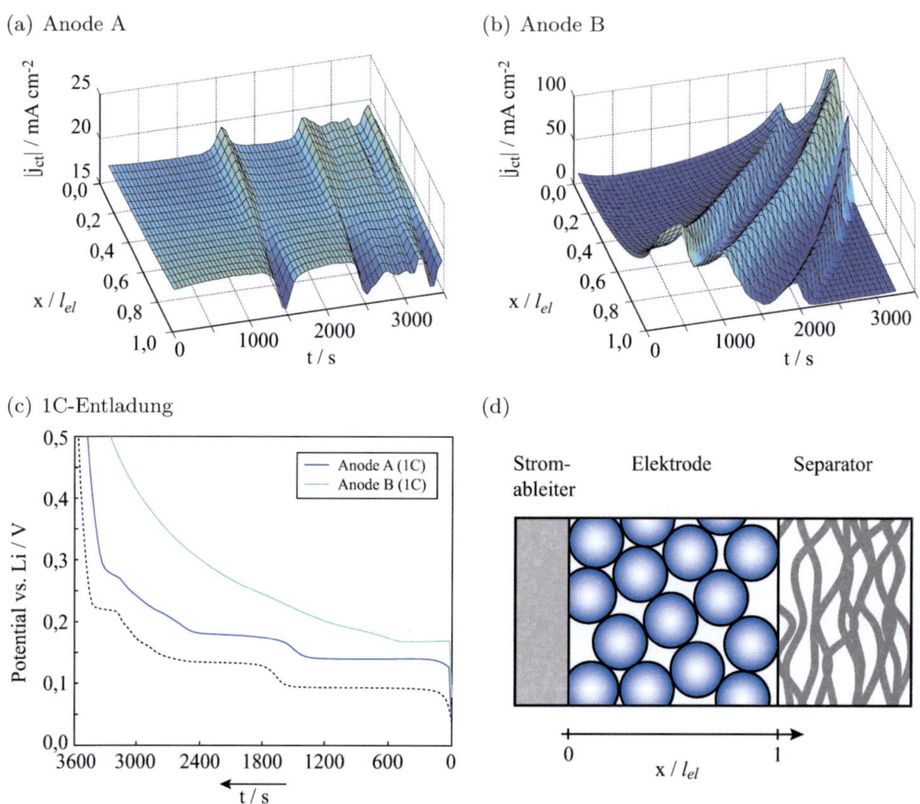

Abbildung 6.15.: Verlauf der Ladungstransferstromdichten (a,b) einer 1C-Entladung unter Verwendung der mittleren Partikelgröße in Form eines Oberflächengraphs. Dabei ist auf der linken Achse die Position innerhalb der porösen Elektrode aufgetragen und auf der rechten Achse die Zeit in Sekunden seit Beginn des Entladevorgangs. Zusätzlich sind die beiden dazugehörenden Entladekurven (c) und schematisch die simulierte Elektrode (d) gezeigt.

der Elektrode ansteigt. Dieses Verhalten lässt sich durch die elektronische Kopplung der Partikel verstehen. Wenn die Partikel in Separatornähe die erste Stufe in der Potentialkurve erreichen, kann ihr Potential durch die Kopplung an die anderen Partikel nicht weiter ansteigen. Dadurch verringert sich bei diesen Partikeln die Ladungstransferstromdichte. Da der gesamte Strom durch die Zelle aber aufrecht erhalten werden muss, steigt die Ladungstransferstromdichte der Partikel nahe des Stromableiters an. Haben alle Partikel der Elektrode das nächste Plateau in der Potentialkurve erreicht, stellt sich wieder eine fast konstante Ladungstransferstromdichte ein. Dieser Prozess wiederholt sich für jedes Plateau und ist in der Auftragung der Ladungstransferstromdichte (Abbildung 6.15a) durch das sich wiederholende

Muster zu erkennen. Die geringer werdenden Abstände entsprechen dabei den geringeren Kapazitäten der jeweiligen Plateaus der Potentialkennlinie (Abbildung 6.15c)

Anode B zeigt im Vergleich zu Anode A ein vollkommen anderes Verhalten. Kurz nach Beginn der Entladung weist die Ladungstransferstromdichte nahe des Separators ein Maximum auf und geht im Inneren der Elektrode fast auf Null zurück. Es bildet sich eine räumlich begrenzte elektrochemisch aktive Zone aus, die mit fortschreitender Entladedauer in das Elektrodeninnere wandert. Die Partikel in Separatornähe werden vorübergehend inaktiv, wenn sie das Ende des ersten Plateaus in der Potentialkennlinie erreicht haben. Dieser Zeitpunkt wird in der Entladekennlinie (Abbildung 6.15c) durch den beginnenden Anstieg des Elektrodenpotentials bei etwa $t = 500\,\mathrm{s}$ angezeigt. Der Grund für den Anstieg ist die zusätzliche Überspannung, die für den Transport im Elektrolyten in das Elektrodeninnere notwendig ist. Bevor die erste elektrochemisch aktive Zone den Stromableiter erreicht, bilden sich zwei weitere elektrochemisch aktive Zonen aus, die den beiden anderen Plateaus in der Leerlaufkennlinie entsprechen. Sie bewegen sich parallel durch die Elektrodenschicht, bis die erste Zone den Stromableiter erreicht. Da die Überspannungen durch das Wegfallen einer Zone stark ansteigen, wird die Entladeschlussspannung schon erreicht, wenn die zweite Zone den Stromableiter erreicht.

Der Grund für das unterschiedliche Verhalten der beiden Anoden liegt in der geringeren Porosität von Anode B und der damit verbundenen geringeren effektiven Elektrolytleitfähigkeit in ihren Poren. Hinzu kommt, dass Anode B deutlich dicker ist und fast eine doppelt so hohe Kapazität aufweist, wodurch sich die absoluten Werte der Stromdichten bei gleicher C-Rate unterscheiden.

Im Folgenden wird das auf eine Partikelgrößenverteilung erweiterte Modell eingesetzt und die Unterschiede zur Modellierung mit einer gemittelten Partikelgröße diskutiert. Die grundlegend verschiedenen Entlademechanismen der beiden Elektroden bleiben erhalten und sind bei der Diskussion der Simulationsergebnisse zu berücksichtigen.

6.5.2. Simulationen mit einer Partikelgrößenverteilung

Wie zuvor erhält man auch bei der Simulation unter Verwendung der aus der Rekonstruktion berechneten Partikelgrößenverteilungen das Elektrodenpotential als Funktion des Ladezustands. Abbildung 6.16 stellt dieses vergleichend für beide Anoden gegenüber. Zusätzlich ist das Simulationsergebnis für die mittlere Partikelgröße jeweils gestrichelt eingezeichnet. Für die in Abbildung 6.16 gezeigten Simulationen wurde ebenfalls ein fiktiver Diffusionskoeffizient von $D = 1 \cdot 10^{-10}\,\mathrm{m^2\,s^{-1}}$ angenommen. Damit wird sichergestellt, dass die Festkörperdiffusion in diesen Simulationen noch nicht begrenzend wirkt.

(a) Anode A
(b) Anode B

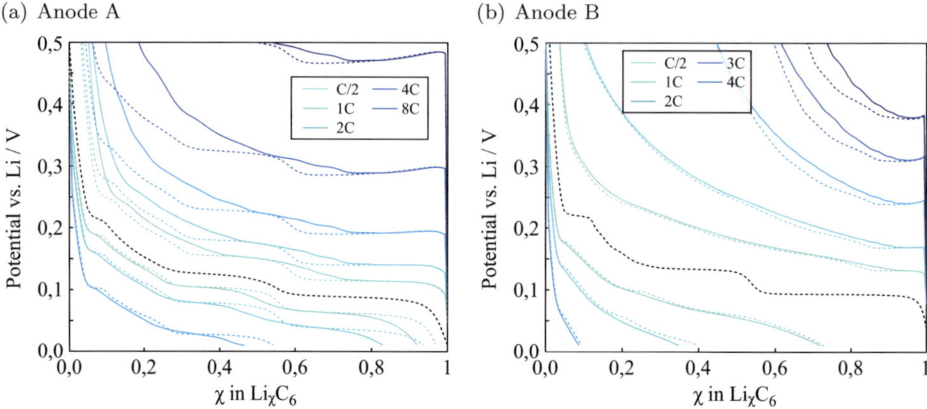

Abbildung 6.16.: Simulierte Lade- und Entladekurven der beiden Anoden bei Verwendung der Partikelgrößenverteilung. Für beide Anoden wurde ein Diffusionskoeffiezient von $1 \cdot 10^{-10}\,\mathrm{m}^2\,\mathrm{s}^{-1}$ verwendet. Bei der schwarz gestrichelten Kurve handelt es sich um das Gleichgewichtspotential. Zum Vergleich sind die Simulationsergebnisse mit der mittleren Partikelgröße gestrichelt eingezeichnet.

Vergleicht man die Lade- und Entladekurven von Anode A (Abbildung 6.16a) bei Verwendung der Partikelgrößenverteilung mit denen der mittleren Partikelgröße, so unterscheiden sich die Kurven deutlich. Die Stufen, die bei Verwendung einer Partikelgröße bei allen C-Raten deutlich zu sehen waren, werden in den Simulationen mit der Partikelgrößenverteilung geglättet. Der Grund dafür liegt in den unterschiedlichen Oberflächen-Volumen-Verhältnissen der großen und der kleinen Partikel. Betrachtet man die Entladung, so befinden sich zunächst alle Partikel im untersten Plateau der Potentialkennlinie. Bei gleicher Ladungstransferstromdichte erreichen die kleinen Partikel früher die erste Stufe in der Potentialkennlinie. Auf Grund der elektronischen Kopplung der Partikel untereinander kann ihr Potential jedoch nicht unabhängig von den anderen Partikeln ansteigen. Deshalb nimmt die Ladungstransferstromdichte für die kleinen Partikel vorübergehend ab. Der gesamte Strom muss dann von den verbleibenden Partikeln getragen werden, was zu einem Ansteigen der Ladungstransferüberspannung und somit des Elektrodenpotentials führt. Für den Ladevorgang findet der Prozess in gleicher Weise statt. In der Folge knicken die Lade- und Entladekurven bereits vor Erreichen der vollen Kapazität ab. Die Partikelgrößenverteilung verringert also die zugängliche Elektrodenkapazität im Vergleich zu einer Elektrode mit gleichgroßen Partikeln.

Anode B (Abbildung 6.14b) zeigt prinzipiell das gleiche Verhalten, jedoch weniger stark ausgeprägt. Dies liegt an dem grundsätzlich anderen Ablauf der Lade- und Entladevorgänge. Für jede Partikelgrößenklasse bildet sich eine eigene elektrochemisch

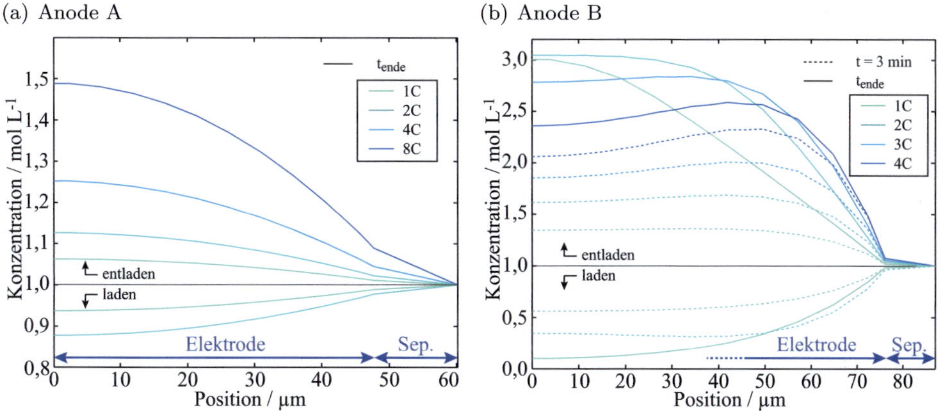

Abbildung 6.17.: Konzentrationsprofile in den Anoden und der halben Separatordicke bei verschiedenen Lade- und Entladeraten. Da sich bei Anode A schnell ein stationärer Zustand einstellt, sind hier nur die Konzentrationsprofile am Ende des Lade- oder Entladevorgangs gezeigt. Für Anode B sind zusätzlich die Profile nach einer Zeit von 3 min gezeigt.

aktive Zone aus, die durch die Elektrode wandert. In der Überlagerung resultiert daraus ebenfalls eine Glättung der Lade- und Entladekurven

Vergleicht man die Simulationen der beiden Anoden so fällt auf, dass der Anode aus Zelle A auch bei einer 4C-Entladung noch fast 80 % der Kapazität entnommen werden kann. Im Vergleich dazu sind es bei Anode B nur etwa 25 %. Bei den Ladevorgängen ist ein ähnliches Verhalten zu beobachten. Da das Elektrodenpotential auf Grund der drohenden Abscheidung von metallischem Lithium nicht unter 0 V fallen darf, ist der maximale Betrag der Überspannungen begrenzt. Das führt dazu, dass die für die Ladevorgänge maximal verwendbaren Ströme geringer sind, als für die Entladung. Insgesamt ist festzuhalten, dass die bei der jeweiligen C-Rate entnehmbare Ladungsmenge in den Simulationen größer ist, als in den Messungen an Experimentalzellen (Abbildung 4.6).

Bei dem direkten Vergleich der beiden Simulationen ist darauf zu achten, dass die Kapazität der Anode B fast doppelt so groß ist wie die von Anode A. Dies führt dazu, dass bei gleicher C-Rate die Stromdichte auf Zellebene in Zelle B deutlich größer ist. Entsprechend sind die Konzentrationsgradienten im Elektrolyten bei Anode B stärker ausgeprägt als bei Anode A. Hinzu kommt, dass Anode B dicker ist als Anode A. Außerdem ist die Porosität geringer und die Tortuosität höher, was zu einem geringeren effektiven Diffusionskoeffizienten in den Poren von Anode B führt. Abbildung 6.17 zeigt die Konzentrationsprofile in der Elektrode und dem halben Separator für verschiedene Entladeraten. Dabei zeigt Anode A selbst bei einer Entladerate von 8C nur einen moderaten Anstieg der Konzentration. Betrachtet man hingegen Anode B, so werden bei einer Entladerate von 1C, bereits Konzentrationen von $3\,\mathrm{mol\,L^{-1}}$ erreicht. Bei höheren Stromdichten bricht die Entladung ab, bevor sich der Konzentrationsgradient über die gesamte Elektrodendicke ausbilden kann. Die erreichten Konzentrationen liegen zum einen bereits außerhalb des Konzentrationsbereichs, für den die Transportparameter gemessen wurden. Zum anderen ist bei so hohen Konzentrationen die Annahme einer verdünnten Lösung mit Sicherheit nicht gerechtfertigt. Entsprechend ist zu erwarten, dass die Korrekturen im Rahmen der Theorie der konzentrierten Lösungen einen nicht zu vernachlässigenden Einfluss haben. Ähnlich ist die Situation für den Ladevorgang. Während die Konzentration in Anode A nur mäßig abnimmt, werden in Anode B bei einem Strom von 1C bereits Werte von unter $0{,}2\,\mathrm{mol\,L^{-1}}$ erreicht. Im Gegensatz zu Anode A, für die der Elektrolyt bei den hier untersuchten Stromraten nicht limitierend ist, erreicht Anode B sowohl beim Laden als auch beim Entladen Konzentrationsbereiche, die zu einer Limitierung der Kapazität durch den Elektrolyten führen. Für beide Zellen ist der Konzentrationsabfall über den Separator gering im Vergleich zum Konzentrationsabfall in der Porosität.

Wie zuvor bei Verwendung der mittleren Partikelgröße diskutiert, wirken sich die unterschiedlichen Transporteigenschaften in der Porosität der Anoden auch bei Verwendung einer Partikelgrößenverteilung auf die elektrochemisch aktiven Zonen der Elektroden aus. Dies wird in der zeitlichen und räumlichen Variation der Ladungstransferstromdichte sichtbar. Bei der Berechnung der gesamten Ladungstransferstromdichte müssen natürlich die unterschiedlichen Beiträge der einzelnen Partikelgrößenklassen zur gesamten Oberfläche berücksichtigt werden:

$$j_{ct,ges} = \sum_{i=1}^{N_p} \frac{\mathcal{A}_{spec,i}}{\mathcal{A}_{spec}} \cdot j_{ct,i}. \tag{6.44}$$

Dabei ist $\mathcal{A}_{spec,i}$ die volumenspezifische Oberfläche der Partikelklasse i und $\mathcal{A}_{spec}$ die gesamte volumenspezifische Oberfläche. Für den 1C-Ladevorgang ist die Ladungstransferstromdichte in Abbildung 6.18a und b dargestellt, für den Entladevorgang in Abbildung 6.18c und d. Vergleicht man die Werte der Ladungstransferstromdichten für den Ladevorgang von Anode A und B, so fällt auf, dass die Variationen im Betrag der Stromdichte für Anode A wesentlich geringer sind als für Andode B. Anode A weist über die meiste Zeit eine leichte Erhöhung der Stromdichte an der Seite des Separators auf ($x = 1$). Zu bestimmten Zeitpunkten ändert sich der Verlauf jedoch leicht, sodass die Ladungstransferstromdichte nahe des Stromableiters höher ist. Dieses Verhalten ist analog zur Simulation mit einer Partikelgröße zu verstehen. Der einzige Unterschied ist nun, dass die Änderung in der Ladungstransferstromdichte für jede Partikelgrößenklasse zu einem anderen Zeitpunkt erfolgt. Dadurch kommt das sich als Funktion der Zeit wiederholende Muster in der Ladungstransferstromdichte von Anode A zustande (Abbildung 6.18a und c). Es handelt sich dabei also um einen Effekt der Diskretisierung in eine endliche Anzahl von Partikel-

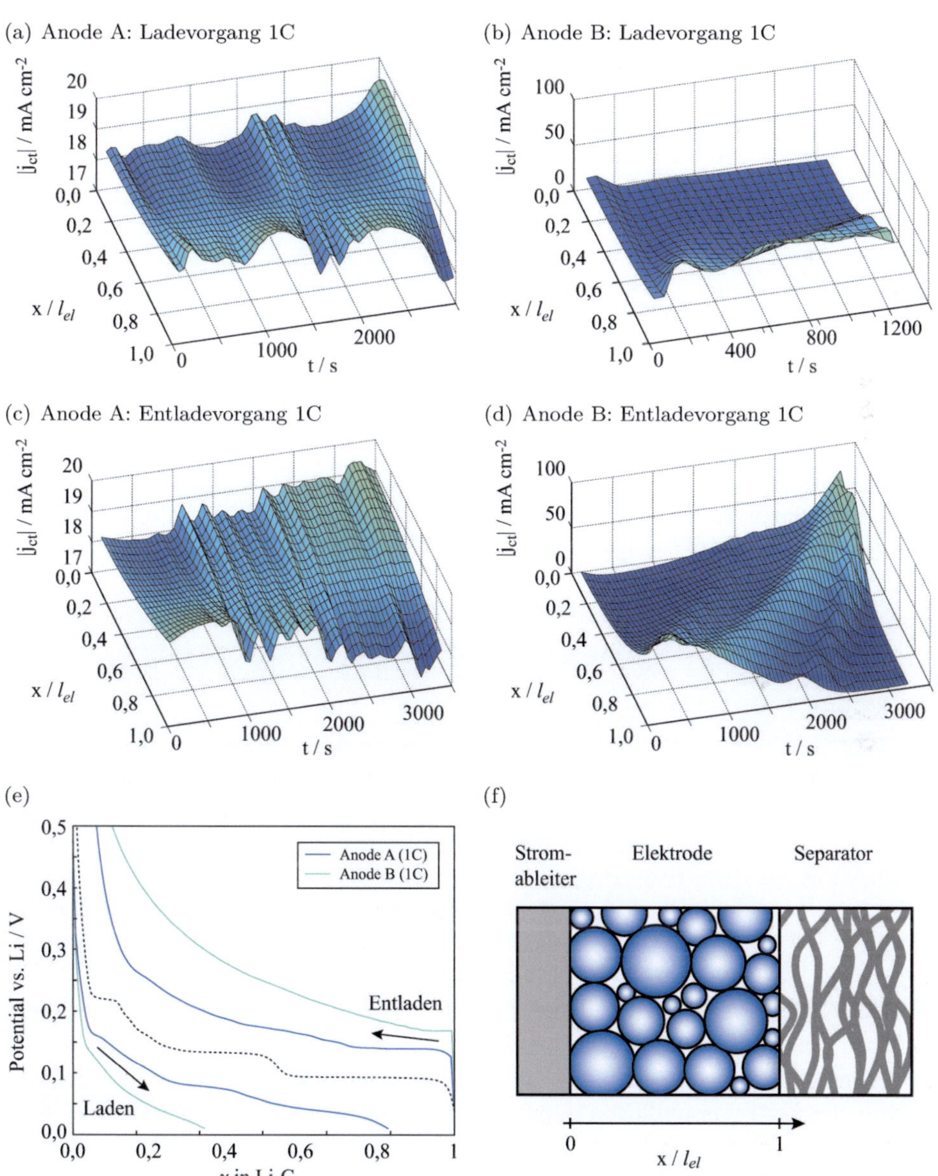

Abbildung 6.18.: Auftragung der Ladungstransferstromdichten für den Lade- (a,b) sowie den Entladevorgang (c,d) in Form eines Oberflächengraphs. Dabei ist auf der linken Achse die Position innerhalb der porösen Elektrode und auf der rechten Achse die Zeit in Sekunden seit Beginn des Lade- oder Entladevorgangs aufgetragen. Zusätzlich sind wieder die zugehörigen Lade- und Entladekurven (e), sowie schematisch die simulierte Elektrode (f) gezeigt.

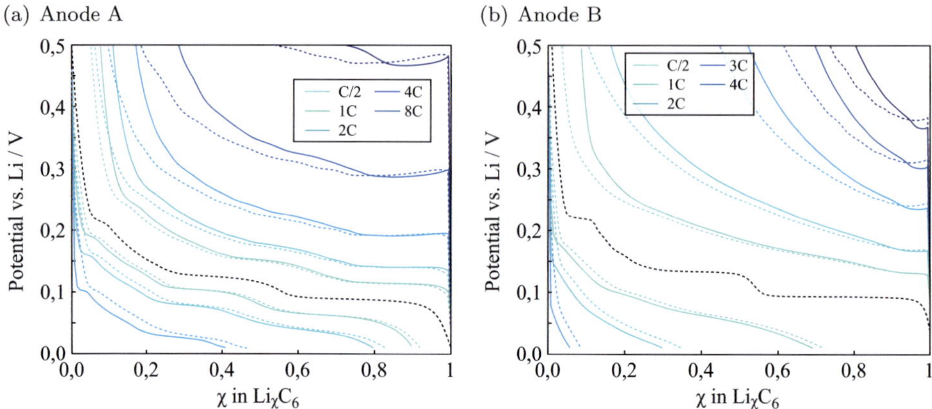

Abbildung 6.19.: Simulation der Lade- und Entladevorgänge der beiden Anoden für einen Diffusionskoeffizienten von $5 \cdot 10^{-15}\,\mathrm{m^2\,s^{-1}}$. Alle anderen Parameter sind dabei unverändert geblieben. Die Resultate für den Wert von $1 \cdot 10^{-10}\,\mathrm{m^2\,s^{-1}}$ sind zum Vergleich gestrichelt eingezeichnet.

größenklassen. In einer realen Elektrode sollte sich dieses periodische Muster in der Ladungstransferstromdichte also nicht zeigen.

Anode B kann mit einem Strom von 1C nicht vollständig geladen werden. Bis zum Erreichen der Ladeschlussspannung bei $t = 1200\,\mathrm{s}$ ist überwiegend das vordere Drittel der Elektrode aktiv. Die Konzentrationsprofile im Elektrolyten (Abbildung 6.17b) lassen die Folgerung zu, dass es sich hierbei um einen Effekt der Leitsalzverarmung in den Poren handelt. Beim Entladevorgang zeigt sich wieder ein ähnliches Muster wie zuvor. Es bilden sich drei elektrochemisch aktive Zonen aus, die sich parallel durch die Elektrode bewegen. In der Auftragung der Ladungstransferstromdichte (Abbildung 6.18d) erscheinen sie weniger deutlich voneinander getrennt, da es sich um eine Überlagerung der elektrochemisch aktiven Zonen aller Partikelgrößenklassen handelt.

Die bisherigen Betrachtungen haben sich alle auf Simulationen bezogen, in denen der Einfluss der Festkörperdiffusion durch die Wahl eines sehr großen Diffusionskoeffizienten vernachlässigbar klein war. Grund für diese Vorgehensweise ist die Unsicherheit im tatsächlichen Wert des Diffusionskoeffizienten (siehe Abschnitt 6.3). Wählt man nun einen vergleichsweise kleinen Diffusionskoeffizienten von $5 \cdot 10^{-15}\,\mathrm{m^2\,s^{-1}}$, so ist ein deutlicher Einfluss des sich ausbildenden radialen Konzentrationsgradienten zu erwarten. Der gewählte Wert entspricht ungefähr den kleinsten in der Literatur beschriebenen Messwerten für graphitartige Anoden. Abbildung 6.19 zeigt die simulierten Entladekurven für diesen Diffusionskoeffizienten, bei ansonsten unveränderten Parametern. Darin weisen beide Anoden eine ähnliche Reaktion auf den kleineren

(a) Anode A: $x = l_{el}$, $t = 1491\,\text{s}$ (2C) (b) Anode B: $x = l_{el}$, $t = 1361\,\text{s}$ (2C)

(c) Anode A: $x = 0$, $t = 1491\,\text{s}$ (2C) (d) Anode B: $x = 0$, $t = 1361\,\text{s}$ (2C)

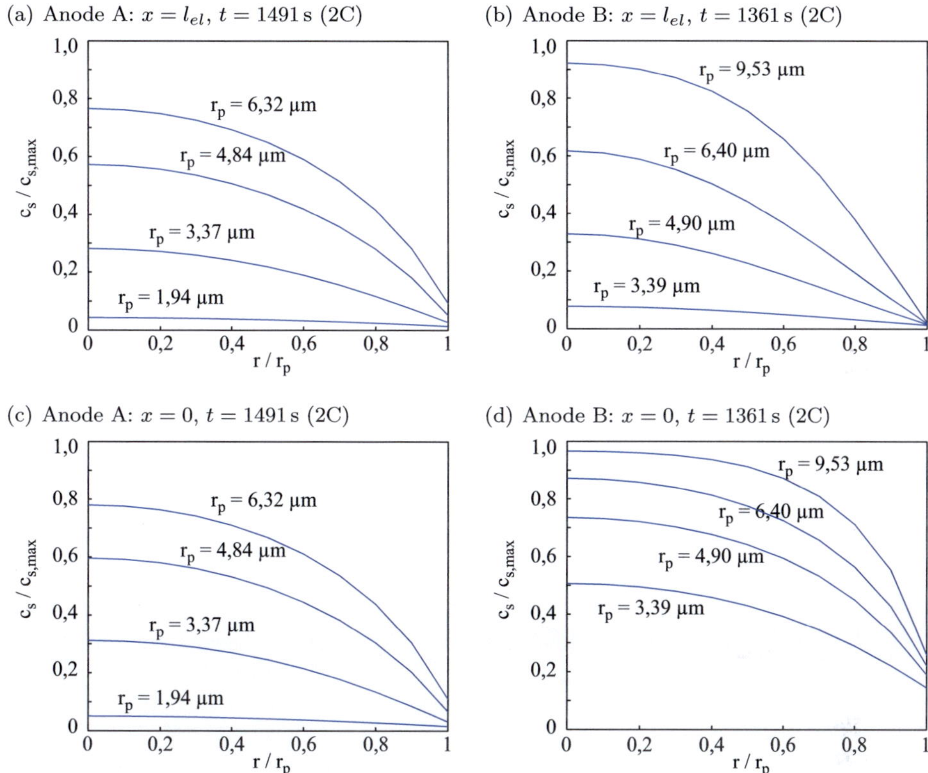

Abbildung 6.20.: Konzentrationsprofile in den Graphitpartikeln am Ende einer Entladung mit einem Strom von 2C. Für beide Elektroden sind die Konzentrationsprofile für die am Separator liegenden Partikel (a,b) sowie für die am Stromableiter liegenden Partikel (c,d) gezeigt. Dabei ist aus Gründen der Übersichtlichkeit nur ein Teil der jeweils verwendeten Partikelgrößen gezeigt.

Diffusionskoeffizienten auf. Gegen Ende der Entladevorgänge steigt das Elektrodenpotential stärker an als für den größeren Diffusionskoeffizienten, wobei dieser Effekt bei höheren Stromraten früher eintritt. Grund dafür ist, dass die Konzentration nahe der Oberfläche schneller absinkt als bei den anderen Simulationen, da das Lithium nicht schnell genug aus dem Partikelinneren nachdiffundieren kann. Ein vergleichbarer Effekt tritt auch für den Ladevorgang auf, wobei er hier durch die niedrigeren Ströme nicht so stark in Erscheinung tritt. Diese Limitierung der Kapazität durch die Festkörperdiffusion wird auch deutlich, wenn man die Konzentrationsprofile innerhalb der Partikel betrachtet.

Dazu sind in Abbildung 6.20 die Konzentrationsprofile am Ende einer 2C-Entladung dargestellt. Dabei ist zu beachten, dass die x-Achse den Radius in relativen Einheiten angibt, da die Konzentrationsprofile für unterschiedliche Partikelgrößen dargestellt sind. Die Konzentration ist als Bruchteil der Maximalkonzentration angegeben.

Betrachtet man zunächst Anode A, so erkennt man, dass die Partikel am Separator (Abbildung 6.20a) und am Stromableiter (Abbildung 6.20c) fast identische Konzentrationsverläufe aufweisen. Diese Beobachtung ist in Einklang mit der zuvor betrachteten Ladungstransferstromdichte, die für Anode A über die gesamte Elektrodendicke fast den gleichen Wert aufgewiesen hat. Die Einlagerung des Lithiums findet also recht homogen über die Elektrodendicke verteilt statt. Erwartungsgemäß weisen die größeren Partikel unabhängig von ihrer Position einen stärkeren Konzentrationsgradienten auf als die kleinen Partikel, in denen eine nahezu homogene Konzentration vorliegt. Obwohl der Unterschied zwischen den großen und den kleinen Partikeln extrem erscheint, ist die Auswirkung auf das Verhalten der Elektrode eher gering. Dies liegt zum einen daran, dass die großen Partikel nur einen kleinen Teil der gesamten Elektrode ausmachen. Zum anderen macht die innere Hälfte des Radius auf Grund der kubischen Abhängigkeit nur ein Achtel des Volumens eine Partikels aus. Entsprechend gering ist auch die Auswirkung des Konzentrationsgradienten auf die zugängliche Kapazität.

Bei Elektrode B hingegen unterscheiden sich die Konzentrationsprofile für Partikel in Separatornähe und in Ableiternähe stärker. Der Grund hierfür ist in dem Wandern der elektrochemisch aktiven Zone über die Elektrodendicke zu suchen. So werden die Partikel in Separatornähe wesentlich früher entladen als Partikel in Ableiternähe. Ihnen bleibt somit mehr Zeit, um Lithium aus dem Partikelinneren nachzuliefern. Dies führt auch zur besseren Ausnutzung der Partikelkapazitäten in Separatornähe. Im Vergleich der beiden Anoden ist auch zu sehen, dass separatornahe Partikel gleicher Größe in Anode B vollständiger entladen werden als in Anode A. Dieser Effekt lässt sich ebenfalls mit der lokalisierten elektrochemisch aktiven Zone in Anode B begründen. Diese führt zu Beginn des Entladevorgangs zu einem sehr starken Konzentrationsgradienten in den großen Partikeln. Dadurch wird das Lithium effektiver aus dem Inneren des Partikels nachgeliefert, da der Teilchenfluss proportional zum Konzentrationsgradienten ist.

Die Ergebnisse dieser ersten Simulationen lassen sich also wie folgt zusammenfassen. Zum einen kann die Festkörperdiffusion keinen dramatischen Einfluss auf die Leistungsfähigkeit der Anoden haben, da die Kapazität selbst für sehr kleine Diffusionskoeffizienten nur leicht abnimmt. Des Weiteren ist festzuhalten, dass die zugängliche Kapazität durch Elektrolytprozesse bei höheren C-Raten auch dann abnimmt, wenn die Festkörperdiffusion nicht limitierend ist. Welcher Elektrodenbereich zu welchem Zeitpunkt des Lade- oder Entladevorgangs aktiv ist, wird durch die Konzentration und das Potential im Elektrolyten stark beeinflusst. Dies führt dazu, dass die elektrochemisch aktive Zone in der dichteren Elektrode (Anode B) stärker lokalisiert ist als in der poröseren Elektrode, bei der sich der aktive Bereich über die gesamte Elektrodendicke erstreckt. Während für Anode A die Konzentrationen im Elektrolyten noch in moderaten Bereichen bleiben, wird der Elektrolyt für Anode B schnell zum limitierenden Faktor. Dies liegt an der größeren Elektrodendicke sowie der geringeren Porosität. Der Einfluss des Separators ist bei beiden Elektroden klein.

Um zu verstehen, welche der Unterschiede tatsächlich durch die unterschiedlichen Mikrostrukturen verursacht werden, und welche aus der größeren Kapazität von Anode B und den damit verbundenen höheren Stromdichten resultieren, werden im nächsten Abschnitt zusätzliche Simulationen betrachtet.

6.5.3. Einfluss der unterschiedlichen Mikrostrukturparameter

Da die beiden verglichenen Anoden auf Grund ihrer jeweiligen Porositäten sowie Dicken stark unterschiedliche Kapazitäten aufweisen, ist der direkte Vergleich der Simulationen mit Vorsicht zu genießen. Die unterschiedlichen absoluten Stromdichten führen dazu, dass sich Verlustprozesse im Elektrolyten unterschiedlich stark auswirken. So entspricht ein Strom von 1C bei Anode A einer Stromdichte von $1{,}89\,\mathrm{mA\,cm^{-2}}$, während 1C bei Anode B einer Stromdichte von $3{,}62\,\mathrm{mA\,cm^{-2}}$ entspricht. Um die Simulationen beider Anoden vergleichbarer zu machen wird die Dicke von Anode A willkürlich auf 50 μm gesetzt. Die Dicke von Anode B wird so gewählt, dass sie die gleiche Beladung und damit die gleiche flächenspezifische Kapazität aufweist. Dies führt auf eine Dicke von 39,6 μm. Der Separator wurde für beide Elektroden mit einer halben Dicke von 11 μm berücksichtigt. Für die Austauschkoeffiezienten und den Widerstand der SEI wurden mittlere Werte von $k = 1{,}5 \cdot 10^{-8}\,\mathrm{m\,s^{-1}}$ und $\rho_{SEI} = 0{,}017\,\Omega\,\mathrm{m^2}$ gewählt. Die sich nun ergebenden Unterschiede in den Simulationen lassen sich direkt auf die Elektrodenmikrostruktur zurückführen.

Die Ergebnisse der Simulation für einen Diffusionskoeffizienten von $1 \cdot 10^{-10}\,\mathrm{m^2\,s^{-1}}$ sind in Abbildung 6.21 gezeigt. Auf Grund der angepassten Elektrodendicken entsprechen die gleichen C-Raten der beiden Elektroden auch den gleichen tatsächlichen Stromdichten. Im direkten Vergleich der beiden Anoden ist zunächst festzuhalten, dass für Anode B trotz der wesentlich geringeren Dicke keine Simulation mit einem Strom von 8C durchgeführt werden konnte. Der Grund hierfür ist, dass die Überspannung gleich zu Beginn der Entladung so groß wird, dass die Entladeschlussspannung erreicht wird. Auch bei geringeren Strömen ist zu erkennen, dass die Überspannung bei Anode B stets größer ist als bei Anode A. Da die volumenspezifischen Flächen der Anoden fast gleich groß sind, ist die Ursache für diesen Effekt in einem Unterschied in der tatsächlich elektrochemisch aktiven Oberfläche zu suchen. Auf Grund des schlechteren effektiven Transports in den Poren von Anode B ist die elektrochemisch aktive Zone bei dieser kleiner als bei Anode A. Damit muss der gleiche Strom von einer geringeren Fläche getragen werden, was zu einer höheren Überspannung führt. Als Folge der höheren Überspannung ist auch die bei gleicher C-Rate geringere Kapazität von Anode B zu beobachten, da die Abbruchspannungen bereits deutlich früher erreicht werden. Wie zuvor auch, führt die geringere Porosität von Anode B zu einer stärkeren Glättung der Kurven als bei Anode A.

Um auch bei diesen angepassten Elektrodendicken den möglichen Einfluss der Festkörperdiffusion beurteilen zu können, wurden die Simulationen mit einem angepassten Diffusionskoeffizienten von $5 \cdot 10^{-15}\,\mathrm{m^2\,s^{-1}}$ wiederholt. Wie zuvor handelt es sich bei diesem Wert um den niedrigsten Diffusionskoeffizienten, der in der Literatur für eine graphitartige Elektrode gemessen wurde. Das Simulationsergebnis ist in Abbildung 6.22 gezeigt, zusammen mit den gestrichelten Kurven für einen Diffusionskoeffizienten von $1 \cdot 10^{-10}\,\mathrm{m^2\,s^{-1}}$. Während sich der kleinere Diffusionskoeffizient auf die Ladekurven unterhalb des Gleichgewichtspotentials nur geringfügig auswirkt, ist für die großen Entladeströme schon ein deutlicherer Kapazitätsverlust zu erkennen. Trotz der unterschiedlichen Partikelgrößenverteilungen ist der Kapazitätsverlust bei einem Strom von 4C bei beiden Elektroden mit ungefähr 15 % gleich groß.

Betrachtet man die sich bei den Lade- und Entladevorgängen einstellenden Konzentrationsverläufe, so zeigt sich bei Anode A, dass die Konzentrationen selbst bei einer 8C-Entladung in unkritischen Bereichen liegen. Anode B hingegen weist bei 4C

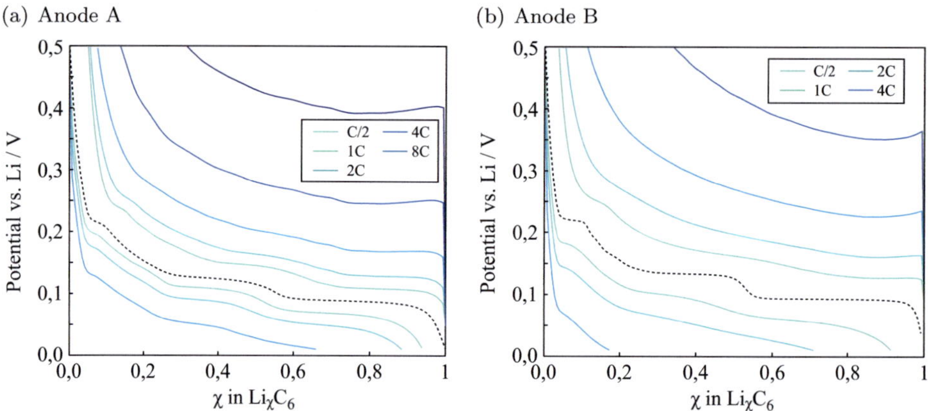

Abbildung 6.21.: Simulierte Entladekennlinien für die Mikrostrukturparameter beider Anoden. Dabei wurde für beide Anoden die gleiche flächenspezifische Kapazität gewählt. Dafür wurde für Anode A eine Dicke von 50 µm angenommen, womit sich für Anode B eine Dicke von 39,6 µm ergibt. Für den Austauschkoeffizienten und den SEI-Widerstand wurden für beide Elektroden identische Werte verwendet. Der Diffusionskoeffizient wurde wie zuvor auf $1 \cdot 10^{-10}\,\mathrm{m^2\,s^{-1}}$ gesetzt.

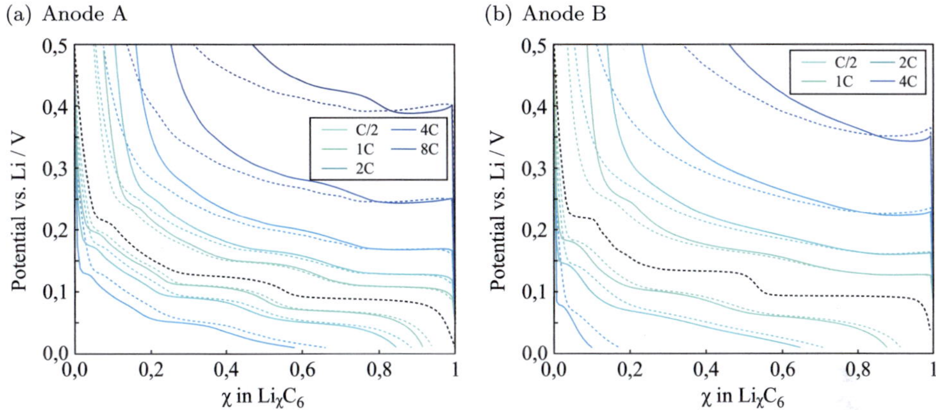

Abbildung 6.22.: Simulation der Lade- und Entladekennlinien der beiden Anoden mit angepassten Schichtdicken und elektrochemischen Parametern. Im Gegensatz zu Abbildung 6.21 aber mit einem Diffusionskoeffizienten von $5 \cdot 10^{-15}\,\mathrm{m^2\,s^{-1}}$. Die Kurven für einen Wert von $1 \cdot 10^{-10}\,\mathrm{m^2\,s^{-1}}$ sind zum Vergleich gestrichelt eingezeichnet.

schon Konzentrationen über $2{,}5\,\mathrm{mol\,L^{-1}}$ auf. Im Gegensatz zu den Simulationen mit der tatsächlichen Elektrodendicke sind die Konzentrationen im Entladefall jedoch deutlich geringer. Und auch im Ladefall mit 2C stellen sich Werte ein, die für den Betrieb der Zelle noch nicht kritisch sind. Die zuvor beobachtete Limitierung der Leistung durch den Elektrolyten ist bei der geringeren Elektrodendicke nicht so stark zu beobachten.

Nach wie vor unterscheiden sich die effektiven Transportkoeffizienten in den Poren der Strukturen, die sich auf den Elektrolyttransport auswirken. Die geringere Porosität und die damit verknüpfte höhere Tortuosität von Anode B führen zu einem kleineren effektiven Diffusionskoeffizienten und zu einer geringeren Leitfähigkeit im Elektrolyten. Dies wirkt sich wie auch bei der Simulation der tatsächlichen Elektrodendicken auf die Ausdehnung der elektrochemisch aktiven Zone aus. Der Verlauf dieser aktiven Bereiche lässt sich aus der Auftragung der Ladungstransferstromdichte ermitteln, der in Abbildung 6.24 gezeigt ist. Die Unterschiede zwischen den beiden Elektroden sind nicht so ausgeprägt wie bei der Verwendung der tatsächlichen Elektordendicken. Während Anode A nur geringe Unterschiede der Stromdichte zwischen den Partikeln nahe des Separators und nahe des Stromableiters aufweist, sind die Unterschiede für Anode B größer. Dennoch ist im Gegensatz zur tatsächlichen Elektrodendicke (siehe Abbildung 6.18) eigentlich immer die gesamte Elektrode aktiv, lediglich der Schwerpunkt verlagert sich etwas.

Zusammenfassend lässt sich also sagen, dass die Anpassung der Schichtdicke für Anode B dazu führt, dass die Verarmungseffekte im Elektrolyten weniger stark

(a) Anode A (angepasste Dicke)   (b) Anode B (angepasste Dicke)

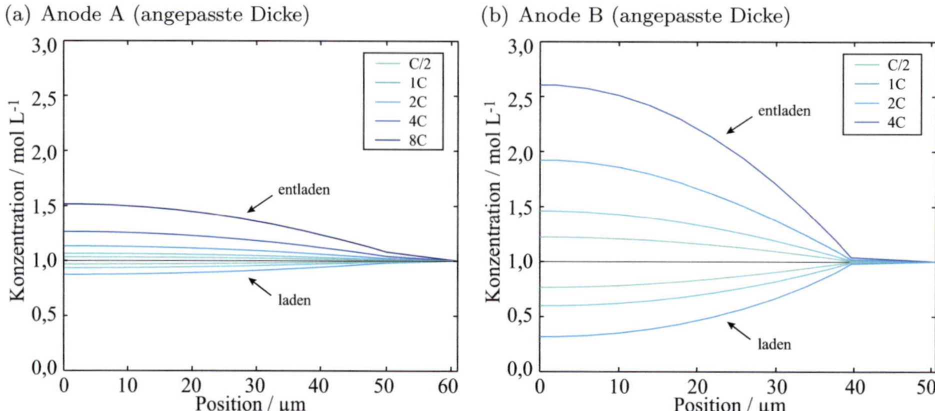

Abbildung 6.23.: Konzentrationsprofile des Leitsalzes über der Elektrodendicke und den halben Separator für beide Anoden am Ende der Entladevorgänge. Die Dicke der Anoden wurde dabei so gewählt, dass beide die gleiche Kapazität aufweisen. Außerdem wurden für beide Anoden die gleichen elektrochemischen Parameter gewählt. Für den Diffusionskoeffizienten wurde wie zuvor ein Wert von $1 \cdot 10^{-10}\,\mathrm{m^2\,s^{-1}}$ angenommen.

ausgeprägt sind. Trotzdem führt die etwas stärkere Lokalisierung der elektrochemisch aktiven Bereiche in Verbindung mit der geringeren Oberfläche dazu, dass die Ladungstransferüberspannung bei Anode B größer ist als bei Anode A. Damit werden geringere Kapazitäten bei der Entladung mit gleichen Strömen erzielt. Der Anteil der Porosität sowie deren Struktur, die die Tortuosität bestimmt, wirken sich also stark auf die Leistungsfähigkeit der Anode aus.

6.6. Kathodenmodellierung

Das zuvor auf die Anoden angewendete Modell lässt sich auch für die Simulation von Kathoden einsetzen, sofern deren Verhalten nicht durch Phasenumwandlungen dominiert ist. Da dies jedoch gerade bei $LiFePO_4$ der Fall ist, wird das Modell in Abschnitt 6.6.1 auf die $LiCoO_2$-Kathode angewendet, bevor in Abschnitt 6.6.2 auf die Besonderheiten der $LiFePO_4$-Modellierung eingegangen wird. Aus diesem Grund ist kein direkter Vergleich zwischen den Simulationen der beiden Kathoden möglich.

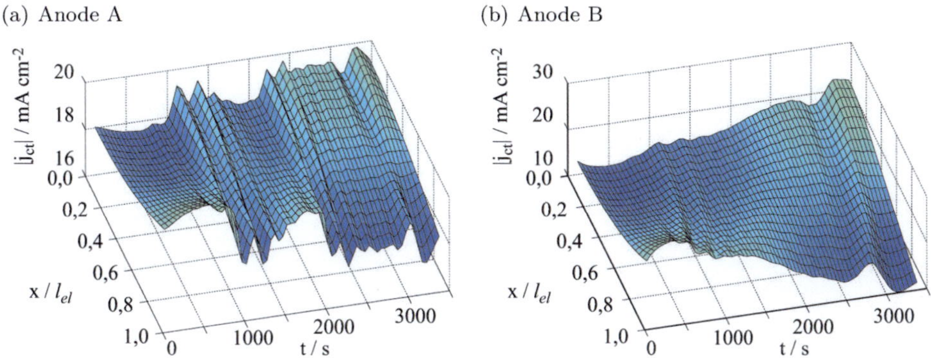

Abbildung 6.24.: Abhängigkeit der Ladungstransferstromdichte für beide Anoden mit angepassten Schichtdicken als Funktion der Zeit und der Position in der Elektrode. Dabei handelt es sich um einen Entladevorgang mit einem Strom von 1C mit einem Diffusionskoeffizienten von $1 \cdot 10^{-10}\,\mathrm{m^2\,s^{-1}}$.

6.6.1. Modellierung der LiCoO$_2$-Kathode

Für die Modellierung der LiCoO$_2$-Kathode aus Zelle B sind nur kleine Anpassungen am Modell vorzunehmen. Die größte Änderung betrifft den SEI-Durchtrittswiderstand, der im Fall der Kathode als nicht vorhanden angenommen wird. Neben den in Abschnitt 6.3 bestimmten Parametern ist nur der Konzentrationsbereich anzupassen, über den zykliert wird. Dieser beträgt bei LiCoO$_2$ nur etwa 60 % des gesamten Konzentrationsbereichs. Die Entladevorgänge starten demnach bei einer Zusammensetzung von Li$_{0,4}$CoO$_2$, die Ladevorgänge bei Li$_{0,99}$CoO$_2$. Dabei ist zu beachten, dass die Stromrichtungen beim Laden und Entladen im Vergleich zur Anode umgedrehte Vorzeichen aufweisen. Für die Simulationen kommt zunächst wieder ein Diffusionskoeffizient von $1 \cdot 10^{-10}\,\mathrm{m^2\,s^{-1}}$ zum Einsatz.

Die Lade- und Entladekennlinien der LiCoO$_2$-Kathode sind in Abbildung 6.25a dargestellt. Im Gegensatz zu den Anodenkennlinien verlaufen die Kurven des Entladefalls nun unterhalb des Gleichgewichtspotentials. Entsprechend verlaufen die Ladekennlinien oberhalb. Während bei der 1C-Entladung noch die gesamte Kapazität zugänglich ist, nimmt die verwendbare Kapazität bei einem Strom von 2C bereits um etwas mehr als 20 % ab. Bei einer Entladerate von 4C beträgt der Kapazitätsverlust schon über 50 %.

Der Grund für diese Kapazitätsabnahme wird beim Betrachten der Konzentrationsprofile im Elektrolyten ersichtlich (Abbildung 6.25b). Bei einem Entladestrom von 2C kommt es gegen Ende des Entladevorgangs in großen Teilen der Elektrode zu einer Leitsalzverarmung. Für einen Strom von 4C tritt dieser Fall bereits nach 3 Minuten ein. Auf die Tatsache, dass der kommerziellen Zelle in einer 2C-Entladung

(a) Elektrodenpotential unter Last

(b) Leitsalzkonzentrationsprofile

(c) 1C-Ladevorgang

(d) 1C-Entladevorgang

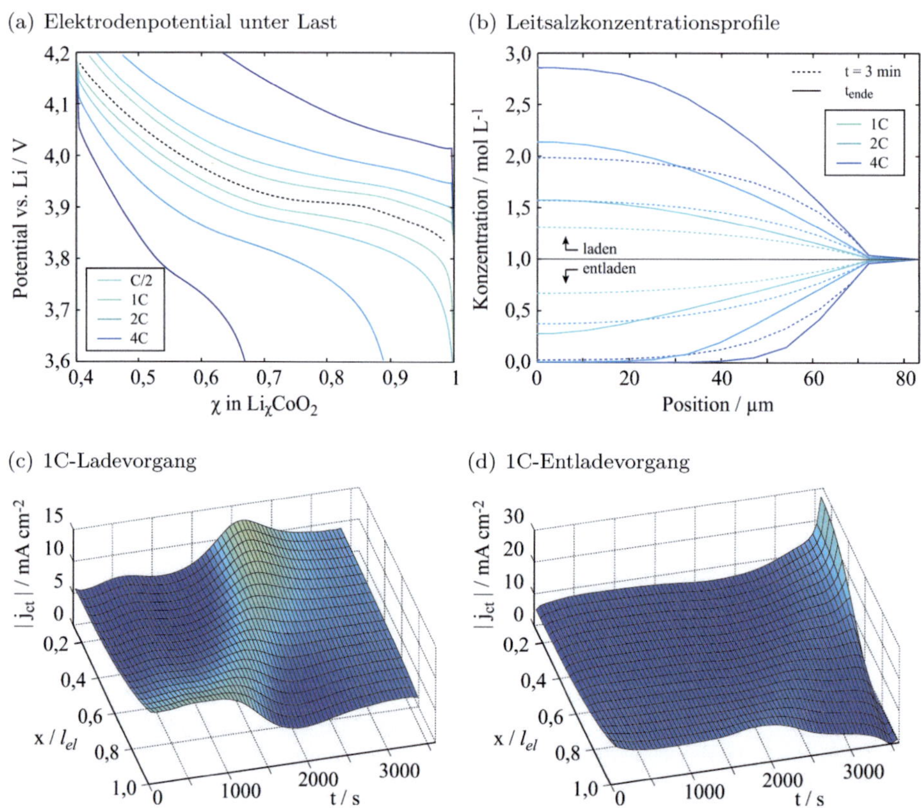

Abbildung 6.25.: Simulierte Lade- und Entladekennlinien (a) der $LiCoO_2$-Kathode aus Zelle B. Dabei kam ein Diffusionskoeffizient von $1 \cdot 10^{-10}\,m^2\,s^{-1}$ zum Einsatz. Das Gleichgewichtspotential ist gestrichelt eingezeichnet. Die Kurven oberhalb des Gleichgewichtspotentials entsprechen dem Ladevorgang, die unterhalb dem Entladevorgang. Zusätzlich sind die Konzentrationsprofile im Elektrolyten (b) sowie der räumliche und zeitliche Verlauf der Ladungstransferstromdichte (c,d) gezeigt. Letztere sind für einen Lade- und einen Entladevorgang mit einem Strom von 1C gezeigt.

noch die komplette Kapazität entnommen werden kann, wird in Abschnitt 6.7 näher eingegangen.

Das Verhalten der elektrochemisch aktiven Zone lässt sich wieder in der Auftragung der Ladungstransferstromdichte (Abbildung 6.25c und d) darstellen. Hier ist zu erkennen, dass es im Gegensatz zu den Anoden nur eine elektrochemisch aktive Zone gibt, die sich durch die Elektrode bewegt. Diese hat ihren Ursprung in dem Plateau des $LiCoO_2$-Potentialverlaufs für Lithiumkonzentrationen von etwa $\chi = 0{,}75$ bis

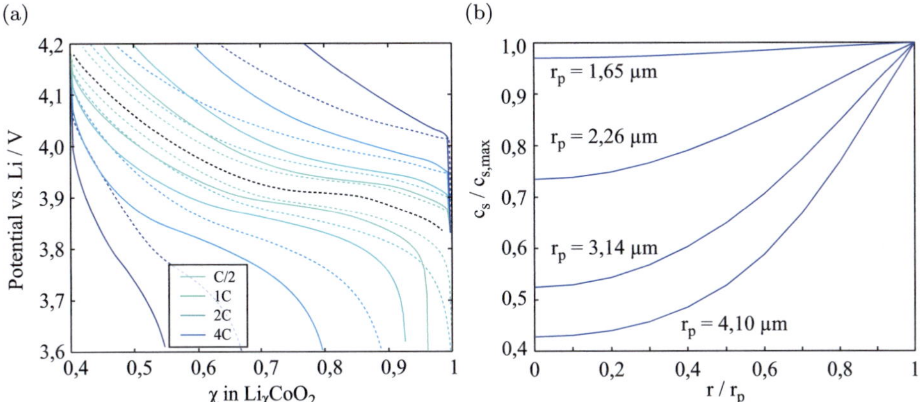

Abbildung 6.26.: Lade- und Entladekennlinien (a) der LiCoO$_2$-Kathode bei Verwendung eines Diffusionskoeffizienten von $1 \cdot 10^{-15}\,\mathrm{m^2\,s^{-1}}$. Die Simulationen für einen Diffusionskoeffiezienten von $1 \cdot 10^{-10}\,\mathrm{m^2\,s^{-1}}$ sind zum Vergleich gestrichelt eingezeichnet. Der zu beobachtende Kapazitätsverlust ist durch die ausgeprägten Konzentrationsgradienten in den größeren Partikeln zu erklären (b). Aus Gründen der Übersichtlichkeit ist nur eine Auswahl von Radien gezeigt. Beim Radius von 1,65 µm handelt es sich um das Maximum der Partikelgrößenverteilung, der Radius von 4,1 µm stellt die größten Partikel dar.

$\chi = 0{,}9$. In den übrigen Konzentrationsbereichen ist durch den stetigen Verlauf der Potentialkurve fast die gesamte Schichtdicke gleichzeitig elektrochemisch aktiv.

Wie zuvor für die Anode wird auch bei der LiCoO$_2$-Kathode der Einfluss der Festkörperdiffusion durch eine zweite Simulationsreihe untersucht. Dafür wurde wie in Abschnitt 6.3 beschrieben, basierend auf Literaturwerten ein Diffusionskoeffizient von $1 \cdot 10^{-15}\,\mathrm{m^2\,s^{-1}}$ gewählt. Die dort demonstrierte Abschätzung der Zeitkonstante der Diffusion lies schon vermuten, dass die Festkörperdiffusion für ein D_s von $1 \cdot 10^{-15}\,\mathrm{m^2\,s^{-1}}$ auch bei der Kathode in Erscheinung tritt. Dies lässt sich mit den in Abbildung 6.26a gezeigten Simulationen bestätigen. Zwischen den Kurven mit dem Diffusionskoeffizienten von $1 \cdot 10^{-15}\,\mathrm{m^2\,s^{-1}}$, und den zum Vergleich gestrichelt eingezeichneten Kurven mit $1 \cdot 10^{-10}\,\mathrm{m^2\,s^{-1}}$, ist ein deutlicher Unterschied in der zugänglichen Kapazität zu erkennen. Betrachtet man die Konzentrationsverläufe in Partikeln nahe des Separator zum Ende einer 2C-Entladung (Abbildung 6.26b), so ist für die großen Partikel ein ausgeprägter radialer Konzentrationsgradient zu sehen. Für einen Partikelradius von 1,65 µm, der das Maximum in der Partikelgrößenverteilung repräsentiert, ist der Konzentrationsgradient klein. Die verringerte Kapazität der 2C-Entladung lässt sich demnach überwiegend den größeren Partikeln zuschreiben.

Für die LiCoO$_2$-Kathode lässt sich also zusammenfassen, dass sie bei hohen Entladeraten durch den Elektrolyten limitiert ist. Je nach tatsächlichem Diffusionskoeffizient trägt auch die Festkörperdiffusion zum Kapazitätsverlust bei. Ähnlich wie bei der dazugehörigen Anode (Anode B) bewegt sich die elektrochemisch aktive Schicht durch die Elektrode, was durch die kleinen effektiven Transportparameter des Elektrolyten in den Poren der Elektrode zu erklären ist.

6.6.2. Modellierung der LiFePO$_4$-Kathode

Das Lithiumeisenphospat unterscheidet sich von den meisten anderen Aktivmaterialien in der Hinsicht, dass es über weite Bereiche seines Ladezustands ein konstantes Gleichgewichtspotential aufweist. Wie in Abschnitt 2.1.2 bereits erwähnt, ist der Grund hierfür die Bevorzugung einer lithiumreichen und einer lithiumarmen Zusammensetzung gegenüber mittleren Lithiumkonzentrationen im Kristallgitter. Dies führt zur Phasenseparation, also dem gleichzeitigen Vorliegen einer lithiumreichen und einer lithiumarmen Phase. Solange beide Phasen vorliegen, weist das Material ein Gleichgewichtspotential von 3,422 V gegenüber metallischem Lithium auf. Thermodynamisch lässt sich dieses Verhalten durch den Verlauf der Freien Energie verstehen. Diese besitzt zwei Minima, womit das chemische Potential keinen monotonen Verlauf mehr aufweist (siehe Abschnitt 2.2.4).

Wie in Abschnitt 3.4 beschrieben, führt die Integration der mikroskopischen thermodynamischen Modelle in ein homogenisiertes Elektrodenmodell zu Diskretisierungs-

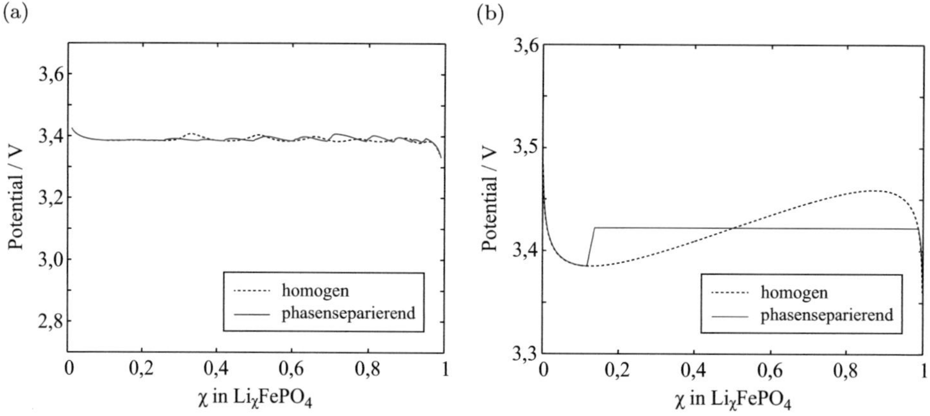

Abbildung 6.27.: Entladekurven (a) einer 50 µm dicken Elektrode mit einem Strom von 0,1 C. Dafür wurden zehn diskrete Volumenelemente angesetzt, wobei in jedem Volumenelement 10 Partikel enthalten waren. Für das chemische Potential der Partikel (b) wurde sowohl das chemische Potential eines homogenen regulären Mischung, als auch das chemische Potential einer phasenseparierenden Mischung angesetzt. In beiden Fällen sind Oszillationen im Potential der Elektrode zu sehen.

effekten. Diese machen sich in den Lade- und Entladekurven durch Oszillationen bemerkbar [Fer12]. Der Grund hierfür ist, dass nur eine diskrete Anzahl an Partikeln vorhanden ist. Wenn ein Partikel während der Entladung vom lithiumarmen Zustand in den lithiumreichen Zustand übergeht, ist dazu eine gewisse Lithiummenge erforderlich. Diese wird den restlichen Partikeln vorübergehend entnommen. Durch den Lithiumaustausch zwischen den Partikeln ändert sich das Potential der Elektrode jedes mal, wenn ein Partikel oder eine Gruppe von Partikeln die Phasentransformation durchläuft. Dieses Verhalten ist in Abbildung 6.27a gezeigt.

Für diese Simulationen wurde das in der Gruppe von Martin Bazant entwickelte Modell für poröse Elektroden verwendet [Fer12]. Dabei wurde eine Elektrodendicke von 50 µm angenommen und in zehn Volumenelemente diskretisiert. Jedes der Volumenelemente enthält zehn Partikel, deren Größen nach einer Normalverteilung mit einem Mittelwert von 160 nm und einer Standardabweichung von 30 nm zufällig gewählt wurden. Das chemische Potential der Partikel (Abbildung 6.27b) wurde einmal entsprechend des *regular solid solution*-Modells gewählt, wobei eine homogene Füllung der Partikel möglich ist. Für die andere Simulation wurde das chemische Potential eines phasenseparierenden Partikels angenommen. In diesem Fall ist der Verlauf des Partikelpotentials identisch zum vorherigen Fall, bis das erste Minimum erreicht wird. Dann wird die Mischung instabil und separiert in eine lithiumreiche und eine lithiumarme Phase. Dieser Zustand zeichnet sich durch ein konstantes Potential aus. Für beide Fälle ist der Potentialverlauf der Elektrode sehr ähnlich. Auf Grund des diskreten Aufbaus des Modells aus nur 100 Partikeln kommt es bei der Transformation der Partikelgruppen zu Oszillationen im Elektrodenpotential. Diese Oszillationen werden mit steigender Partikelanzahl kleiner und sind im Grenzfall einer realen Elektrode nicht mehr zu sehen.

Betrachtet man nun die in Zelle A verbaute $LiFePO_4$-Kathode so wird klar, dass diese durch einzelne homogen verteilte Aktimaterialpartikel nicht beschrieben werden kann. Die Eigenschaften ihrer komplexen Mikrostruktur lassen sich mit den bisher betrachteten Verfahren nicht vollständig in homogenisierter Form abbilden. Vor allem der Transport im Elektrolyten in die sehr kleinen Poren der Agglomerate, sowie der elektronische Transport in das Innere der Agglomerate bereiten Probleme bei der homogenisierten Simulation.

Um zumindest einen Eindruck des Verhaltens der Elektrode zu erhalten, wird im Folgenden ein stark vereinfachtes Modell angenommen. Dieses basiert in großen Teilen auf den zuvor für die beiden Anoden sowie die $LiCoO_2$-Kathode eingesetzten Modellen. Der Unterschied liegt in der Berücksichtigung des Aktivmaterials. Während bisher der Transport in die Partikel explizit berücksichtigt wurde, findet die Speicherung des Lithiums nun direkt im Elektrodenvolumen statt. Die zusätzlichen eindimensionalen Modellgeometrien entfallen also. Dafür wird für jede Partikelgrößenklasse j eine zusätzliche Variable $c_{s,j}$ eingeführt, die auf dem gesamten Bereich der porösen Elektrode existiert. Diese beschreibt die Lithiumkonzentration der jeweiligen

Partikelgrößenklasse in Abhängigkeit der Position in der Elektrode. Es wird also ein kapazitives Verhalten abgebildet, wobei die einzige Möglichkeit zur Änderung der Konzentration durch den Reaktionsterm $q_j(x)$ besteht:

$$\frac{\partial c_{s,j}(x)}{\partial t} = q_j(x). \tag{6.45}$$

Ein Transport der entsprechenden Spezies ist ausgeschlossen. Dies entspricht der Annahme, dass keine Festkörperdiffusion über mehrere Partikel hinweg stattfindet. Der Reaktionsterm ist ähnlich wie zuvor durch

$$q_j(x) = -\frac{j_{ct,j}}{F} \cdot \frac{\mathcal{A}_{spec} \cdot f(R_j)}{\varepsilon_j} \tag{6.46}$$

gegeben. Dabei ist $\mathcal{A}_{spec}$ die gesamte volumenspezifische Oberfläche der Elektrode, $f(R_j)$ der relative Anteil der Partikelklasse j an der Oberfläche und ε_j der Volumenanteil der Partikelklasse j am gesamten Elektrodenvolumen. Die rein kapazitive Berücksichtigung des Aktivmaterials spiegelt den Fall eines reaktionslimitierten Aktivmaterials wider. Für diesen Modellansatz wird auch der Begriff tiefengemittelte Modellierung (engl. *depth averaged modeling*) verwendet. Die Annahme, dass die Elektroden reaktionslimitiert sind, wird durch die Zeitkonstante der Diffusion in die Partikel gestützt. Geht man von einer Diffusionslänge l_{diff} von 100 nm und einen aus ab-initio Rechnungen abgeschätzten Diffusionskoeffizienten D_s von $1 \cdot 10^{-12}\,\mathrm{m^2\,s^{-1}}$ aus [Mor04], so kommt man auf eine Zeitkonstante von 10 ms. Durch Defekte in der Kristallstruktur sowie die begrenzte elektronische Leitfähigkeit kann die tatsächliche Mobilität des Lithiums im Lithiumeisenphosphat kleiner ausfallen. Experimente bei sehr hohen Entladeraten mit Nanopartikeln weisen jedoch nicht auf eine Limitierung durch die Festkörperdiffusion hin [Kan09].

Statt des mikroskopischen thermodynamischen Potentials (Abbildung 6.27b) wird das gemessene Gleichgewichtspotential der Elektrode als Grenzfall eines Vielteilchensystems verwendet. Dabei wird die Hysterese des Gleichgewichtspotential vernachlässigt da sie nur etwa 8 mV beträgt [Dre10]. Sie tritt für das Potentials eines bestimmten Ladezustands auf, wenn er einmal in einem Ladevorgang und einmal in einem Entladevorgang angefahren wird.

Abbildung 6.28 zeigt Lade- und Entladekurven für die Kathode aus Zelle A, wobei natürlich die Mikrostrukturparameter aus der Rekonstruktion verwendet wurden. Für den Kontaktwiderstand zum Stromableiter wurde der aus dem Impedanzspektrum ermittelte Wert verwendet. Der Austauschkoeffizient wurde analog zu den anderen Elektroden aus dem Ladungstransferwiderstand bei einem Ladezustand von 50 % bestimmt. Da der Transport in die Partikel nicht im Modell enthalten ist, wird kein Diffusionskoeffizient für den Transport im Festkörper benötigt.

Bei der Interpretation der Simulationsergebnisse muss man folglich berücksichtigen, dass die Vorgänge im Lithiumeisenphosphat nicht limitierend sein können. Außerdem

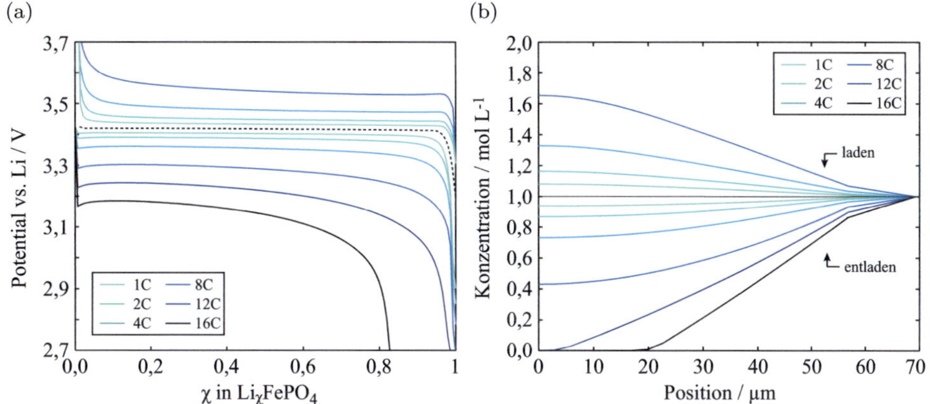

Abbildung 6.28.: Lade- und Entladekurven (a) der LiFePO$_4$-Kathode aus Zelle A. Dabei befinden sich die Ladekurven oberhalb des Gleichgewichtspotentials, das gestrichelt eingezeichnet ist. Die Entladekurven liegen entsprechend unterhalb. Die Konzentrationsprofile im Elektrolyten am Ende der Lade- und Entladevorgänge (b) zeigen die Limitierung der Kathode bei hohen Entladeraten durch die Elektrolytverarmung.

spiegelt der homogene Butler-Volmer-Ansatz die komplexe Dynamik des Ladungstransfers während der Phasenumwandlung nur unzureichend ab. Aus diesem Grund liegt der Schwerpunkt der Interpretation auf den Transportprozessen im Elektrolyten. Dieser wird für die Kathode trotz der vergleichsweise geringen Dicke und hohen Porosität ab einer Entladerate von etwa 12C limitierend. Die Elektrolytverarmung im inneren Bereich der Elektrode (Abbildung 6.28b) führt zu einem verfrühten Abknicken der Entladekurve.

Betrachtet man den Verlauf der Ladungstransferstromdichte mit der Zeit (Abbildung 6.29a), so zeigt diese bei einer Entladerate von 1C ein Wandern der elektrochemisch aktiven Zone von Separatornähe in Richtung des Stromableiters. Im Fall einer Entladung mit 16C (Abbildung 6.29b) erreicht diese Zone jedoch nicht den inneren Bereich der Elektrode, die somit weitestgehend geladen bleibt.

Während beim Einsatz von Nanopartikeln anzunehmen ist, dass der Transport im Festkörper zu vernachlässigen ist, können andere Prozesse durchaus eine limitierende Rolle spielen. Zum einen ist die Ladungstransferstromdichte im Fall des Lithiumeisenphosphats auch vom Konzentrationsgradienten innerhalb des Partikels abhängig, was in einem homogenisierten Modell nicht abgebildet werden kann. Zum anderen wurde der Elektronentransport bisher lediglich in Form einer elektronischen Leitfähigkeit der Elektrode berücksichtigt. Da Lithiumeisenphosphat ein sehr schlechter Elektronenleiter ist, werden die einzelnen Partikel mit einer nur wenige Nanometer dicken Schicht aus Kohlenstoff beschichtet [Jul06, Shi06]. Die LiFePO$_4$-Partikel sind

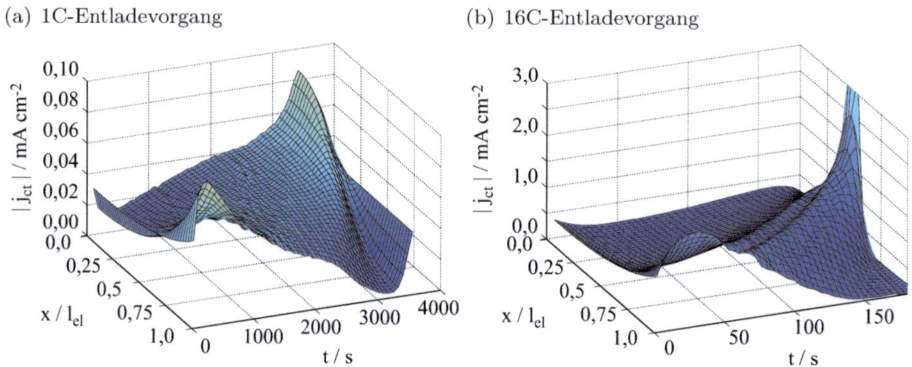

Abbildung 6.29.: Verlauf der Ladungstransferstromdichte mit der Endladedauer im Fall einer 1C-Entladung (a) und einer 16C-Entladung (b). Bei letzterer ist zu sehen, dass das Maximum in der Ladungstransferstromdichte das Innere der Elektrode ($x = 0$) auf Grund der Elektrolytverarmung nicht erreicht.

aber nur an wenigen Stellen an die leitfähige Kohlenstoffmatrix angebunden, sodass teilweise lange Transportwege in der dünnen Kohlenstoffschicht vorliegen. So kann durchaus auch der Elektronentransport an der Partikeloberfläche zum limitierenden Faktor werden. Diese Thematik ist Gegenstand aktueller Forschung [Baz13b].

6.7. Diskussion der Simulationsergebnisse

Wie bereits aus den Simulationen mit dem Elektrolytmodell ersichtlich, treten bei Verwendung der Experimentalzellen sehr große Konzentrationsunterschiede zwischen den beiden Elektroden auf. Dies ist eine Folge des großen Abstands zwischen den beiden Elektroden und dem daraus resultierenden langen Transportweg im Elektrolyten. Dieser Aufbau ist auf Grund des verwendeten Referenzelektrodennetzes notwendig, für hohe Stromdichten aber wenig geeignet. Um die Auswirkungen des dickeren Elektrolyten auf die Potentialverläufe zu demonstrieren, sind in Abbildung 6.30 Simulationen für Anode A mit beiden Separatordicken vergleichend gegenübergestellt. Dabei ist in Abbildung 6.30a wieder die Simulation dargestellt, die sich unter Verwendung der Separatordicke aus der kommerziellen Zelle ergibt. Abbildung 6.30b hingegen zeigt die Simulationsergebnisse bei Verwendung der Separatordicke im Fall der Experimentalzellen. Bei diesen sind zusätzlich die Messungen von Anode A in der Experimentalzelle eingezeichnet. Dabei ist zu beachten, dass für die Experimentalzelle lediglich Entladeraten bis 4C möglich waren. Die Messungen und die Simulationen unterscheiden sich deutlich, wobei die Simulationen eine höhere

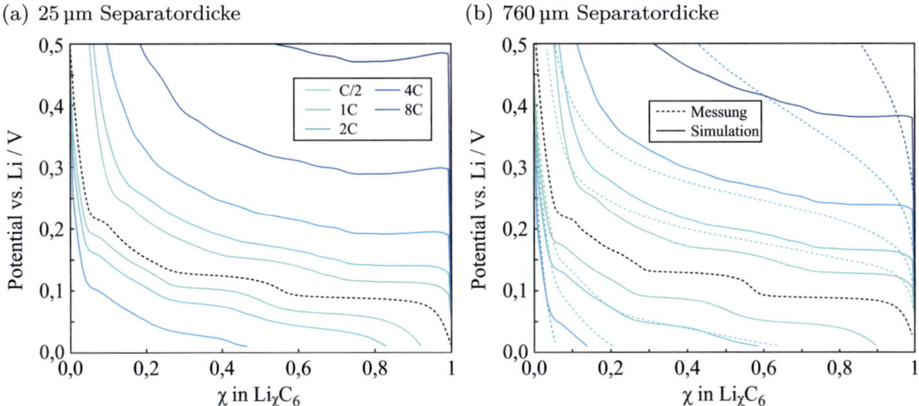

Abbildung 6.30.: Lade- und Enladekennlinien mit der Dicke des kommerziellen Separators (a), sowie mit dem Aufbau in einer Experimentalzelle (b). Für beide Darstellungen wurde der gleiche Farbcode zur Kennzeichnung der C-Raten verwendet, wobei für die Experimentalzelle nur Kurven bis 4C dargestellt sind. Bei den Simulationen der Experimentalzelle sind zusätzlich die gemessenen Kurven gestrichelt eingezeichnet.

Kapazität voraussagen als in den Messungen beobachtet. Der Grund hierfür liegt vor allem im Elektrolytmodell. Wie in Abschnitt 6.3 und 6.4 diskutiert, ändern sich die Transportparameter des Elektrolyten mit der Leitsaltzkonzentration. Da diese Abhängigkeit nur für die Leitfähigkeit hinterlegt ist, kann das tatsächliche Verhalten für starke Konzentrationsgradienten nicht vollständig abgebildet werden. Hinzu kommt, dass das Modell des Ladungstransfers die maximale Lithiumkonzentration im Elektrolyten nicht berücksichtigt. Aus diesen Gründen wurden die Simulationen zur Untersuchung der Mikrostruktur jeweils mit der Dicke des kommerziellen Separators durchgeführt. Damit kann bereits festgehalten werden, dass zur Untersuchung der Leistungsfähigkeit einer Elektrode auf den Einsatz eines möglichst dünnen Separators geachtet werden muss.

Vergleicht man die Abnahme der Kapazität in den Simulationen bei hohen Lade- und Entladeraten mit den Messungen an den kommerziellen Vollzellen, so fallen deutliche Unterschiede auf. Das Verhalten in den Simulationen ist bei allen Elektroden schlechter als das Verhalten der dazugehörigen Vollzellen in den Messungen. Dafür gibt es mehrere Gründe.

Zum einen wurden in den Simulationen die aus den Messungen an den Einzelelektroden bestimmten Kapazitäten zur Festlegung der C-Raten verwendet. Die Stromdichte, die sich damit bezogen auf die Elektrodenfläche ergibt, ist größer als bei den Vollzellen. Der Grund hierfür ist, dass ein Teil des Lithiums der Kathode während der Ausbildung der SEI verbraucht wird und somit nicht mehr als Kapazität zur Verfügung steht. Außerdem sind die Anoden in den Vollzellen gegenüber der Kathode überdimensioniert (siehe Abschnitt 4.2), was den Unterschied in den Stromdichten für die Anoden weiter verstärkt.

Zum anderen wurden die Simulationen für eine konstante Temperatur von 25 °C durchgeführt. Die Messungen wurden zwar auch in Klimaschränken bei 25 °C vorgenommen, wegen des schlechteren Wärmetransports in den zylindrischen Zellen haben sich diese bei den höheren Lade- und Entladeraten stark erwärmt. Da mit Ausnahme des Elektronentransports in der Kohlenstoffphase alle Transport- und Reaktionsprozesse eine starke Temperaturabhängigkeit aufweisen, sind bei höheren Temperaturen auch höhere Lade- und Entladeraten möglich. Während das bei den Messungen an den kommerziellen Zellen offensichtlich der Fall ist, wird dieses Verhalten momentan nicht von dem Modell abgebildet. Prinzipiell ist es jedoch möglich, alle Transport- und Austauschparameter temperaturabhängig zu hinterlegen. Damit könnten Simulationen bei höheren oder niedrigeren Temperaturen durchgeführt werden um zu untersuchen, ob durch unterschiedliche Aktivierungsenergien andere Prozesse limitierend werden. Auch die Kopplung eines thermischen Zellmodells an das elektrochemische Modell ist möglich. Mit einem solchen Ansatz konnte Jake Christensen [Chr13] zeigen, dass die entnehmbare Kapazität einer Zelle bei schlechterer Kühlung zunimmt, wobei die Zelltemperatur natürlich stärker ansteigt. Die zusätzlich notwendigen Parameter zur Beschreibung der Temperaturabhängigkeit steigern den Aufwand für die Parametrierung des Modells. Aus Mangel an den notwendigen Parametersätzen, beziehungsweise der für die Ermittlung benötigten Messungen, wurde die Temperaturabhängigkeit im Rahmen dieser Arbeit nicht untersucht.

Betrachtet man die Form der simulierten Lade- und Entladekurven und vergleicht diese mit den Messungen in den Experimentalzellen, so sind zwei Hauptunterschiede zu erkennen. Zum einen weisen die gemessenen Kurven einen noch glatteren Verlauf als die Simulationen auf, zum anderen steigen die Überspannungen zu Beginn des Lade- und Entladevorgangs bei den Simulationen schneller und stärker an, als bei den Messungen. Diese beiden Punkte werden in den folgenden Abschnitten diskutiert.

Im Gegensatz zu den Simulationen mit einem Partikelradius weisen die Simulationen mit der Partikelgrößenverteilung schon einen wesentlich glatteren Verlauf auf. Dieses Verhalten zeigt sich bei den Simulationen der Graphitanoden besonders deutlich, da die Plateaus und Stufen in der Potentialkennlinie leicht zu erkennende Merkmale darstellen. Speziell bei höheren Lade- und Entladeraten weichen die Stufen zwischen den Potentialplateaus auf. Außerdem wird das Abknicken der Potentials am Ende des Lade- oder Entladevorgangs geglättet, sodass es früher, aber weniger abrupt einsetzt. Speziell bei den simulierten Entladekurven der Graphitanoden ist zu sehen, dass das Potential im untersten Plateau erst nach einer bestimmten Zeit anfängt anzuwachsen. Wie bereits zuvor diskutiert, ist der Grund hierfür, dass die kleineren Partikel durch das größere Oberflächen-Volumen-Verhältnis bereits die Konzentration

(a)   (b)

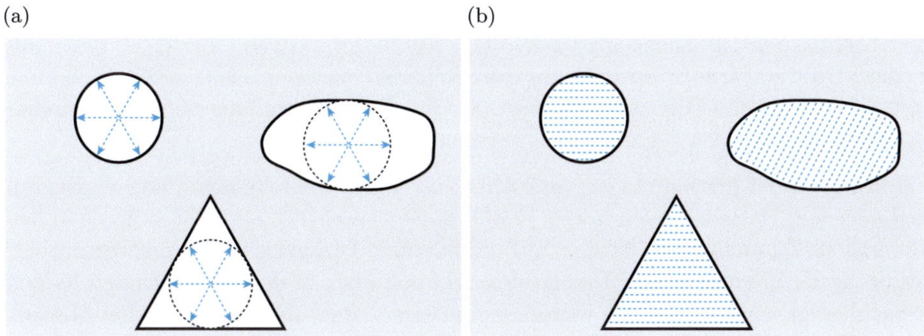

Abbildung 6.31.: Bei der Berechnung der Partikelgröße über den maximalen Abstand zum Partikelrand (a) werden Partikel unterschiedlicher Formen durch einen Durchmesser und damit durch eine Diffusionslänge (blau) repräsentiert. Damit werden dünnere Bereiche wie beispielsweise die Ecken des Dreiecks vernachlässigt. Geht man von anisotropen Diffusionsprozessen aus, führen jedoch alle gezeigten Partikelformen auf eine Diffusionslängenverteilung (b). Diese hängt von der Orientierung des Kristallgitters relativ zum Partikel ab.

der ersten Stufe erreicht haben und deshalb inaktiv werden. In den Messungen setzt dieser Potentialanstieg jedoch schon früher ein, was darauf hindeutet, dass in den Simulationen der Anteil kleiner Partikel unterschätzt wird. Es stellt sich deshalb die Frage nach der Definition der Partikelgröße sowie ihrer Bestimmung für die Simulationen.

Bei der Bestimmung der Partikelgröße über den maximalen Euklid'schen Abstand von der Partikeloberfläche wird jedes Partikel durch genau einen Partikeldurchmesser repräsentiert, der dem Durchmesser der größten Kugel entspricht, die das Partikel aufnehmen kann. So würde eine Kugel, genauso wie ein Partikel mit einem dreieckigen Querschnitt oder ein unregelmäßig geformtes Partikel, durch eine Partikelgröße charakterisiert (Abbildung 6.31a). Die in der Simulation verwendeten Partikelgrößen definieren die Geometrien für die Einlagerung in die einzelnen Partikelgrößenklassen. Sie lassen sich deshalb auch als Verteilung von Diffusionslängen sehen. Betrachtet man Abbildung 6.31a aus diesem Blickwinkel wird klar, dass die aus der Rekonstruktion bestimmte Partikelgrößenverteilung die Form der einzelnen Partikel nicht ausreichend berücksichtigt. Dieser Effekt wird stärker, wenn die Einlagerungsprozesse nicht isotrop ablaufen, sondern entlang bestimmter Vorzugsrichtungen. In diesem Fall weist selbst eine Kugel eine Verteilung von Diffusionslängen auf (Abbildung 6.31b). Für die Simulation gibt die Diffusionslängenverteilung letzendlich an, welcher Anteil des Volumens durch einen gewissen Anteil der Oberfläche zugänglich ist. Sie spielt damit auch eine Rolle, wenn die Diffusion nicht limitierend ist. Bei unregelmäßig geformten Partikeln hängt die sich ergebende Diffusionslängenverteilung allerdings von der

Orientierung des Kristallgitters relativ zum Partikel ab. Zusätzlich müsste auch der zu einer bestimmten Diffusionslänge gehörende Anteil der aktiven Oberfläche bestimmt werden. Da diese Informationen aus den Rekonstruktionen nicht zugänglich sind, lässt sich eine solche Diffusionslängen- und Oberflächenverteilung nicht unmittelbar bestimmen und in den Simulationen verwenden.

Wie in Abschnitt 6.5 bereits angesprochen, baut sich die Überspannung zu Beginn der Lade- und Entladekurven in den Simulationen wesentlich schneller auf, als in den Messungen. Zu einem Teil ist dies auf die fehlende Doppelschichtkapazität zurückzuführen, die in einer realen Elektrode vorhanden ist, in den Simulationen jedoch vernachlässigt wird. In [Rei13] wurde demonstriert, dass die für den in den Messungen beobachteten Effekt notwendigen Doppelschichtkapazitäten unrealistisch große Werte annehmen würden. Der vermutlich größere Teil dieses Effekts wird deshalb durch den verwendeten Ausdruck für die Ladungstransferüberspannung verursacht. Aus der Herleitung über den Gleichgewichtsfall, hängt die Austauschstromdichte j_0 sowohl von der Lithiumkonzentration im Gitter, als auch von der Leerstellenkonzentration ab (siehe Gleichung 6.12). Während der Mangel an Leerstellen für den weiteren Lithiumeinbau der beschränkende Faktor ist, sollte dies für den Ausbau kein Problem darstellen. Nimmt man jedoch die Ladungstransferreaktion als symmetrisch an ($\alpha = 0{,}5$), so sind die Überspannungen für den Lade- und den Entladefall bei der gleichen Oberflächenkonzentration gleich groß. Dies führt bei den Anodensimulationen dazu, dass beim Lithiumausbau (Entladefall), die Überspannung zu Beginn der Entladekurve sehr groß ist und mit fortschreitender Entladung abnimmt. Dieses sinkende Potential ist in den Simulationen mit hohen Entladeraten zu sehen (Abbildung 6.16) und ein Hinweis darauf, dass das Modell des Ladungstransfers noch nicht alle im Experiment auftretenden Effekte berücksichtigt. Eine mögliche Erweiterung des Modells besteht darin, die Adsorption von Lithiumionen an der Partikeloberfläche einzubauen. Wenn die Oberflächenkonzentration des Lithiums nur leicht von der Konzentration im Kristallgitter abhängt, würde dieser Effekt abgeschwächt. Eine andere Möglichkeit besteht darin, eine Abhängigkeit des Ladungstransferkoeffizienten α von den Konzentrationen der an der Reaktion beteiligten Spezies zuzulassen. Dies ist eine direkte Folge der Marcus-Theorie des Ladungstransfers. Wie Martin Bazant in [Baz13a] hervorhebt, ist ein konstantes α nur für den Spezialfall einer kleinen Reorganisationsenergie und unter der Bedingung gültig, dass keine Verarmung der Konzentrationen der beteiligten Spezies vorliegt.

Für Aktivmaterialien, die sich durch einen Phasenübergang auszeichnen, muss beachtet werden, dass für den Lithiumeinbau nicht unbedingt die gesamte Partikeloberfläche zur Verfügung steht. In diesen Fällen ist das homogenisierte Modell des Ladungstransfers natürlich ebenfalls mit Vorsicht zu verwenden, da die tatsächlich ablaufenden mikroskopischen Prozesse nicht abgebildet werden.

Vergleicht man die Simulationsergebnisse der Elektroden für die Energie- und die Leistungszelle, so lassen sich unterschiedliche Verhalten identifizieren, wann welche

Bereiche der Elektrodenschicht aktiv sind. Die Anode von Zelle A weist für einen Großteil der Zeit eine Ausdehnung der elektrochemisch aktiven Zone über die gesamte Schichtdicke auf. Nur gegen Ende eines jeden Plateaus verlagert sich diese Zone Richtung Stromableiter. Die dazugehörige $LiFePO_4$-Kathode weist ein ähnliches Verhalten auf, wobei die Verlagerung der elektrochemisch aktiven Zone nur einmal auftritt. Bei den wesentlich weniger porösen Elektroden der Energiezelle ist die elektrochemisch aktive Zone durch die geringere effektive Elektrolytleitfähigkeit stärker konzentriert. Diese bewegt sich für jedes Plateau im Elektrodenpotential durch die Elektrodenschicht, was lokal zu einer höheren Ladungstransferstromdichte führt.

6.8. Zukünftige Entwicklung der Elektrodenmodellierung

Neben den bereits angesprochenen Punkten zur Verfeinerung des Ladungstransfermodells, sowie der Interpretation der Partikelgrößenverteilung als Diffusionslängenverteilung, lassen sich aus den in dieser Arbeit gezeigten Simulationen weitere Fragestellungen ableiten, die für die Modellierung interessant sind.

Besonders bei dichten und gleichzeitig dicken Elektroden wandert die elektrochemisch aktive Zone vom Separator startend durch die Elektrode. Bei hohen Entladeraten kommt es dabei im Inneren der Elektrode zur Leitsalzverarmung im Elektrolyten und damit zur Limitierung der entnehmbaren Kapazität. Dadurch bleibt den Partikeln nahe des Stromableiters aber insgesamt weniger Zeit für den Ein- und Ausbau von Lithium als den Partikeln in Separatornähe. Ein Schritt zur Optimierung der Elektrodenstruktur ist deshalb, den Schichtaufbau gezielt so zu beeinflussen, dass sich die Struktureigenschaften in Separatornähe und in Ableiternähe unterscheiden. Damit können die bei einer Elektrode mit homogenen Eigenschaften auftretenden Probleme teilweise relativiert werden. Eine solche Elektrode wird als gradiert bezeichnet, da sie einen Gradienten in ihren strukturellen Eigenschaften aufweist. Untersuchungen zu gradierten Elektroden lassen sich ebenfalls mit homogenisierten Modellen vornehmen, wenn die entsprechenden mikrostrukturellen Parameter als Funktion der Position in der Elektrode vorliegen.

Abbildung 6.32 zeigt Simulationen einer $LiCoO_2$-Elektrode mit homogenen Eigenschaften und einer gradierten Elektrode im Vergleich. Dafür wurden die gleichen elektrochemischen Parameter wie zuvor verwendet. Die Elektrodendicke beträgt in beiden Fällen 80 µm. Für die homogene Elektrode wurde eine Porosität von 25 %, ein Volumenanteil ε_s des Aktivmaterials von 65 % und ein Partikelradius R von 2,5 µm

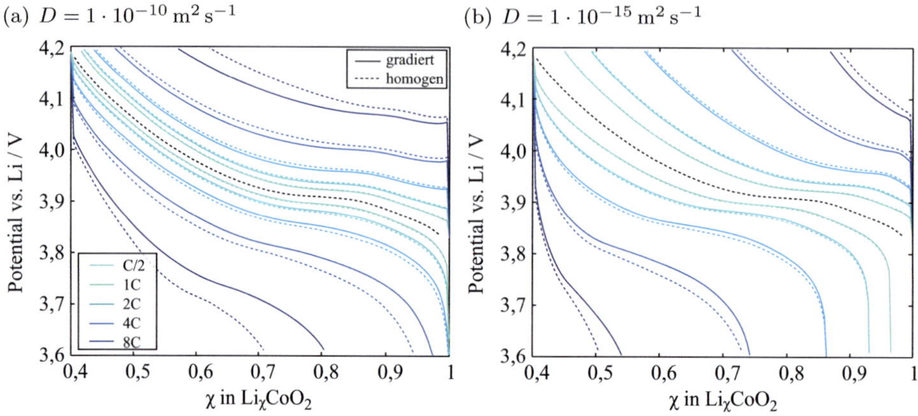

(a) $D = 1 \cdot 10^{-10}\,\mathrm{m^2\,s^{-1}}$

(b) $D = 1 \cdot 10^{-15}\,\mathrm{m^2\,s^{-1}}$

Abbildung 6.32.: Vergleich der Simulationen einer gradierten und einer homogenen LiCoO$_2$-Kathode. Dabei wurden die Strukturparameter so gewählt, dass beide Elektroden die gleiche flächenspezifische Kapazität und die gleiche Dicke von 80 µm aufweisen. Für den Diffusionskoeffizienten wurden die gleichen Werte wie zuvor gewählt: (a) $1 \cdot 10^{-10}\,\mathrm{m^2\,s^{-1}}$ und (b) $1 \cdot 10^{-15}\,\mathrm{m^2\,s^{-1}}$. Die in (a) gezeigten Legenden beziehen sich auf beide Teilabbildungen.

angesetzt. Die spezifische Oberfläche $\mathcal{A}_{spec}$ wurde unter der Annahme sphärischer Partikel zu

$$\mathcal{A}_{spec} = \frac{3}{R} \cdot \varepsilon_s \qquad (6.47)$$

berechnet. Für die gradierte Elektrode wurden die Porosität und der Volumenanteil des Aktivmaterials als lineare Funktionen hinterlegt. Dabei beträgt der Volumenanteil des Aktivmaterials am Stromableiter 75 % und fällt dann zum Separator hin auf 55 % ab. Mit diesem Verlauf ergibt sich die gleiche Kapazität wie für die homogene Elektrode. Die Porosität steigt parallel dazu von 15 % auf 40 % an. Das bedeutet auch, dass der Volumenanteil des zugesetzten Leitrußes ebenfalls einem linearen Verlauf von 10 % zu 5 % folgen müsste. Die spezifische Oberfläche berechnet sich analog zum homogenen Fall, wobei diese nun ebenfalls eine Funktion der Position in der Elektrode ist. Die Tortuositäten wurden für diese Simulationen mit der Bruggeman-Beziehung abgeschätzt.

Betrachtet man die Simulationen für einen Diffusionskoeffizienten von $1 \cdot 10^{-10}\,\mathrm{m^2\,s^{-1}}$ (Abbildung 6.32a) so lässt sich die bei einem Entladestrom von 8C entnehmbare Kapazität gegenüber der homogenen Elektrode um ungefähr 30 % steigern. Dieser Effekt ist durch den besseren Transport im Elektrolyten zu erklären. Der Gradient in der Porosität führt also dazu, dass Verarmungseffekte abgeschwächt werden. Vergleicht man damit nun die Simulationen für einen Diffusionskoeffizienten von $1 \cdot 10^{-15}\,\mathrm{m^2\,s^{-1}}$ (Abbildung 6.32b) so ist ein ähnlicher prozentualer Effekt auch hier zu sehen. Allerdings ist die entnehmbare Kapazität auf Grund der Limitierung durch die Festkörperdiffusion insgesamt deutlich geringer. Neben der höheren Kapazität weist die gradierte Elektrode einen weiteren positiven Effekt auf. Für beide Diffusionskoeffizienten sind die Überspannungen für die gradierte Elektrode geringer als für die homogene Elektrode. Diese bedeutet eine geringere Wärmeentwicklung in der Zelle und damit potentiell höhere Entladeströme, ohne die Zelle in ein kritischen Temperaturfenster zu bringen.

Bei sehr dicken Elektroden könnte sich zudem auszahlen, wenn auch die Partikelgröße über die Elektrodendicke variiert. Da den Partikeln in Separatornähe durch das Wandern der elektrochemisch aktiven Zone mehr Zeit für das Laden und Entladen bleibt, könnten hier größere Partikel eingesetzt werden als im Inneren der Elektrode. Dafür müsste aber der Diffusionskoeffizient genau bekannt sein, da die Partikelgrößen so gewählt werden müssen, dass sich auch die größten Partikel innerhalb der gewünschten Entlade- oder Ladedauer noch vollständig lithiieren und delithiieren lassen .

Eine weitere Möglichkeit die Elektroden zu optimieren, besteht im Einsatz einer Kombination aus verschiedenen Aktivmaterialien. Eine solche Elektrode wird als Blendelektrode bezeichnet (von *blend*, engl. Gemisch). Auf Grund der sich unterscheidenden Potentialkurven sind die jeweiligen Aktivmaterialien in unterschiedlichen Potentialbereichen aktiv [Sch12]. Dies könnte bei entsprechend gewählten Aktivmaterialien und Elektrodenparametern dazu führen, dass sich beispielsweise zwei elektrochemisch aktive Zonen ausbilden, die sich jeweils durch die Elektrode bewegen. Neben den sich daraus ergebenden Vorteilen für die Dynamik der Elektrode besteht mit einer Blendelektrode auch die Möglichkeit, sich die Leerlaufspannungskennlinie der Zelle maßzuschneidern. Da zur Herstellung einer Blendelektrode die variablen Parameter nahezu unendlich sind, kann eine simulationsgestützte Vorauswahl vielversprechender Materialkombinationen und -verhältnissen hilfreich sein. Das in dieser Arbeit vorgestellte Modell kann auch für diese Aufgabe eingesetzt werden, indem den Partikeln neben unterschiedlichen Größen auch unterschiedliche Gleichgewichtspotentiale zugewiesen werden.

Abbildung 6.33a zeigt simulierte 1C-Entladekurven für Blendelektroden aus $LiCoO_2$ und $LiMn_2O_4$. Dabei wurden die Volumenverhältnisse zwischen $LiCoO_2$ und $LiMn_2O_4$ als 3:1, 1:1 und 1:3 gewählt. Die Nennkapazität der Elektroden steigt mit dem Volumenanteil an $LiCoO_2$ an, was durch die höhere volumetrische Kapazität des Lithiumkobaltoxids erklärt werden kann. Die Potentialverläufe der beiden reinen Aktivmaterialien sind in Abbildung 6.33b als Funktion der volumetrischen Kapazität gezeigt. Durch das im Mittel höhere Potential des Lithiummanganspinells, ist dieser eher am Anfang der Entladung aktiv, was durch die Ähnlichkeit der Potentialkurve mit den Entladekurven zu Beginn der Entladung bestätigt wird. Im weiteren Verlauf der Entladung wird dann zunehmend das Lithiumkobaltoxid aktiv. Dies ist vor allem dann der Fall, wenn das Plateau in der $LiCoO_2$-Potentialkurve erreicht wird.

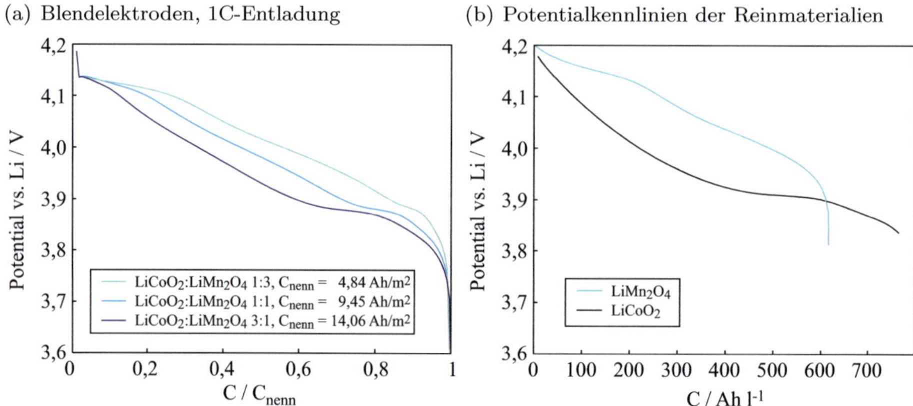

Abbildung 6.33.: Simulierte 1C-Entladekennlinien (a) für $LiCoO_2/LiMn_2O_4$-Blendelektroden mit unterschiedlichen volumetrischen Anteilen. Die mit dem $LiCoO_2$-Anteil steigende Kapazität wird von der größeren volumetrischen Kapazität (b) des $LiCoO_2$ verursacht.

Heute werden für das Aktivmaterial vermehrt Agglomeratstrukturen eingesetzt, die wie im Fall der untersuchten $LiFePO_4$-Kathode sogar eine offene Porosität aufweisen können. Damit wird eine hohe spezifische Oberfläche erreicht, bei gleichzeitiger Kontrolle über die Struktur der Poren. Bei diesen Mikrostrukturen geraten herkömmliche homogenisierte Modelle an ihre Grenzen. Um sie dennoch in homogenisierter Form abbilden zu können, müsste eine zusätzliche Modellebene implementiert werden, die den Transport in den elektrolytgefüllten Poren der Agglomerate beschreibt. Auf dieser Ebene würde dann die Ladungstransferreaktion stattfinden, bevor in der dritten Modellebene der Festkörpertransport in den Primärpartikeln betrachtet wird. Dies ist prinzipiell für eine Agglomeratgröße und eine Primärpartikelgröße machbar. Sobald jedoch eine Agglomeratgrößenverteilung vorliegt, steigt die Komplexität der verschachtelten eindimensionalen Modelle sehr stark an. Da die Modelle trotz ihrer Komplexität auf idealisierten Annahmen beruhen, ist es bei diesen Systemen irgendwann sinnvoller auf ortsaufgelöste Modelle oder andere Konzepte zur Modellvereinfachung auszuweichen.

Bei ortsaufgelösten Simulationen auf Basis einer realen Mikrostruktur werden hohe Anforderungen an die Qualität des Rechengitters gestellt. Im Gegenzug muss man keine idealisierenden Annahmen über die Mikrostruktur machen. Zur Demonstration der Machbarkeit wurde für einen Ausschnitt aus der Rekonstruktion von Anode A eine C/10-Ladekurve ortsaufgelöst simuliert. Der Ausschnitt hat eine Grundfläche von $70 \times 70\,\mu m^2$ und umfasst die gesamte Dicke des Rekonstruktionsdatensatzes. Das Rechengitter wurde mit Simpleware ScanIP generiert und besteht aus $1{,}545 \cdot 10^6$

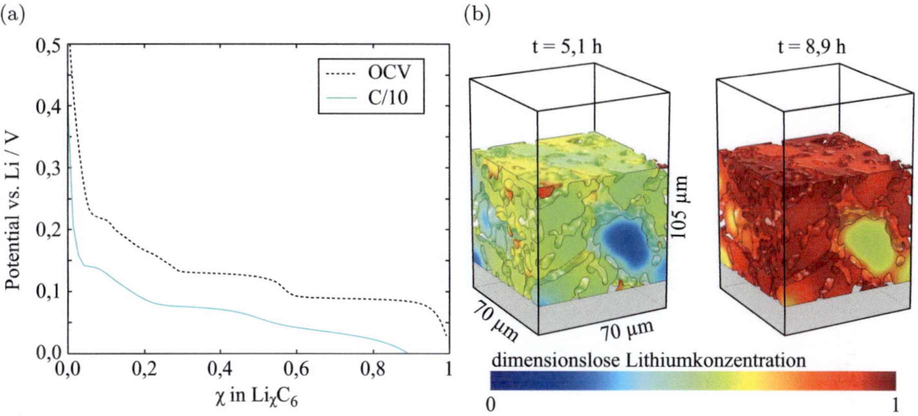

Abbildung 6.34.: Simulierte C/10-Ladekennlinien (a) für eine dreidimensionale Graphit-struktur. Zusätzlich sind die Lithiumkonzentrationen nach etwa der Hälfte der Ladedauer und am Ende des Ladevorgangs gezeigt (b). Da für diese Simulation etwas andere Parameter verwendet wurden, lässt sich diese nicht direkt mit den Simulationen des homogenisierten Modells vergleichen.

Tetraedern, deren Größen dem Detailreichtum der Struktur angepasst sind. Die in Abbildung 6.34 gezeigte Simulation mit COMSOL Multiphysics hat ungefähr zweieinhalb Tage in Anspruch genommen, wobei die Anzahl der Freiheitsgrade bei $3{,}06 \cdot 10^6$ lag.

Die simulierte Ladekurve (Abbildung 6.34a) lässt sich nicht direkt mit den zuvor simulierten Kurven des homogenisierten Modells vergleichen, da unterschiedliche Parameter verwendet wurden. So beträgt der Diffusionskoeffizient für die ortsaufge-löste Simulation $7{,}5 \cdot 10^{-15}\,\mathrm{m^2\,s^{-1}}$. Außerdem ist in der ortsaufgelösten Simulation der zusätzliche Durchtrittswiderstand der SEI noch nicht implementiert. Das führt zu einem entsprechend größeren Ladungstransferwiderstand, was sich in einem Austauschkoeffizienten von $7{,}51 \cdot 10^{-9}\,\mathrm{m\,s^{-1}}$ widerspiegelt.

Trotz der Unterschiede in den Modellparametern zeigt auch die ortsaufgelöste Si-mulation die Glättung der Ladekurve gegenüber der Potentialkennlinie. In der drei-dimensionalen Darstellung der Konzentration im Aktivmaterial (Abbildung 6.34b) ist zu sehen, dass die besonders kleinen und schlecht angebundenen Partikel zuerst geladen werden und nach etwa der Hälfte der gesamten Ladedauer bereits fast ihre maximale Lithiumkonzentration erreicht haben. Am Ende des Ladevorgangs sind die kleinen Partikel homogen und vollständig gefüllt. Währenddessen haben die größeren Partikel, die ein ungünstigeres Oberflächen-Volumen-Verhältnis aufweisen, auch an der Oberfläche ihre maximale Lithiumkonzentration noch nicht erreicht. Außerdem hat sich ein Konzentrationsgradient in die Partikel hinein ausgebildet.

Diese Beobachtungen stützen die Folgerungen, die auf Basis des homogenisierten Modells getroffen wurden. Zusätzlich erlaubt die genaue ortsaufgelöste Kenntnis der momentanen Lithiumkonzentrationen der Partikel eine Identifikation der Stellen, an denen beispielsweise die Gefahr des Lithiumplatings besonders groß ist.

Obwohl selbst ein einzelner ortsaufgelöst simulierter Lade- oder Entladevorgang interessante Einblicke in die Vorgänge in der Elektrodenmikrostruktur liefern kann, ist die benötigte Rechendauer für eine umfassende numerische Untersuchung verschiedener Strukturen noch zu lang. Um tatsächlich repräsentative Volumenausschnitte einer rekonstruierten Elektrode in praktikablen Zeiten simulieren zu können, müssen numerische Methoden entwickelt werden, die die Struktur und die Eigenschaften der zugrundeliegenden Differentialgleichungen berücksichtigen und ausnutzen. Dies ist Gegenstand aktueller Forschung und wird in den nächsten Jahren interessante Ergebnisse liefern.

7. Zusammenfassung und Ausblick

In den folgenden Abschnitten wird eine Zusammenfassung der wichtigsten Erkenntnisse und Resultate der vorliegenden Arbeit gegeben. Soweit sinnvoll, wird dies durch einen kurzen Ausblick ergänzt. Da hier nicht auf alle Details eingegangen werden kann, wird an den entsprechenden Stellen auf die jeweiligen Kapitel der Arbeit verwiesen.

Vergleich der Zellen und ihrer Elektroden

Die beiden verwendeten kommerziellen Zellen repräsentieren den aktuellen Stand japanischer Zellhersteller auf dem Gebiet der kleinen Rundzellen. Untersucht wurden eine Leistungszelle von SONY (Zelle A) mit einer Kapazität von 1,1 A h und eine Energiezelle von SANYO (Zelle B) mit 1,5 A h. Mit spezifischen Energien von $90{,}7\,\mathrm{W\,h\,kg^{-1}}$ und $158\,\mathrm{W\,h\,kg^{-1}}$, beziehungsweise spezifischen Leistungen von $1800\,\mathrm{W\,kg^{-1}}$ und $290\,\mathrm{W\,kg^{-1}}$, sind die jeweiligen Optimierungsrichtungen von Zelle A und Zelle B unverkennbar.

Interessant ist, dass beide Zellen bei der Entladung bei 25 °C in ihrem maximalen Entladestrom durch die Temperatur limitiert sind. So sind sowohl bei Zelle A bei einem Strom von 11 A (10C), als auch bei Zelle B bei 3 A (2C) noch über 95 % der Kapazität entnehmbar (Abschnitt 4.1). Bei noch höheren Strömen übersteigt die Außentemperatur des Zellgehäuses 55 °C, sodass der Entladevorgang aus Sicherheitsgründen abgebrochen wurde.

Zelle B weist sowohl in der Anoden- als auch in der Kathodenimpedanz einen Verlauf auf, der für ein Leitermodell typisch ist (Abschnitt 4.2). Die Kathodenimpedanz der Zelle A zeigt dieses Verhalten nicht, die Anodenimpedanz nur andeutungsweise. Daraus kann man eine deutlich geringere Porosität der Elektroden von Zelle B im Vergleich zu Zelle A folgern. Diese Vermutung lies sich durch die Mikrostrukturrekonstruktion bestätigen.

Beide Zellen weisen nur einen geringen Kapazitätsverlust bei hohen Strömen auf. Außerdem ist in den Rasterelektronenmikroskopaufnahmen der Oberfläche bereits die ausgeklügelte Mikrostruktur der Elektroden erkennbar. Daraus kann man schließen, dass das experimentelle Entwicklungspotential beider Zellen nahezu ausgereizt ist.

Rekonstruktion von Batterieelektroden

Die unterschiedlichen Strukturgrößen der Anoden und der Kathoden erfordern für die Rekonstruktion den Einsatz zweier unterschiedlicher Verfahren. Auf Grund des fein verteilten Kohlenstoffzusatzes in den Kathoden und der Notwendigkeit, drei verschiedene Materialphasen zu separieren, wurde für die Kathodenrekonstruktionen die FIB-Tomographie gewählt. Für die Anoden, die nur aus zwei Phasen bestehen und Partikel in der Größenordnung mehrerer Mikrometer aufweisen, kam die Mikroröntgentomographie zum Einsatz. Beide Verfahren konnten erfolgreich auf die Erfordernisse der Rekonstruktion von Batterieelektroden adaptiert werden.

Wegen der starken Röntgenabsorption des Stromableiters aus Kupfer, musste dieser für die Untersuchung von der Anodenbeschichtung abgelöst werden. Dazu wurde die Probe einem kurzen Bad in verdünnter Salzsäure ausgesetzt. Damit ist ein schonendes Ablösen ohne mechanische Beanspruchung der porösen Struktur möglich. Ein willkommener Nebeneffekt dieser Präparationsmethode besteht darin, dass eventuell noch vorhandene Leitsalzreste des verdampften Elektrolyten ebenfalls gelöst werden. Dadurch wird sichergestellt, dass es sich bei der beobachteten Struktur tatsächlich um die Elektrodenmikrostruktur handelt. Die Rekonstruktion der Anoden (Abschnitt 5.1.1) wurde mit dem Laborgerät SkyScan 2011 von BRUKER microCT mit Voxelgrößen von 233 nm und 273 nm durchgeführt. Da der Absorptionskontrast der Graphitpartikel sehr schwach ist, wurde für die Segmentierung ein Hystereseverfahren entwickelt, das das Vorhandensein des Kantenkontrasts in den Datensätzen ausnutzt. Mit diesem konnten die Strukturen zuverlässig segmentiert werden, indem die Nachbarschaft der Voxel in die Segmentierungsentscheidung mit einbezogen wurde. Um bessere Kontraste bei gleichzeitig höherer Auflösung zu erzielen, müsste die Röntgentomographie an einem Synchrotron und unter Ausnutzung des Phasenkontrasts durchgeführt werden. Damit sind jedoch aufwendige Antragsverfahren und lange Wartezeiten verbunden, sodass der Einsatz von Labogeräten momentan die beste Lösung darstellt.

Für die Adaption der FIB-Tomographie auf die Anforderungen der Batterieelektroden musste zunächst ein geeignetes Infiltrationsmedium gefunden werden, um die Porosität vor der eigentlichen Rekonstruktion zu füllen. Der in den Elektroden enthaltene Kohlenstoff weist in den REM-Aufnahmen keinen Kontrast zu den dafür üblicherweise eingesetzten Acryl- oder Epoxidharzen auf. Dieses Problem wird mit dem im Rahmen dieser Arbeit entwickelten zweistufigen Einbettverfahren gelöst, bei dem ein Silikonharz für die Infiltration der Poren zum Einsatz kommt (Abschnitt 5.1.2). Die notwendige Stabilität der Probe wird durch eine zusätzliche Einbettung in Epoxidharz gewährleistet. Mit diesem neu entwickelten Präparationsverfahren konnten in den Rekonstruktionen der Kathoden erstmals alle drei Materialphasen erfolgreich erfasst werden: das Aktivmaterial, der Kohlenstoffzusatz und die Porenstruktur. Durch die hohe Auflösung mit Voxelgrößen von 25 und 50 nm konnten auch die kleinsten Strukturen der Kathoden zuverlässig rekonstruiert werden. Die unterschiedlichen Größenskalen der Kohlenstoffphase und des Aktivmaterials erfordern große Rekonstruktionsvolumina, was zu langen Rekonstruktionszeiten führt. Dabei treten Helligkeitsgradienten in den dreidimensionalen Bilddaten auf, die die Segmentierung erschweren. Um den Gradienten in den Bilddaten entsprechend zu begegnen, wurde ein lokales Schwellenwertverfahren entwickelt (Abschnitt 5.2.2).

Bei diesem werden die beiden Schwellenwerte aus einer Anpassung von drei Normalverteilungen an das Histogramm so berechnet, dass der Erwartungswert der falsch segmentierten Voxel minimal ist. Die Berechnung erfolgt lokal, sodass sich über eine Interpolationsfunktion für jedes Voxel innerhalb des Rekonstruktionsdatensatzes der optimale Schwellenwert bestimmen lässt. Da es sich bei den Kathoden um dreiphasige Strukturen handelt, ist eine Nachbearbeitung des segmentierten Datensatzes notwendig. Dabei wird sichergestellt, dass die hellste und die dunkelste Phase Kontaktstellen aufweisen, und nicht durch eine dünne Schicht der mittleren Phase getrennt werden (siehe Abschnitt 5.2).

Zusammenfassend lässt sich sagen, dass die beiden tomographischen Methoden erfolgreich auf die Rekonstruktion von Batterieelektroden übertragen werden konnten. Damit wurde zum einen erstmals die Rekonstruktion einer Kathodenstruktur mit allen drei Materialphasen möglich. Zum anderen konnte durch die Anwendung beider Verfahren auf Anode und Kathode einer Zelle erstmalig ein komplettes Bild der Mikrostrukturen einer Energie- und einer Leistungszelle im Vergleich gewonnen werden.

Quantitative Charakterisierung der Mikrostrukturen
Auf Basis akkurater digitaler Repräsentationen der tatsächlichen Elektrodenmikrostruktur wurde die quantitative Charakterisierung verschiedener Elektroden möglich. Die berechneten Mikrostrukturparameter ermöglichen zum ersten Mal überhaupt einen direkten quantitativen Vergleich der Elektroden einer Energie- und einer Leistungszelle. Die Methoden zur Berechnung der Volumenanteile, der Oberflächen und der Tortuosität einer Batterieelektrode stellen eine konsequente Weiterentwicklung und Anwendung bereits existierender Methoden dar. Hinzu kommen neue mikrostrukturelle Größen, wie der Anteil der Aktivmaterialoberfläche, der im Kontakt mit dem Elektrolyten steht, eine Partikelgrößenverteilung und die Tortuosität als Funktion der Position in der Elektrode. Die Trennung der beiden Agglomeratklassen der $LiFePO_4$-Elektrode auf Basis ihrer morphologischen Eigenschaften und deren separate Analyse stellen ebenfalls Neuheiten dar.

In Zukunft ist die Extraktion weiterer Mikrostrukturinformationen aus der Rekonstruktion denkbar. Wie in Abschnitt 6.7 diskutiert, könnte unter Berücksichtigung der Anisotropie der Diffusionsvorgänge eine Diffusionslängenverteilung berechnet werden. Eine weitere Verfeinerung der Analyse bestünde in der Erkennung der einzelnen Körner, die dann auf Partikelbasis charakterisiert werden könnten. Damit würden Größen wie eine bevorzugte räumliche Orientierung der Körner, ihr jeweiliges Oberflächen-Volumen-Verhältnis sowie ihr größter und kleinster Durchmesser zugänglich. Eine Aussage über die Orientierung der Kristallite ist mit der momentanen Technik jedoch leider nicht möglich.

Die Betrachtung der mikrostrukturellen Eigenschaften der untersuchten Elektroden liefert Einblicke in die Optimierungskriterien der beiden Zellen. Anodenseitig steht eine geringe Oberfläche im Vordergrund, ohne dass die Partikel so groß werden, dass die Anode massiv durch die Festkörperdiffusion limitiert wird. Die Elektroden der Energiezelle weisen eine sehr geringe Porosität auf, die durch die Verwendung einer breiten Partikelgrößenverteilung ermöglicht wird. Auf Grund der geringeren Lade- und Entladeströme darf die maximale Partikelgröße hier größer ausfallen als bei der Leistungszelle. Bei dieser steht kathodenseitig eine kleine Partikelgröße sowie eine hohe Oberfläche im Vordergrund, die durch ein Gemisch aus zwei Agglomeratklassen realisiert wurde. Durch den Einsatz der Kohlenstofffasern kommt sie dabei mit einem geringeren Kohlenstoffanteil aus, als die Kathode der Energiezelle (Abschnitt 5.3.5).

Modellierung poröser Elektroden

Für die Simulationen der Lade- und Entladevorgänge der Elektroden wurde ein homogenisiertes Modell entwickelt und in der FEM-Software COMSOL Multiphysics implementiert. Das Modell berücksichtigt die poröse Elektrodenstruktur durch ein effektives Medium, umfasst aber gleichzeitig auch die Festkörperdiffusion in den Partikeln einer Partikelgrößenverteilung. Dabei handelt es sich um eine Weiterentwicklung des Modells von John Newman (siehe Abschnitt 3.3), wobei auf eine konsequente Nutzung möglichst detaillierter Mikrostrukturinformationen Wert gelegt wurde. So konnte erstmals der Einfluss einer Partikelgrößenverteilung auf das Verhalten einer Elektrode demonstriert und detailliert untersucht werden. Im Gegensatz zu bisherigen Modellen kann mit dem im Rahmen dieser Arbeit entwickelten Modell die Glättung der Potentialkurven durch die Partikelgrößenverteilung abgebildet werden. Dieses Verhalten wird besonders bei den Graphitanoden deutlich, da sie mit den Plateaus und Stufen in der Potentialkurve entsprechende Merkmale aufweisen.

Die vorgestellte Vorgehensweise zur Modellierung poröser Elektroden kann als Ausgangspunkt für die Modellierung von Blendelektroden und gradierten Elektroden verwendet werden. In der momentanen Form der Implementierung in COMSOL Multiphysics wird die Simulation durch die große Anzahl von Teilmodellen sowie deren aufwändige Kopplung sehr langsam. Für die weitere Entwicklung ist der Übergang auf eine spezialisierte Implementierung hilfreich, in der das Gleichungssystem direkt aufgebaut und gelöst wird.

Die Anwendung des Modells auf die untersuchten Elektroden liefert interessante Erkenntnisse. In der Anode der Zelle A (Leistungszelle) ist während eines Großteils der Lade- und Entladedauer die gesamte Elektrodenschicht elektrochemisch aktiv. Dies wird begünstigt durch die mit 35,2 % recht hohe Porosität und der geringen Dicke der Anode von 47,8 µm. Die Kathode von Zelle A, mit einer Dicke von 56,8 µm und einer Porosität von 38,4 %, weist zu Beginn des Entladevorgangs eine erhöhte Aktivität in Separatornähe auf. Nach etwa einem Viertel der Entladedauer stellt sich eine gleichmäßige Ladungstransferstromdichte ein, bevor sich gegen Ende des Entladevorgangs eine erhöhte Aktivität nahe des Stromableiters ausbildet. Im Gegensatz dazu bildet sich bei beiden Elektroden von Zelle B (Energiezelle) eine räumlich begrenzte elektrochemisch aktive Zone aus. Das bedeutet, dass nicht die gesamte

Schichtdicke gleichzeitig aktiv ist, sondern dass die Einbaureaktion beispielsweise lokalisiert in der Nähe des Separators stattfindet. Die elektrochemisch aktive Zone verschiebt sich während der Lade- und Entladevorgänge vom Separator ausgehend in Richtung des Stromableiters. Dieses Verhalten wird durch die geringen Porositäten von Anode (18,2 %) und Kathode (20,2 %) sowie deren größeren Schichtdicken (Anode 76,1 µm und Kathode 72,3 µm) verursacht.

Das verwendete Elektrolytmodell zeigt, dass die Kathoden beider Zellen bei hohen Entladeströmen (16C für die Leistungszelle und 4C für die Energiezelle) durch die Leitsalzverarmung im Elektrolyten begrenzt werden. Da das vereinfachte Elektrolytmodell aber die Extrembereiche besonders hoher und besonders geringer Konzentrationen nicht ausreichend abbildet, herrscht eine gewisse Unsicherheit, ab welcher Stromdichte der Elektrolyt zum begrenzenden Faktor wird. Steigt die Konzentration in den Poren der Anode während der Entladung zu stark an, kann die maximal lösliche Salzkonzentration im Elektrolyten erreicht werden. Wie bei der Verarmung ist auch in diesem Fall mit einer Auswirkung auf den Ladungstransfer und die Transporteigenschaften im Elektrolyten zu rechnen.

Um den Einfluss der Festkörperdiffusion auf die Leistungsfähigkeit der Elektroden zu untersuchen, wurden Simulationen mit zwei unterschiedlichen Diffusionskoeffizienten durchgeführt. Dabei wurde der Diffusionskoeffizient einmal auf einen Wert gesetzt, bei dem sich kein nennenswerter Konzentrationsgradient über den Partikelradius ausbildet. Der andere Wert des Diffusionskoeffizenten wurde entsprechend dem niedrigsten in der Literatur veröffentlichten Wert gewählt. Der Vergleich der beiden Simulationsergebnisse erlaubt eine Abschätzung des maximalen Einflusses der Festkörperdiffusion auf das Verhalten der Elektroden. Die Wahl des korrekten Diffusionskoeffizienten ist nicht möglich, da die exakten Eigenschaften der Aktivmaterialien aus den kommerziellen Zellen unbekannt sind und die Literaturwerte der Diffusionskoeffizienten über Größenordnungen variieren.

Im Fall des kleineren Diffusionskoeffizienten ist ein Einfluss auf die Lade- und Entladekurven in Form eines Kapazitätsverlustes zu sehen. Dieser kann bei großen Entladeströmen bis zu 20 % betragen. In Anbetracht der Tatsache, dass der tatsächliche Wert des Diffusionskoeffizienten vermutlich einen größeren Wert aufweist, dürfte der reale Kapazitätsverlust deutlich geringer ausfallen. Zusammen mit dem insgesamt sehr guten Optimierungsgrad der Elektroden kann von einer Mischlimitierung ausgegangen werden. Dies bedeutet, dass die Festkörperdiffusion und die Elektrolytdiffusion etwa bei gleichen Stromdichten limitierend werden. Bei den kommerziellen Zellen kommt als begrenzender Faktor noch die Temperatur hinzu, deren Einfluss stark vom verwendeten Kühlkonzept abhängt.

Für zukünftige Modellerweiterungen bietet sowohl das Elektrolytmodell als auch die Diffusion im Aktivmaterial genügend Spielraum. Je detaillierter die Informationen über Form und Größe der Aktivmaterialpartikel sind, desto wichtiger werden die Anisotropie des Diffusionskoeffizienten im Festkörper und der Einfluss von Korngrenzen [Han13], um realitätsnahe Simulationen der ablaufenden Prozesse zu erhalten.

Das erweiterte homogenisierte Modell kann das makroskopische Verhalten der beiden untersuchten Graphitanoden gut abbilden und liefert detaillierte Einblicke in die in der Elektrodenstruktur ablaufenden Vorgänge. Lediglich die innerhalb der Plateaus stattfindende Phasentransformation einzelner Partikel kann mit dem Modell nicht abgebildet werden. Die gleiche Schlussfolgerung gilt für die $LiCoO_2$-Kathode, die bei niedrigen Ladezuständen auch ein kleines Plateau aufweist. Für $LiFePO_4$ funktioniert der gewählte Modellierungsansatz dann, wenn der Elektrolyt limitierend ist und sich das Aktivmaterial als homogenes Medium mit einem konstanten Potential beschreiben lässt. Wird der Ladungstransferprozess oder die Phasenumwandlung innerhalb einzelner Partikel dominierend, sind umfangreichere Modelle notwendig. Dieses Thema ist Gegenstand aktueller Forschung, wobei für Modellsysteme schon vielversprechende Ergebnisse existieren (siehe Abschnitt 3.4).

Um das Ziel der direkten Verwendung der rekonstruierten Mikrostrukturen in ortsaufgelösten Simulationen zu erreichen, wurden im Rahmen dieser Arbeit mit der hochaufgelösten Rekonstruktion von Anoden und Kathoden wichtige Grundsteine gelegt. Wie in Abschnitt 6.7 demonstriert, ist die dreidimensionale Simulation der elektrochemischen Vorgänge in einer Anode heute schon möglich. Allerdings ist die für die Simulation eines Lade- oder Entladevorgangs erforderliche Rechendauer von ungefähr zweieinhalb Tagen zu lang, um Parameterstudien und modellgestützte Strukturoptimierungen sinnvoll durchführen zu können. Um praktikable Simulationsdauern zu erreichen, ist die konsequente Parallelisierung der eingesetzten Algorithmen und die Entwicklung numerischer Methoden unumgänglich, die speziell auf die Gleichungssysteme von Lithiumionenbatterien zugeschnitten sind.

Mit dem Erreichen der in dieser Arbeit festgesetzten Ziele ist die modellgestützte Optimierung der Mikrostruktur als konsequente Anwendung der entwickelten Methoden in greifbare Nähe gerückt. Die Mikrostrukturen der Elektroden können dadurch ohne aufwändige experimentelle Parameterstudien an den Anwendungszweck der Zellen angepasst werden. Insbesondere lässt dies die Anpassung der Mikrostruktur an die spezifischen Anforderungen an Zellen für den Einsatz in Hybrid- und Elektrofahrzeugen zu.

Anhang

A. Impedanzmessungen mittels Referenzelektrode

In dem Forschungsgebiet der Elektrochemie ist die Dreielektrodenzelle weit verbreitet. Dabei wird neben der Arbeits- und der Gegenelektrode eine dritte Elektrode mit einem wohldefinierten Potential als Potentialreferenz eingesetzt. Diese Referenzelektrode bleibt stets unbelastet, sodass die Potentiale der anderen Elektroden inklusive der an ihnen auftretenden Überspannungen unter Last relativ zur Referenzelektrode gemessen werden können [Bar01]. Um die Verlustprozesse einer Zelle den einzelnen Elektroden zuzuordnen, ist die Impedanzspektroskopie in einem Dreielektrodenaufbau prinzipiell interessant. Dabei wird die Zelle über die Arbeits- (AE) und die Gegenelektrode (GE) angeregt, die Spannungsantwort wird zwischen der Arbeits- und der Referenzelektrode (RE) gemessen. Während die Anforderungen an die Geometrie und Position der Referenzelektrode für Experimente im Leerlauf oder unter Gleichstrombelastung unkritisch sind, spielen diese beim Einsatz in der Impedanzspektroskopie eine wichtige Rolle [End12b]. In Abhängigkeit von der Referenzelektrodenposition und den Impedanzen der Arbeits- und Gegenelektrode verändert sich das Potential der Referenzelektrode und damit der zur Berechnung

(a)　　　　　　　　　　　　　　　　　　(b)

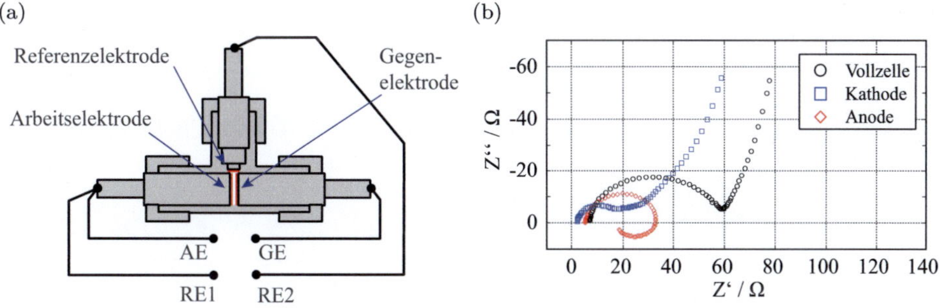

Abbildung A.1.: Schematische Darstellung einer Dreielektroden-Swagelokzelle (a). Die in diesem Gehäuse gemessenen Impedanzen (b) weisen häufig Artefakte wie induktive Kringel auf, die als Folge geometrischer und elektrischer Asymmetrien gemessen werden. Bei der Zelle handelt es sich um eine LiFePO$_4$/Lithium-Zelle mit einer Referenzelektrode aus Lithium.

(a)　　　　　　　　　　　　　　　(b)

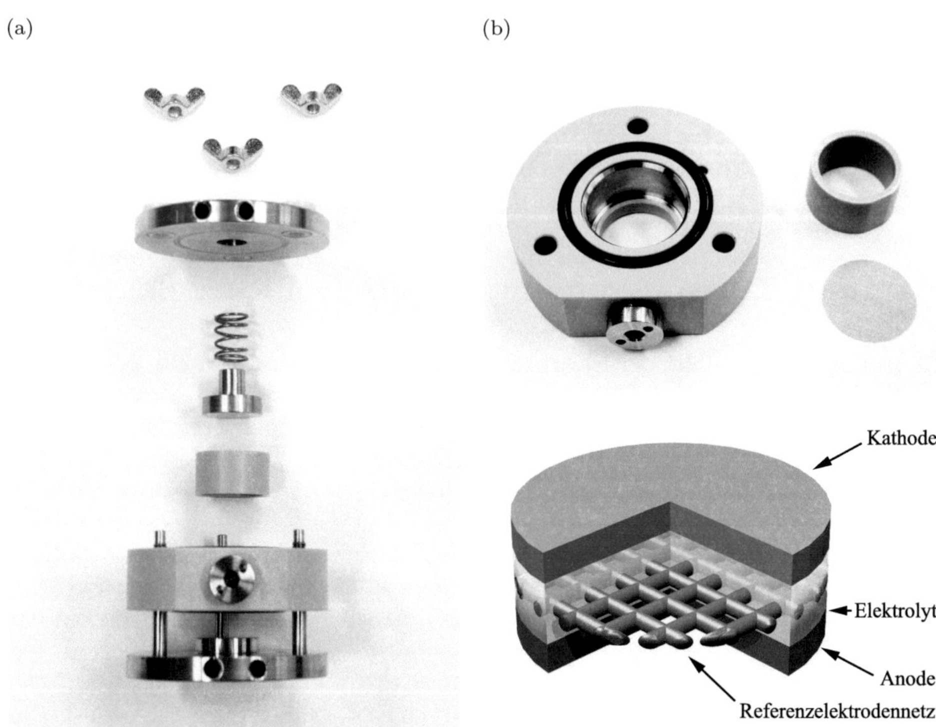

Abbildung A.2.: Einzelteile des Zellgehäuses (a), bei dem das Mittelteil aus einem PEEK-Ring besteht. Die Basis und der Deckel sind aus Edelstahl gefertigt und gegen das Mittelteil gedichtet. Das Mittelteil mit dem eingelassenen Edelstahlring ist in (b) gezeigt. Auf diesem liegt das Netz auf und wird durch die PEEK-Hülse fixiert. Außerdem ist der schematische Aufbau des Zellstapels im Inneren des Gehäuses gezeigt.

der Halbzellenimpedanz verwendete Potentialnullpunkt. Dieser Effekt äußert sich durch Artefakte in den gemessenen Impedanzen, die eine Interpretation der Messung unmöglich machen können (Abbildung A.1) [End12b]. Aus diesem Grund wurde, gestützt auf FEM-Simulationen, ein neues Zelldesign entwickelt, das speziell für die Impedanzspektroskopie im Dreielektrodenaufbau optimiert ist. Ein Foto des Zellgehäuses ist in Abbildung A.2a gezeigt. Im Inneren befindet sich der Elektrodenstapel, wobei eine netzförmige Referenzelektrode von zwei Separatoren umgeben, zwischen der Arbeits- und der Gegenelektrode liegt (Abbildung A.2b). Durch die geometrische Position zwischen den beiden Hauptelektroden stellt die Referenzelektrode eine Äquipotentialfläche dar und wird damit nicht durch geringfügige Verschiebungen der Elektroden gegeneinander beeinflusst, wie es bei Einsatz einer Referenzelektrode außerhalb des Elektrodenstapels der Fall wäre.

(a)   (b)

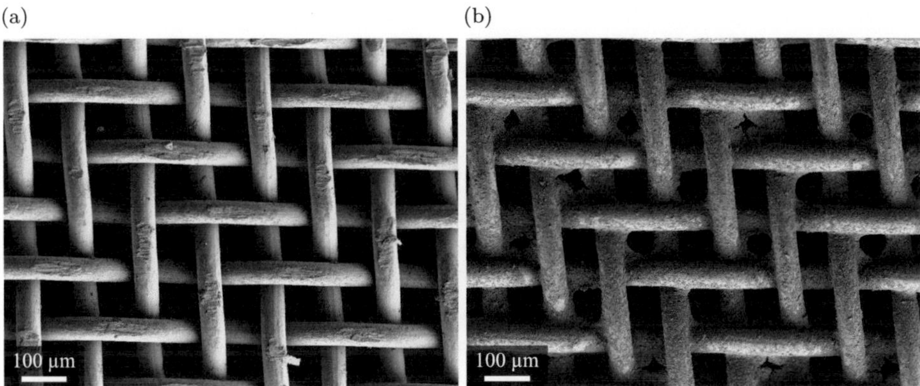

Abbildung A.3.: Rasterelektronenmikroskopaufnahme des als Referenzelektrode verwendeten Aluminiumnetzes (a), auf das eine dünne Beschichtung aus Lithiumtitanat aufgebracht wurde (b). Die Netze wurden tauchbeschichtet, wobei die Dispersion aus dem Lithiumtitanatpulver, einem Leitruß und einem wasserlöslichen Zellulosebinder besteht.

Für die Referenzelektrode kommt ein Aluminiumnetz zum Einsatz, das eine Dicke von 100 µm, bei einer Drahtstärke von 50 µm aufweist (Abbildung A.3a). Dieses Netz wird mit einer Mischung aus Lithiumtitanat ($Li_4Ti_5O_{12}$), Leitruß und Binder tauchbeschichtet. Da die Dispersion zur Beschichtung wesentlich dünner ist als für die Beschichtung normaler Elektroden, bildet sich nur eine sehr dünne Schicht auf der Oberfläche der Drähte aus (Abbildung A.3b). Teilweise werden die Poren auf Grund der Oberflächenspannung des Lösungsmittels durch einen dünnen Film verschlossen. Da dieser eine hohe Porosität aufweist, ist trotzdem kein negativer Einfluss auf das Verhalten der Zelle zu erwarten.

Da Lithiumtitanat bei der Herstellung ungeladen ist, muss die Referenzelektrode vor dem Einsatz geladen werden. Danach liegt ihr Potential innerhalb des Plateaus bei 1,567 V und bleibt auch bei lithiumverbrauchenden Nebenreaktionen oder geringfügigen Strömen konstant. Bei Langzeitmessungen führen die Nebenreaktionen dazu, dass das im Lithiumtitanat gespeicherte Lithium aufgebraucht wird, wodurch sich die Potentiallage der Elektrode ändert. In diesem Fall kann das Netz erneut geladen werden. Beim Einsatz der Referenzelektrode in Vollzellen ist zu beachten, dass für das Laden der Referenzelektrode Lithium aus einer der Hauptelektroden benötigt wird. Da die Kapazität der Referenzelektrode mit typischerweise 0,1 bis 0,2 mA h klein gegenüber den Elektrodenkapazitäten ist, kann der Lithiumverlust in den meisten Fällen in Kauf genommen werden.

B. Leitfähigkeitsmessungen an kommerziellen Elektroden

Die effektive elektronische Leitfähigkeit einer porösen Elektroden ist messtechnisch nicht unmittelbar zugänglich, da die Elektrodenschicht auf einem Stromableiter aufgebracht wird. Dieser besteht aus Aluminium oder Kupfer und besitzt somit eine sehr hohe Leitfähigkeit. Messungen parallel zur Schicht werden damit praktisch kurzgeschlossen. Erschwerend kommt hinzu, dass der Kontaktwiderstand zwischen dem Stromableiter und der Beschichtung ebenfalls unbekannt ist. Dies verhindert auch die Messung senkrecht zur Elektrodenoberfläche.

Aus diesem Grund wurde im Rahmen der vorliegenden Arbeit ein Verfahren entwickelt, das die Messung der effektiven Leitfähigkeit sowie des Kontaktwiderstandes einer Elektrode ermöglicht. Das Verfahren wurde bereits in [End13] veröffentlicht. Der Vorteil gegenüber der anderen für diesen Zweck existierenden Messmethode [Wan05] besteht darin, dass die Messung an den bereits für die Messung in Experimentalzellen ausgestanzten Elektroden vorgenommen werden kann. Für den realisierten Messaufbau beträgt der Durchmesser dieser Elektroden 18 mm. Es besteht somit nicht mehr die Bedingung einer ausreichend großen Probe, was in der Praxis einer Größe von etwa 10 cm entspricht.

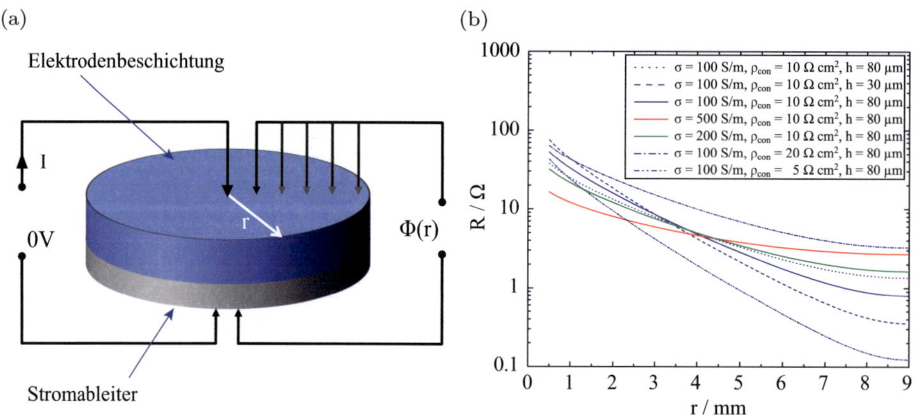

Abbildung B.4.: Schematische Darstellung des Messaufbaus (a), bei dem ein Gleichstrom in der Mitte der Elektrodenoberfläche eingespeist wird. Der Stromableiter liegt auf Masse und das Potential $\phi(r)$ wird an der Oberfläche als Funktion des Radius gemessen. Dividiert man das Oberflächenpotential durch den Messstrom erhält man eine Art Widerstand (b), der sich in Abhängigkeit der Elektrodenparameter in charakteristischer Weise ändert.

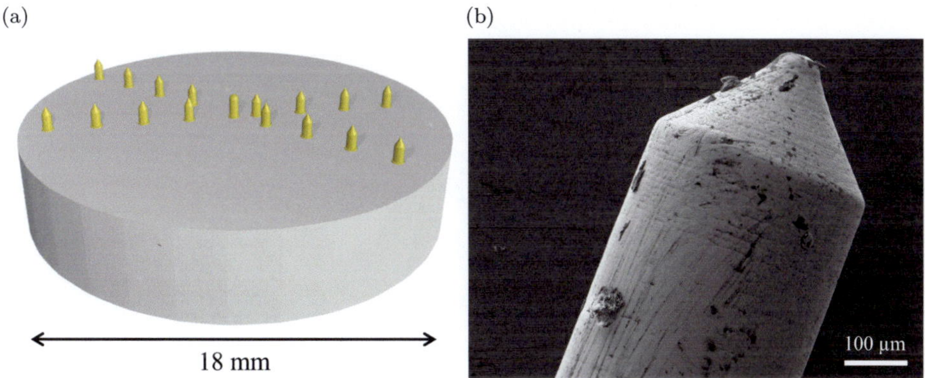

Abbildung B.5.: Darstellung des Messkopfes mit der Anordnung der Messstifte (a). Die federnden Messstifte sind vergoldet und haben eine kegelförmige Spitze. Wie in der Rasterelektronenmikroskopaufnahme (b) zu sehen ist, beträgt der Durchmesser der Spitze ungefähr 60 µm.

Das Prinzip der Messung besteht darin, dass in der Mitte der Elektrodenoberfläche ein Gleichstrom bekannter Größe eingespeist wird, während der Stromableiter auf Masse liegt (Abbildung B.4a). Der Strom- und Potentialverlauf innerhalb der Elektrodenbeschichtung hängt bei gegebener Geometrie von der effektiven Leitfähigkeit und dem Kontaktwiderstand zum Stromableiter ab. Die geometrischen Parameter der Elektrode, wie die Dicke der Beschichtung und der Durchmesser der kreisförmigen Elektrode, lassen sich aus separaten Messungen einfach bestimmen. Als direkte Messgröße ist der Verlauf des Potentials an der Oberfläche der Elektrode zugänglich. Wird dieses durch den verwendeten Messstrom dividiert, so erhält man eine Art Widerstand, dessen Verlauf nicht vom Messstrom abhängt. Abbildung B.4b zeigt die simulierten radialen Abhängigkeiten dieser Größe für verschiedene Elektrodenparameter.

Die Messung des Potentials erfolgt mit einem Messkopf, der mit federnden vergoldeten Kontaktstiften bestückt ist. Diese sind in einem schneckenförmigen Muster angeordnet, sodass sich ein radialer Abstand zwischen den Stiften von 0,5 mm ergibt. So können auf dem Radius von 9 mm insgesamt 16 Messstifte und der zentrale Kontakt zum Einprägen des Stroms untergebracht werden. Abbildung B.5 zeigt schematisch den Messkopf, sowie eine Rasterelektronenmikroskopaufnahme der Spitze eines Kontaktstiftes, dessen Spitzendurchmesser etwa 60 µm beträgt. Für den zentralen Kontaktstift kam eine halbkugelförmige Spitze mit einem Durchmesser von 350 µm zum Einsatz, um den Kontaktwiderstand gering zu halten. Der Einfluss der genauen Form des zentralen Stiftes ist im Verlauf des Potentials ab einem radialen Abstand von ungefähr 1 mm nicht mehr zu sehen.

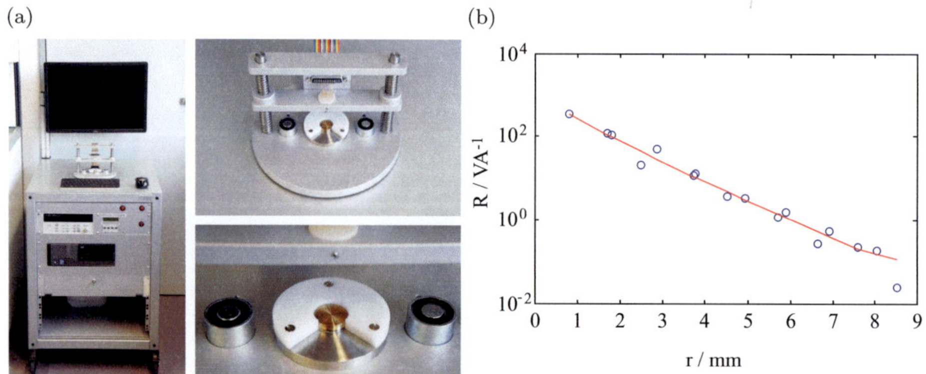

Abbildung B.6.: Photo des Messstandes (a) mit größeren Aufnahmen der eigentlichen Messvorrichtung und der geerdeten Messbasis, auf deren vergoldeten Oberfläche die Elektrode mittels Unterdruck fixiert wird. Auf beiden Seiten neben der Messbasis sind die Elektromagnete zu sehen, die für die Fixierung des Schlittens sorgen, auf dem der Messkopf befestigt ist. Eine Beispielmessung (b) an einer $LiFePO_4$-Elektrode zeigt in der halblogarithmischen Darstellung ein nahezu lineares Verhalten. Zusätzlich zur Messung ist das angepasste Modell als durchgezogene Linie eingezeichnet.

Auf Basis des experimentellen, in [End13] beschriebenen, Messaufbaus, wurde ein Messstand entworfen, der die Messungen reproduzierbarer machen soll (Abbildung B.6). Dazu wurde die Messbasis, auf der die Elektrode aufliegt, mit 0,5 mm dicken Bohrungen versehen. Über diese Bohrungen kann die Elektrode mit einem leichten Vakuum fixiert werden, sodass jederzeit ein guter Kontakt zur Messbasis gewährleistet ist. Außerdem ist der Messkopf nun auf einem vertikalen Schlitten montiert. Dieser lässt sich entlang zweier Führungssäulen auf die Probe drücken, wo der Schlitten mit zwei Elektromagneten gehalten wird. So wird sichergestellt, dass der Messkopf nicht verkippen kann und die Bewegung nur senkrecht erfolgt. Würde eine horizontale Bewegung stattfinden bestünde die Gefahr, dass die Messspitzen die Elektrodenbeschichtung beschädigen und das Potential des darunterliegenden Stromableiters messen.

Die Auswertung erfolgt wie in [End13] beschrieben durch anpassen einer FEM-Simulation an die Messdaten. Dabei werden iterativ die Leitfähigkeit und der Kontaktwiderstand der Simulation verändert, bis das Gütemaß minimal wird. Dazu wird die Messung und die Simulation im linearen Bereich der logarithmischen Auftragung jeweils durch eine lineare Funktion beschrieben. Als Gütemaß kommt die Summe der quadratischen Abweichungen dieser Parameter zwischen Messung und Simulation zum Einsatz.

C. Verwendete Zellen

Aufstellung der im Rahmen dieser Arbeit verwendeten kommerziellen Zellen und die daran vorgenommenen Messungen.

ID	Elektroden	Messungen
0966	$LiCoO_2$/Graphit	Impedanzspektren
1833	$LiCoO_2$/Graphit	Zerlegt für Elektroden
1837	$LiCoO_2$/Graphit	C-Raten
0968	$LiFePO_4$/Graphit	Impedanzspektren
1856	$LiFePO_4$/Graphit	C-Raten
1859	$LiFePO_4$/Graphit	Zerlegt für Elektroden

Aufstellung der im Rahmen dieser Arbeit verwendeten Experimentalzellen und die daran vorgenommenen Messungen.

ID	Elektroden	Messungen
1842	$LiCoO_2$/Li	C-Ratenvariation und Impedanzspektren
1843	Graphit/Li	C-Ratenvariation und Impedanzspektren
1858	$LiCoO_2$/Li	C-Ratenvariation
1897	$LiCoO_2$/Li	Messung der Gleichgewichtspotentialkurve
1911	Graphit/Li	Messung der Gleichgewichtspotentialkurve
1376	Graphit/Li	Messung der Gleichgewichtspotentialkurve
1874	Graphit/Li	C-Ratenvariation und Impedanzspektren
1875	$LiFePO_4$/Li	C-Ratenvariation und Impedanzspektren
1904	$LiFePO_4$/Li	Messung der Gleichgewichtspotentialkurve

D. Betreute Arbeiten

Die folgende Aufstellung gibt einen Überblick über die im Rahmen dieser Arbeit betreuten studentischen Arbeiten.

- Andreas Häffelin, *Entwicklung eines 3D FEM Modells zur Untersuchung der Verlustmechanismen in mischleitenden Elektroden*, Diplomarbeit, 02.01.2011 - 24.01.2012 (Betreuung zusammen mit Jochen Joos)

- Christian Uhlmann, *Abhängigkeit des Ladungstransferwiderstands vom Staging in Graphit*, Vertiefungsseminar, 01.03.2011 - 15.04.2011 (Betreuung zusammen mit Jörg Illig)

- Ingo Rotscholl, *Rekonstruktion einer zweiphasigen Elektrode mittels FIB/REM*, Bachelorarbeit, 20.04.2011 - 30.10.2011 (Betreuung zusammen mit Jochen Joos)

- Christopher Eitel, *FEM-Simulation von Lithium-Ionen-Batterie-Elektroden*, Diplomarbeit, 01.09.2011 - 29.02.2012

- Mohammed Amine Touzi, *Untersuchung eines 3-Elektrodensetups mittels Experimentalzellen und FEM-Simulationen*, Studienarbeit, 01.01.2012 - 30.09.2012 (Betreuung zusammen mit Jörg Illig)

- Steffen Flade, *Modellierung des Impulsverhaltens von Lithium-Ionen Batterien aus dem Automotive Bereich*, Diplomarbeit, 16.04.2012 - 16.10.2012 (Betreuung zusammen mit Jan Philipp Schmidt)

- Christian Uhlmann, *Nachweis und Vorhersage von Lithium-Plating in Experimentalzellen*, Diplomarbeit, 05.05.2012 - 05.11.2012 (Betreuung zusammen mit Jörg Illig)

- Christoph Gielisch, *3D Rekonstruktion einer Graphit Anode mittels μ-CT*, Bachelorarbeit, 07.05.2012 - 06.11.2012

- Andreas Messner, *Investigation of Novel Catalytic Active SOFC Anodes*, Bachelorarbeit, 15.06.2012 - 30.11.2012 (externe Arbeit, Betreuung zusammen mit Jochen Joos)

- Karl-Kiên Cao, *Ein Modell für mikroporöse Kathodenpartikel der Lithium-Ionen-Zelle*, Masterarbeit, 01.12.2012 - 01.06.2013 (externe Arbeit)

E. Eigene Veröffentlichungen

Nachfolgend findet sich eine Aufstellung der während dieser Arbeit entstandenen Veröffentlichungen und Konferenzbeiträge.

Journal Paper

[ME-J01] J. Illig, T. Chrobak, M. Ender, J. P. Schmidt, D. Klotz and E. Ivers-Tiffée, *Studies on LiFePO4 as Cathode Material in Li-Ion Batteries*, ECS Trans. 28, pp. 3-17 (2010).

[ME-J02] J. P. Schmidt, T. Chrobak, M. Ender, J. Illig, D. Klotz and E. Ivers-Tiffée, *Studies on LiFePO4 as Cathode Material using Impedance Spectroscopy*, J. Power Sources 196, pp. 5342-5348 (2010).

[ME-J03] J. Illig, M. Ender, T. Chrobak, J. P. Schmidt, D. Klotz and E. Ivers-Tiffee, *Evaluation of LiFePO4-Cathodes by Impedance Modeling*, in Dominique Guyomard (Ed.), Proceedings of the Lithium Batteries Discussion 2011, p. O11 (2011).

[ME-J04] M. Ender, J. Joos, T. Carraro and E. Ivers-Tiffée, *Three-dimensional reconstruction of a composite cathode for lithium-ion cells*, Electrochemistry Communications 13, pp. 166-168 (2011).

[ME-J05] J. Joos, T. Carraro, M. Ender, B. Rüger, A. Weber and E. Ivers-Tiffée, *Detailed Microstructure Analysis and 3D Simulations of Porous Electrodes*, ECS Trans. 35, pp. 2357-2368 (2011).

[ME-J06] M. Ender, A. Weber and E. Ivers-Tiffée, *Analysis of Three-Electrode Setups for AC-Impedance Measurements on Lithium-Ion Cells by FEM simulations*, J. Electrochem. Soc. 159 (2), p. A128-A136 (2012).

[ME-J07] A. Häffelin, J. Joos, M. Ender, A. Weber and E. Ivers-Tiffée, *Transient 3D FEM Impedance-Model for Mixed Conducting Cathodes*, ECS Trans. 45, pp. 313-325 (2012).

[ME-J08] M. Ender, J. Joos, T. Carraro and E. Ivers-Tiffée, *Quantitative Characterization of LiFePO4 Cathodes Reconstructed by FIB/SEM Tomography*, J. Electrochem. Soc. 159 (7), p. A972-A980 (2012)

[ME-J09] J. Illig, M. Ender , T. Chrobak , J.P. Schmidt , D. Klotz and E. Ivers-Tiffée, *Separation of Charge Transfer and Contact Resistance in LiFePO4-Cathodes by Impedance Modeling*, J. Electrochem. Soc. 159 (7), p. A952-A960 (2012)

[ME-J10] J. Joos, M. Ender, T. Carraro, A. Weber and E. Ivers-Tiffée, *Representative Volume Element Size for Accurate Solid Oxide Fuel Cell Cathode Reconstructions from Focused Ion Beam Tomography Data*, Electrochimica Acta 82, p. 268–276 (2012)

[ME-J11] A. Häffelin, J. Joos, M. Ender, A. Weber and E. Ivers-Tiffée, *Time-Dependent 3D Impedance Model of Mixed-Conducting Solid Oxide Fuel Cell Cathodes*, Journal of The Electrochemical Society 160 (8), p. F867-F876 (2013)

[ME-J12] M.Ender, A. Weber and E. Ivers-Tiffée, *A Novel Method for Measuring the Effective Conductivity and the Contact Resistance of Porous Electrodes for Lithium-Ion Batteries*, Electrochemistry Communications, 34. p. 130-133 (2013)

[ME-J13] J. Joos, M.Ender, I. Rotscholl, N. H. Menzler and E. Ivers-Tiffée, *Quantification of double-layer Ni/YSZ fuel cell anodes from focused ion beam tomography data*, Journal of Power Sources, 246. p. 819-830 (2014)

Konferenzbeiträge

[ME-K01] J. Illig, T. Chrobak, M. Ender, J.P. Schmidt, D. Klotz, E. Ivers-Tiffée, *Studies on LiFePO4 as Cathode Material in Li-Ion Batteries*, 217th Meeting of The Electrochemical Society (Vancouver, Kanada), 26.04. - 30.04.2010

[ME-K02] J.P. Schmidt, T. Chrobak, M. Ender, J. Illig, D. Klotz, E. Ivers-Tiffée, *Studies on LiFePO4 as Cathode Material using Impedance Spectroscopy*, 12th Ulm ElectroChemical Talks (UECT) (Ulm, Deutschland), 16.06. - 17.06.2010

[ME-K03] M. Ender, T. Chrobak, J. Illig, J.P. Schmidt, D. Klotz, E. Ivers-Tiffée, *Identification of Reaction Mechanisms in Lithium-Ion Cells by Deconvolution of Electrochemical Impedance Spectra*, International Meeting on Lithium Batteries (Montréal, Kanada), 27.06. - 02.07.2010

[ME-K04] T. Chrobak, M. Ender, J. Illig, J.P. Schmidt, D. Klotz, E. Ivers-Tiffée, *Studies on LiFePO4 as Cathode Materials in Li-Ion-Batteries*, Materials for Energy (Karlsruhe, Deutschland), 05.07. - 08.07.2010

[ME-K05] J. Joos, T. Carraro, M. Ender, A. Weber, E. Ivers-Tiffee, *3D Rekonstruktion und Modellierung einer porösen Elektrode für die Hochtemperaturbrennstoffzelle SOFC*, DKG-Jahrestagung 2011 (Saarbrücken, Deutschland), 28.03. - 30.03.2011

[ME-K06] M. Ender, A. Weber, E. Ivers-Tiffée, *Reference Electrode Setup for Impedance Spectroscopy on Lithium-ion Cells*, 219th Meeting of The Electrochemical Society (Montreal, Kanada), 01.05. - 06.05.2011

[ME-K07] M. Ender, J. Joos, T. Carraro, E. Ivers-Tiffée, *3D Microstructure Characterization of a Composite Cathode for Lithium-Ion Cells*, 219th Meeting of The Electrochemical Society (Montreal, Kanada), 01.05. - 06.05.2011

[ME-K08] J. Joos, T. Carraro, M. Ender, B. Rüger, A. Weber, E. Ivers-Tiffée, *Detailed Microstructure Analysis and 3D Simulations of Porous Electrodes*, 219th Meeting of The Electrochemical Society (Montreal, Kanada), 01.05. - 06.05.2011

[ME-K09] M. Ender, J. Joos, T. Carraro, E. Ivers-Tiffée, *FIB/SEM-Tomography for the Exploitation of Microscale Characteristics of LiFePO4 - Carbon Black Cathodes,*

18th International Conference on Solid State Ionics (Warschau, Polen), 03.07. - 08.07.2011

[ME-K10] M. Ender, J. Joos, T. Carraro, E. Ivers-Tiffée, *3D Microstructure Analysis of a Commercial LiFePO4-Cathode*, 220th Meeting of The Electrochemical Society (Boston, USA), 09.10. - 14.10.2011

[ME-K11] J. Illig, M. Ender, E. Ivers-Tiffée, *Evaluation of Commercial LiFePO4 Cathodes by Impedance Modeling*, 220th Meeting of The Electrochemical Society (Boston, USA), 09.10. - 14.10.2011

[ME-K12] M. Ender, E. Ivers-Tiffée, *Reconstruction of Porous Electrode Structures for Li-Ion Batteries*, European CrossBeam User Meeting (Stuttgart, Deutschland), 15.05. - 16.05.2012

[ME-K13] M. Ender, E. Ivers-Tiffée, *Perspectives of Microstructure Modeling for Li-Ion-Battery Electrodes*, IMLB 2012 (Jeju, Korea), 18.06. - 22.06.2012

[ME-K14] M. Ender, E. Ivers-Tiffée, *The Role of Microstructure for Li-Ion-Batteries*, UECT 2012 (Ulm, Deutschland), 02.07. - 05.07.2012

[ME-K15] J. Illig, M. Ender, A. Weber, E. Ivers-Tiffée, *Reference Electrodes for Impedance Measurements in Lithium Ion Cells*, 222nd Meeting of The Electrochemical Society (Honolulu, USA), 07.10. - 12.10.2012

[ME-K16] M. Ender, J. Illig, E. Ivers-Tiffée, *Parameterizing Li-Ion Cell Models Supported by Microstructure Reconstructions*, 222nd Meeting of The Electrochemical Society (Honolulu, USA), 07.10. - 12.10.2012

[ME-K17] M. Ender, J. Joos, A. Weber, E. Ivers-Tiffée, *The Significance of Tortuosity for the Performance of Lithium-Ion Batteries*, 223rd Meeting of The Electrochemical Society (Toronto, Kanada), 12.05. - 16.05.2013

[ME-K18] C. Uhlmann, J. Illig, M. Ender, A. Weber, R. Schuster, E. Ivers-Tiffée, *In Situ Detection of Lithium Metal Plating on Graphite via Reference Electrodes and Optical Test-Cells*, 223rd Meeting of The Electrochemical Society (Toronto, Kanada), 12.05. - 16.05.2013

[ME-K19] J. Joos, M. Ender, A. Häffelin, T. Carraro, E. Ivers-Tiffée, *Quantification of SOFC Electrode Microstructure Characteristics*, (Kyoto, Japan), 02.06. - 07.06.2013

[ME-K20] M. Ender, J. Joos, A. Weber, E. Ivers-Tiffée, *3D Microstructure Analysis of Lithium-Ion Cell Components*, 19th SSI Meeting (Kyoto, Japan), 02.06. - 07.06.2013

[ME-K21] M. Ender, J. Joos, T. Carraro, A. Weber, E. Ivers-Tiffée, *Microstructure modeling of porous electrodes for Lithium-ion batteries*, SSE2013 (Heidelberg, Deutschland), 22.07. - 24.07.2013

[ME-K22] M. Ender, A. Weber, E. Ivers-Tiffée, *Extending porous electrode models for Lithium-ion battery electrodes to particle size distributions*, 224th Meeting of The Electrochemical Society (San Francisco, USA), 27.10. - 01.11.2013

[ME-K23] M. Weiss, J. Illig, J. P. Schmidt, M. Ender, A. Weber, E. Ivers-Tiffée, *Determination of Lithium Diffusion Coefficients in Commercial Electrodes By Impedance Modelling*, 224th Meeting of The Electrochemical Society (San Francisco, USA), 27.10. - 01.11.2013

Abkürzungsverzeichnis

AE	Arbeitselektrode
BDF	*backward differentiation formulas*
CHR-Modell	*Cahn-Hilliard-reaction model*
CPE	Konstantphasenelement, *constant phase element*
CT	Computertomographie, *computed tomography*
CV	Zyklovoltammetrie, *cyclovoltammetry*
DEC	Diethylcarbonat
DMC	Dimethylcarbonat
EC	Ethylencarbonat
EDT	Euklid'sche Abstandstransformation, *euclidean distance transform*
EDX	Energiedispersive Röntgenspektroskopie
EIS	Elektrochemische Impedanzspektroskopie
EMC	Ethylmethylcarbonat
FEM	Finite Elemente Methode
FIB	fokussierter Ionenstrahl, *focused ion beam*
FLW	*finite length warburg*
FRA	*frequency response analyzer*
FSW	*finite space warburg*
FVM	Finite Volumen Methode
GE	Gegenelektrode
GIS	Gasinjektionssystem, *gas injection system*
GITT	*galvanostatic intermittent titration technique*
GMRES	Verfahren der verallgemeinerten minimalen Residuen, *generalized minimum residuals*
HOMO	*highest occupied moleculat orbit*
HOPG	*highly oriented pyrolytic graphite*
IWE	Institut für Werkstoffe der Elektrotechnik
LIB	Lithiumionenbatterie
LSCF	Lanthan-Strontium-Kobalt-Ferrit
LSM	Lanthan-Strontium-Manganit

LUMO	*lowest unoccupied molecular orbit*
MINRES	Verfahren der minimalen Residuen, *minimum rediduals*
NMP	N-methyl-2-pyrrolidon
OCP	Leerlaufpotential, *open circuit potential*
OCV	Leerlaufspannung, *open circuit voltage*
PE	Polyethylen
PEEK	Polyetheretherketon
PITT	*potentiostatic intermittent titration technique*
PP	Polypropylen
PVDF	Polyvinylidenfluorid
RE	Referenzelektrode
REM	Rasterelektronenmikroskop
RQ-Element	Parallelschaltung aus Widerstand und Konstantphasenelement
SEI	*solid electrolyte interphase*
SoC	Ladezustand, *state of charge*
SOFC	Festelektrolytbrennstoffzelle, *solid oxide fuel cell*
YSZ	Yttrium-stabilisiertes Zirkonoxid

Symbolverzeichnis

Symbole

B	Matrix der diskretisierten dreidimensionalen Materialverteilung
C	Kapazität
D	chemischer Diffusionskoeffizient
E	Energie
F	Faradaykonstante
G	Freie Energie (Gibbs Energie)
H	Enthalpie
I	Strom
L	Länge
N	Teilchen- oder Partikelzahl
P	Wahrscheinlichkeit
R_g	universelle Gaskonstante
R	Radius
S	Entropie
T	absolute Temperatur
U	Spannung
V	Volumen
Z	komplexwertige Impedanz
Z', Z''	Realteil und Imaginärteil der Impedanz
$\mathcal{A}_i$	volumenspezifische Oberfläche von Komponente i
$\mathcal{D}$	Diffusionskoeffizient
$\mathcal{N}$	Teilchenflussdichte
a_i	Aktivität der Spezies i
$\vec{b}$	Lösungsvektor
c	Konzentration
$\tilde{c}$	dimensionslose Konzentration
d	Durchmesser
f	thermodynamischer Faktor
$f(R_i)$	Anteil von Partikelgröße R_i an spezifischer Oberfläche
g	Graustufenwert
j	Stromdichte

k_i	Geschwindigkeitskonstante einer Reaktion i
k_B	Boltzmannkonstante
l	Länge
$\vec{n}$	Normalenvektor einer Oberfläche
p	Wahrscheinlichkeitsdichte
q	Ladungsquellterm
r	radiale Ortsvariable
r_p	Partikelradius
$\vec{r}$	Ortsvektor
t	Zeit
$\tilde{t}$	dimensionslose Zeit
$t_\pm$	Überführungszahl der positiven/negativen Spezies
u	Mobilität
v	Geschwindigkeit
x	Ortsvariable
$\tilde{x}$	dimensionslose Ortsvariable
y	Ortsvariable
z	Ortsvariable
z_i	Ladungszahl der Spezies i

Griechische Symbole

α	Ladungstransferkoeffizient
γ	Aktivitätskoeffizient
ε	Volumenanteil
η	Überspannung
κ	Gradientenenergiebeitrag
μ	chemisches Potential
μ_{ex}	Überschusspotential
$\tilde{\mu}$	elektrochemisches Potential
ν_0, ν	Oszillations- und Übergangsrate
ξ_i	Molenbruch der Spezies i
π	Kreiszahl
ρ	flächenspezifischer Widerstand
σ_i	Leitfähigkeit der Spezies i
σ	Standardabweichung
τ	Tortuosität
ϕ	elektrisches Potential
φ	Phasenverschiebung
χ	Füllgrad des Gitters (Ladezustand)
ω	Kreisfrequenz
Ω	Wechselwirkungsenergie

Indizes

0, ○	Gleichgewicht
+	positiv
−	negativ
b	rückwärts (*backward*)
ct	Ladungstransfer (*charge transfer*)
diff	Diffusion
eff	effektiv
El	Elektrode
eq	Gleichgewicht (*equilibrium*)
ex	Überschuss
f	vorwärts (*forward*)
geom	geometrisch
i	Index für ein Material oder eine Spezies
l	in der Flüssigphase (*liquid*)
L	Last
max	maximal
mikro	mikroskopisch
Mol	molar
ox	oxidiert
red	reduziert
ref	Referenz
reg	regulär
s	in der Festphase (*solid*)
sep	Separator
spec	volumenspezifisch
surf	Oberfläche
SEI	*solid electrolyte interphase*
TS	Übergangszustand (*transition state*)

Literaturverzeichnis

[Alb09]   ALBERTUS, Paul; CHRISTENSEN, Jake und NEWMAN, John: Experiments on and modeling of positive electrodes with multiple active materials for lithium-ion batteries. *Journal of The Electrochemical Society* (2009), Bd. 156(7):S. A606–A618

[Aro00]   ARORA, Pankaj; DOYLE, Marc; GOZDZ, Antoni S.; WHITE, Ralph E. und NEWMAN, John: Comparison between computer simulations and experimental data for high-rate discharges of plastic lithium-ion batteries. *Journal of power sources* (2000), Bd. 88(2):S. 219–231

[Aur98]   AURBACH, Doron; LEVI, Mikhail D.; LEVI, Elena; TELLER, Hanan; MARKOVSKY, Boris; SALITRA, Gregory; HEIDER, Udo und HEIDER, Lilia: Common electroanalytical behavior of Li intercalation processes into graphite and transition metal oxides. *Journal of The Electrochemical Society* (1998), Bd. 145(9):S. 3024–3034

[Bar94]   BARRETT, Richard: *Templates for the solution of linear systems: building blocks for iterative methods*, 43, Siam (1994)

[Bar99]   BARSOUKOV, Evgenij; KIM, Jong Hyun; KIM, Jong Hun; YOON, Chul Oh und LEE, Hosull: Kinetics of lithium intercalation into carbon anodes: in situ impedance investigation of thickness and potential dependence. *Solid State Ionics* (1999), Bd. 116(3):S. 249–261

[Bar01]   BARD, Allen J. und FAULKNER, Larry R.: *Electrochemical Methods - Fundamentals and Applications*, John Wiley, 2 Aufl. (2001)

[Bar05]   BARSOUKOV, Evgenij und MACDONALD, J Ross: *Impedance spectroscopy: theory, experiment, and applications*, John Wiley & Son (2005)

[Baz11]   BAZANT, Martin: Electrochemical Energy Systems, online (2011), Lecture Notes, MIT 10.626

[Baz13a] BAZANT, Martin Z.: Theory of Chemical Kinetics and Charge Transfer based on Nonequilibrium Thermodynamics. *Accounts of Chemical Research* (2013), Bd. 46(5):S. 1144–1160

[Baz13b] BAZANT, Martin Z.; FERGUSON, Todd; BAI, Peng und SMITH, Raymond: Rate limiting processes in LiFePO$_4$ (2013), persönliche Kommunikation

[Bes99]   BESENHARD, Jürgen O: *Handbook of battery materials*, Wiley-VCH (1999)

[Bru35]   BRUGGEMAN, D.A.G.: Berechnung verschiedener physikalischer Konstanten von heterogenen Substanzen. I. Dielektrizitätskonstanten und Leitfähigkeiten der Mischkörper aus isotropen Substanzen. *Annalen der Physik* (1935), Bd. 416(7):S. 636–664

[Cah58]   CAHN, John W. und HILLIARD, John E.: Free energy of a nonuniform system. I. Interfacial free energy. *The Journal of Chemical Physics* (1958), Bd. 28:S. 258

[Chr13]   CHRISTENSEN, Jake; COOK, David und ALBERTUS, Paul: An Efficient Parallelizable 3D Thermoelectrochemical Model of a Li-Ion Cell. *Journal of The Electrochemical Society* (2013), Bd. 160(11):S. A2258–A2267

[Chu13]   CHUEH, William C; EL GABALY, Farid; SUGAR, Joshua D.; BARTELT, Norman C.; MCDANIEL, Anthony H.; FENTON, Kyle R.; ZAVADIL, Kevin R.; TYLISZCZAK, Tolek; LAI, Wei und MCCARTY, Kevin F.: Intercalation Pathway in Many-Particle LiFePO4 Electrode Revealed by Nanoscale State-of-Charge Mapping. *Nano letters* (2013), Bd. 13(3):S. 866–872

[Ciu11]   CIUCCI, Francesco und LAI, Wei: Derivation of micro/macro lithium battery models from homogenization. *Transport in Porous Media* (2011), Bd. 88(2):S. 249–270

[Cog12]   COGSWELL, Daniel A. und BAZANT, Martin Z.: Coherency strain and the kinetics of phase separation in LiFePO4 nanoparticles. *Acs Nano* (2012), Bd. 6(3):S. 2215–2225

[Cog13]   COGSWELL, Daniel A. und BAZANT, Martin Z.: Theory of Nucleation in Phase-separating Nanoparticles. *arXiv preprint arXiv:1304.0105* (2013)

[Cus02]   CUSHMAN, John H.; BENNETHUM, Lynn S. und HU, Bill X.: A primer on upscaling tools for porous media. *Advances in Water Resources* (2002), Bd. 25(8):S. 1043–1067

[Dar97]   DARLING, Robert und NEWMAN, John: Modeling a porous intercalation electrode with two characteristic particle sizes. *Journal of The Electrochemical Society* (1997), Bd. 144(12):S. 4201–4208

[Doy93]   DOYLE, Marc; FULLER, Thomas F. und NEWMAN, John: Modeling of galvanostatic charge and discharge of the lithium/polymer/insertion cell. *Journal of the Electrochemical Society* (1993), Bd. 140(6):S. 1526–1533

[Doy94]   DOYLE, Marc; FULLER, Thomas F. und NEWMAN, John: The importance of the lithium ion transference number in lithium/polymer cells. *Electrochimica Acta* (1994), Bd. 39(13):S. 2073–2081

[Doy95a] DOYLE, Marc und NEWMAN, John: Modeling the performance of rechargeable lithium-based cells: design correlations for limiting cases. *Journal of Power Sources* (1995), Bd. 54(1):S. 46–51

[Doy95b] DOYLE, Marc und NEWMAN, John: The use of mathematical modeling in the design of lithium/polymer battery systems. *Electrochimica Acta* (1995), Bd. 40(13):S. 2191–2196

[Doy96] DOYLE, Marc; NEWMAN, John; GOZDZ, Antoni S.; SCHMUTZ, Caroline N. und TARASCON, Jean-Marie: Comparison of modeling predictions with experimental data from plastic lithium ion cells. *Journal of The Electrochemical Society* (1996), Bd. 143(6):S. 1890–1903

[Doy97] DOYLE, Marc und NEWMAN, John: Analysis of capacity–rate data for lithium batteries using simplified models of the discharge process. *Journal of Applied Electrochemistry* (1997), Bd. 27(7):S. 846–856

[Doy00] DOYLE, Marc; MEYERS, Jeremy P. und NEWMAN, John: Computer simulations of the impedance response of lithium rechargeable batteries. *Journal of The Electrochemical Society* (2000), Bd. 147(1):S. 99–110

[Doy03] DOYLE, Marc und FUENTES, Yuris: Computer simulations of a lithium-ion polymer battery and implications for higher capacity next-generation battery designs. *Journal of The Electrochemical Society* (2003), Bd. 150(6):S. A706–A713

[Dre10] DREYER, Wolfgang; JAMNIK, Janko; GUHLKE, Clemens; HUTH, Robert; MOŠKON, Jože und GABERŠČEK, Miran: The thermodynamic origin of hysteresis in insertion batteries. *Nature materials* (2010), Bd. 9(5):S. 448–453

[Ebn13] EBNER, Martin; GELDMACHER, Felix; MARONE, Federica; STAMPANONI, Marco und WOOD, Vanessa: X-Ray Tomography of Porous, Transition Metal Oxide Based Lithium Ion Battery Electrodes. *Advanced Energy Materials* (2013), Bd. 3(7):S. 845–850

[Ein05] EINSTEIN, Albert: Über die von der molekularkinetischen Theorie der Wärme geforderte Bewegung von in ruhenden Flüssigkeiten suspendierten Teilchen. *Annalen der Physik* (1905), Bd. 322(8):S. 549–560

[End11] ENDER, Moses; JOOS, Jochen; CARRARO, Thomas und IVERS-TIFFÉE, Ellen: Three-dimensional reconstruction of a composite cathode for lithium-ion cells. *Electrochemistry Communications* (2011), Bd. 13(2):S. 166–168

[End12a] ENDER, Moses; JOOS, Jochen; CARRARO, Thomas und IVERS-TIFFÉE, Ellen: Quantitative Characterization of LiFePO$_4$ Cathodes Reconstructed by FIB/SEM Tomography. *Journal of The Electrochemical Society* (2012), Bd. 159(7):S. A972–A980

[End12b] ENDER, Moses; WEBER, André und ELLEN, Ivers-Tiffée: Analysis of Three-Electrode Setups for AC-Impedance Measurements on Lithium-Ion Cells by FEM simulations. *Journal of The Electrochemical Society* (2012), Bd.

159(2):S. A128–A136

[End13] ENDER, Moses; WEBER, André und IVERS-TIFFÉE, Ellen: A Novel Method for Measuring the Effective Conductivity and the Contact Resistance of Porous Electrodes for Lithium-Ion Batteries. *Electrochemistry Communications* (2013), Bd. 34:S. 130–133

[Fer12] FERGUSON, Todd R. und BAZANT, Martin Z.: Nonequilibrium thermodynamics of porous electrodes. *Journal of The Electrochemical Society* (2012), Bd. 159(12):S. A1967–A1985

[Ful94a] FULLER, Thomas F.; DOYLE, Marc und NEWMAN, John: Relaxation Phenomena in Lithium-Ion-Insertion Cells. *Journal of the Electrochemical Society* (1994), Bd. 141(4):S. 982–990

[Ful94b] FULLER, Thomas F.; DOYLE, Marc und NEWMAN, John: Simulation and optimization of the dual lithium ion insertion cell. *Journal of the Electrochemical Society* (1994), Bd. 141(1):S. 1–10

[Gar05] GARCÍA, R. Edwin; CHIANG, Yet-Ming; CARTER, W. Craig; LIMTHONG-KUL, Pimpa und BISHOP, Catherine M.: Microstructural modeling and design of rechargeable lithium-ion batteries. *Journal of The Electrochemical Society* (2005), Bd. 152(1):S. A255–A263

[Gar07] GARCÍA, R. Edwin und CHIANG, Yet-Ming: Spatially resolved modeling of microstructurally complex battery architectures. *Journal of The Electrochemical Society* (2007), Bd. 154(9):S. A856–A864

[Gol12] GOLDIN, Graham M.; COLCLASURE, Andrew M.; WIEDEMANN, Andreas H. und KEE, Robert J.: Three-dimensional particle-resolved models of Li-ion batteries to assist the evaluation of empirical parameters in one-dimensional models. *Electrochimica Acta* (2012), Bd. 64:S. 118–129

[Goo10] GOODENOUGH, John B. und KIM, Youngsik: Challenges for Rechargeable Li Batteries. *Chemistry of Materials* (2010), Bd. 22(3):S. 587–603

[Gos07] GOSTOVIC, D.; SMITH, J.R.; KUNDINGER, D.P.; JONES, K.S. und WACHSMAN, E.D.: Three-dimensional reconstruction of porous LSCF cathodes. *Electrochemical and solid-state letters* (2007), Bd. 10(12):S. B214–B217

[Hai00] HAIRER, Ernst: *Solving ordinary differential equations I: Nonstiff problems*, Springer series in computational mathematics ; 8, Springer, Berlin, 2 Aufl. (2000)

[Hai10] HAIRER, Ernst: *Solving Ordinary Differential Equations II : Stiff and Differential-Algebraic Problems*, Springer Series in Computational Mathematics ; 14, Springer, Berlin, Heidelberg (2010)

[Han13] HAN, Sang Woo; PARK, Jonghyun; LU, Wei und SASTRY, Ann Marie: Numerical study of grain boundary effect on Li^+ effective diffusivity and intercalation-induced stresses in Li-ion battery active materials. *Journal of Power Sources* (2013), Bd. 240:S. 155–167

[Has62] HASHIN, Zvi und SHTRIKMAN, Shmuel: A variational approach to the theory of the effective magnetic permeability of multiphase materials. *Journal of applied Physics* (1962), Bd. 33(10):S. 3125–3131

[Hol04] HOLZER, Lorenz; INDUTNYI, Fedir; GASSER, Philippe; MÜNCH, Beat und WEGMANN, Markus: Three-dimensional analysis of porous $BaTiO_3$ ceramics using FIB nanotomography. *Journal of Microscopy* (2004), Bd. 216(1):S. 84–95

[Hut12] HUTZENLAUB, Tobias; THIELE, Simon; ZENGERLE, Roland und ZIEGLER, Christoph: Three-dimensional reconstruction of a $LiCoO_2$ Li-ion battery cathode. *Electrochemical and Solid-State Letters* (2012), Bd. 15(3):S. A33–A36

[Hut14] HUTZENLAUB, Tobias; THIELE, Simon; PAUST, Nils; SPOTNITZ, Robert; ZENGERLE, Roland und WALCHSHOFER, Christian: Three-dimensional electrochemical Li-ion battery modelling featuring a focused ion-beam/scanning electron microscopy based three-phase reconstruction of a $LiCoO_2$ cathode. *Electrochimica Acta* (2014), Bd. 115:S. 131–139

[Ill12] ILLIG, Jörg; ENDER, Moses; CHROBAK, Thorsten; SCHMIDT, Jan P.; KLOTZ, Dino und IVERS-TIFFÉE, Ellen: Separation of Charge Transfer and Contact Resistance in LiFePO4-Cathodes by Impedance Modeling. *Journal of The Electrochemical Society* (2012), Bd. 159(7):S. A952–A960

[Ill14] ILLIG, Jörg: *Physically based Impedance Modelling of Lithium-Ion Cells*, Dissertation, Fakultät für Elektrotechnik, Karlsruher Institut für Technologie (2014)

[Izz08] IZZO, John R.; JOSHI, Abhijit S.; GREW, Kyle N.; CHIU, Wilson K.S.; TKACHUK, Andrei; WANG, Siew H. und YUN, Wenbing: Nondestructive reconstruction and analysis of SOFC anodes using X-ray computed tomography at sub-50 nm resolution. *Journal of the Electrochemical Society* (2008), Bd. 155(5):S. B504–B508

[Jos06] JOSSEN, Andreas und WEYDANZ, Wolfgang: *Moderne Akkumulatoren richtig einsetzen*, Reichardt Verlag (2006)

[Jul06] JULIEN, Christian M.; ZAGHIB, Karim; MAUGER, Alain; MASSOT, M.; AIT-SALAH, Atmane; SELMANE, Mohamed und GENDRON, Francois: Characterization of the carbon coating onto $LiFePO_4$ particles used in lithium batteries. *Journal of applied physics* (2006), Bd. 100(6):S. 063511-1–063511-7

[Jun01]   JUNG, Michael und LANGER, Ulrich: *Methode der finiten Elemente für Ingenieure*, Teubner (2001)

[Kan09]   KANG, Byoungwoo und CEDER, Gerbrand: Battery materials for ultrafast charging and discharging. *Nature* (2009), Bd. 458(7235):S. 190–193

[Les12]   LESS, Greg B.; SEO, Jung Hwan; HAN, S.; SASTRY, Ann Marie; ZAUSCH, Jochen; LATZ, Arnulf; SCHMIDT, Sebastian; WIESER, Christian; KEHRWALD, Dirk und FELL, Stefan: Micro-scale modeling of Li-ion batteries: parameterization and validation. *Journal of The Electrochemical Society* (2012), Bd. 159(6):S. A697–A704

[Lev97]   LEVI, Mikhail D. und AURBACH, Doron: Diffusion coefficients of lithium ions during intercalation into graphite derived from the simultaneous measurements and modeling of electrochemical impedance and potentiostatic intermittent titration characteristics of thin graphite electrodes. *The Journal of Physical Chemistry B* (1997), Bd. 101(23):S. 4641–4647

[Lic34]   LICHTENECKER, Karl: Über Elektrische Leitfähigkeit und andere Körpereigenschaften desselben Typus bei binären Aggregaten. *Zeitschrift für Elektrochemie und angewandte physikalische Chemie* (1934), Bd. 40(1):S. 11–14

[Liu13]   LIU, Zhao; CRONIN, Scott; CHEN-WIEGART, Yu-chen K.; WILSON, James R.; YAKAL-KREMSKI, Kyle J.; WANG, Jun; FABER, Katherine T. und BARNETT, Scott A.: Three-Dimensional Morphological Measurements of $LiCoO_2$ and $LiCoO_2/Li(Ni_{1/3}Mn_{1/3}Co_{1/3})$ O_2 Lithium-ion Battery Cathodes. *Journal of Power Sources* (2013), Bd. 227:S. 267–274

[Lor80]   LORENTZ, Hendrik Antoon: Über die Beziehung zwischen der Fortpflanzungsgeschwindigkeit des Lichtes und der Körperdichte. *Annalen der Physik* (1880), Bd. 245(4):S. 641–665

[Lor87]   LORENSEN, William E. und CLINE, Harvey E.: Marching cubes: A high resolution 3D surface construction algorithm, in: *ACM Siggraph Computer Graphics*, Bd. 21, ACM, S. 163–169

[May05]   MAYO, Sheridan C.; MILLER, P.R.; SHEFFIELD-PARKER, Julie; GUREYEV, Timur und WILKINS, Stephen W.: Attainment of < 60 nm Resolution in Phase-Contrast X-ray Microscopy using an add-on to an SEM, in: *8th International Conference on X-ray Microscopy, IPAP Conference Series*, S. 343–345

[Meh07]   MEHRER, Helmut: *Diffusion in solids : fundamentals, methods, materials, diffusion-controlled processes; with 27 tables*, Springer series in solid-state sciences ; 155, Springer, Berlin (2007)

[Mor04] MORGAN, Dane; VAN DER VEN, Anton und CEDER, Gebrand: Li conductivity in Li$_x$MPO$_4$ (M= Mn, Fe, Co, Ni) olivine materials. *Electrochemical and Solid-State Letters* (2004), Bd. 7(2):S. A30–A32

[Mun09] MUNROE, Paul Richard: The application of focused ion beam microscopy in the material sciences. *Materials characterization* (2009), Bd. 60(1):S. 2–13

[Nau01] NAUMAN, E. Bruce und HE, David Qiwei: Nonlinear diffusion and phase separation. *Chemical Engineering Science* (2001), Bd. 56(6):S. 1999–2018

[Nel11] NELSON, George J.; HARRIS, William M.; LOMBARDO, Jeffrey J.; IZZO JR, John R.; CHIU, Wilson K.S.; TANASINI, Pietro; CANTONI, Marco; COMNINELLIS, Christos; ANDREWS, Joy C.; LIU, Yijin ET AL.: Comparison of SOFC cathode microstructure quantified using X-ray nanotomography and focused ion beam–scanning electron microscopy. *Electrochemistry Communications* (2011), Bd. 13(6):S. 586–589

[New68] NEWMAN, John: Engineering design of electrochemical systems. *Industrial & Engineering Chemistry* (1968), Bd. 60(4):S. 12–27

[New75] NEWMAN, John und TIEDEMANN, William: Porous-electrode theory with battery applications. *AIChE Journal* (1975), Bd. 21(1):S. 25–41

[New04] NEWMAN, John und THOMAS-ALYEA, Karen E.: *Electrochemical systems*, John Wiley & Sons, 3. Aufl. (2004)

[Nym08] NYMAN, Andreas; BEHM, Mårten und LINDBERGH, Göran: Electrochemical characterisation and modelling of the mass transport phenomena in LiPF$_6$–EC–EMC electrolyte. *Electrochimica Acta* (2008), Bd. 53(22):S. 6356–6365

[Ohs09] OHSER, Joachim und SCHLADITZ, Katja: *3D Images of Material Structures*, WILEY-VCH Verlag (2009)

[Ora11] ORAZEM, Mark E. und TRIBOLLET, Bernard: *Electrochemical impedance spectroscopy*, Bd. 48, John Wiley & Son (2011)

[Pad97] PADHI, Akshaya K.; NANJUNDASWAMY, Kirakodu S. und GOODENOUGH, John B.: Phospho-olivines as Positive-Electrode Materials for Rechargeable Lithium Batteries. *Journal of the Electrochemical Society* (1997), Bd. 144(4):S. 1188–1194

[Pai75] PAIGE, Christopher C. und SAUNDERS, Michael A.: Solution of sparse indefinite systems of linear equations. *SIAM Journal on Numerical Analysis* (1975), Bd. 12(4):S. 617–629

[Ray92] RAYLEIGH, Lord: LVI. On the influence of obstacles arranged in rectangular order upon the properties of a medium. *The London, Edinburgh, and Dublin Philosophical Magazine and Journal of Science* (1892), Bd. 34(211):S. 481–502

[Rei13]   REIMERS, Jan N.; SHOESMITH, Mark; LIN, Yong Shou und VALØEN, Lars Ole: Simulating High Current Discharges of Power Optimized Li-Ion Cells. *Journal of The Electrochemical Society* (2013), Bd. 160(10):S. A1870–A1884

[Sal03]   SALVO, Luc; CLOETENS, Peter; MAIRE, Eric; ZABLER, Simon; BLANDIN, Jean Jacques; BUFFIÈRE, Jean-Yves; LUDWIG, Wolfgang; BOLLER, Elodie; BELLET, Daniel und JOSSEROND, Charles: X-ray micro-tomography an attractive characterisation technique in materials science. *Nuclear instruments and methods in physics research section B: Beam interactions with materials and atoms* (2003), Bd. 200:S. 273–286

[Sch94]   SCHMIDT, Peter Fritz; BARTZ, Wilfried J und WIPPLER, Elmar: *Praxis der Rasterelektronenmikroskopie und Mikrobereichsanalyse*, Bd. 444, expert Verlag Renningen-Malsheim (1994)

[Sch06]   SCHWARZ, Hans Rudolf und KÖCKLER, Norbert: *Numerische Mathematik*, Lehrbuch Mathematik, Teubner, Wiesbaden, 6., überarb. Aufl. (2006)

[Sch12]   SCHMIDT, Jan Philipp; TRAN, Hai Yen; RICHTER, Jan; IVERS-TIFFÉE, Ellen und WOHLFAHRT-MEHRENS, Margret: Analysis and Prediction of the Open Circuit Potential of Lithium-Ion Cells. *Journal of Power Sources* (2012), Bd. 239:S. 696–704

[She07]   SHEN, Lihua und CHEN, Zhangxin: Critical review of the impact of tortuosity on diffusion. *Chemical Engineering Science* (2007), Bd. 62(14):S. 3748–3755

[She10a]   SHEARING, Paul R.; GELB, Jeff und BRANDON, Nigel P.: X-ray nano computerised tomography of SOFC electrodes using a focused ion beam sample-preparation technique. *Journal of the European Ceramic Society* (2010), Bd. 30(8):S. 1809–1814

[She10b]   SHEARING, Paul R.; HOWARD, Lauran E.; JØRGENSEN, Peter Stanley; BRANDON, Nigel P. und HARRIS, Stephen J.: Characterization of the 3-dimensional microstructure of a graphite negative electrode from a Li-ion battery. *Electrochemistry communications* (2010), Bd. 12(3):S. 374–377

[Shi06]   SHIN, Ho Chul; CHO, Won Il und JANG, Ho: Electrochemical properties of the carbon-coated $LiFePO_4$ as a cathode material for lithium-ion secondary batteries. *Journal of Power Sources* (2006), Bd. 159(2):S. 1383–1388

[Sin08]   SINGH, Gogi K.; CEDER, Gerbrand und BAZANT, Martin Z.: Intercalation dynamics in rechargeable battery materials: General theory and phase-transformation waves in $LiFePO_4$. *Electrochimica Acta* (2008), Bd. 53(26):S. 7599–7613

[Smi07]   SMITH, Kandler A.; RAHN, Christopher D. und WANG, Chao-Yang: Control oriented 1D electrochemical model of lithium ion battery. *Energy Conversion and Management* (2007), Bd. 48(9):S. 2565–2578

[Smi09]   SMITH, Madeleine; GARCÍA, R. Edwin und HORN, Quinn C.: The effect of microstructure on the galvanostatic discharge of graphite anode electrodes in $LiCoO_2$-based rocking-chair rechargeable batteries. *Journal of The Electrochemical Society* (2009), Bd. 156(11):S. A896–A904

[Sri04]   SRINIVASAN, Venkat und NEWMAN, John: Discharge model for the lithium iron-phosphate electrode. *Journal of The Electrochemical Society* (2004), Bd. 151(10):S. A1517–A1529

[Ste07]   STEPHENSON, David E.; HARTMAN, Erik M.; HARB, John N. und WHEELER, Dean R.: Modeling of particle-particle interactions in porous cathodes for lithium-ion batteries. *Journal of the Electrochemical Society* (2007), Bd. 154(12):S. A1146–A1155

[Ste11]   STEPHENSON, David E.; WALKER, Bryce C.; SKELTON, Cole B.; GORZKOWSKI, Edward P.; ROWENHORST, David J. und WHEELER, Dean R.: Modeling 3D microstructure and ion transport in porous Li-ion battery electrodes. *Journal of The Electrochemical Society* (2011), Bd. 158(7):S. A781–A789

[Tor02]   TORQUATO, Salvatore: *Random heterogeneous materials: microstructure and macroscopic properties*, Bd. 16, Springer (2002)

[Wal12]   WALKER, Alan: *Invent or Discover: the art of useful science*, alanrwalker books (2012), ASIN: B007IHCFSS

[Wan05]   WANG, Chia-Wei; SASTRY, Ann Marie; STRIEBEL, Kathryn und ZAGHIB, Karim: Extraction of layerwise conductivities in carbon-enhanced, multi-layered $LiFePO_4$ cathodes. *Journal of The Electrochemical Society* (2005), Bd. 152(5):S. A1001–A1010

[Wan07]   WANG, Chia-Wei und SASTRY, Ann Marie: Mesoscale modeling of a Li-ion polymer cell. *Journal of The Electrochemical Society* (2007), Bd. 154(11):S. A1035–A1047

[Whi04]   WHITTINGHAM, M. Stanley: Lithium batteries and cathode materials. *Chemical Reviews* (2004), Bd. 104(10):S. 4271–4302

[Wie04]   WIENER, Otto Heinrich: Lamellare Doppelbrechung. *Phys. Z.* (1904), Bd. 5:S. 332–338

[Wil06]   WILSON, James R.; KOBSIRIPHAT, Worawarit; MENDOZA, Roberto; CHEN, Hsun-Yi; HILLER, Jon M.; MILLER, Dean J.; THORNTON, Katsuyo; VOORHEES, Peter W.; ADLER, Stuart B. und BARNETT, Scott A.: Three-dimensional reconstruction of a solid-oxide fuel-cell anode. *Nature materials* (2006), Bd. 5(7):S. 541–544

[Wil09]   WILSON, James R.; DUONG, Anh T.; GAMEIRO, Marcio; CHEN, Hsun-Yi; THORNTON, Katsuyo; MUMM, Daniel R. und BARNETT, Scott A.: Quantitative three-dimensional microstructure of a solid oxide fuel cell cathode. *Electrochemistry Communications* (2009), Bd. 11(5):S. 1052–1056

[Wil11]   WILSON, James R.; CRONIN, J. Scott; BARNETT, Scott A. und HARRIS, Stephen J.: Measurement of three-dimensional microstructure in a $LiCoO_2$ positive electrode. *Journal of Power Sources* (2011), Bd. 196(7):S. 3443–3447

[Win98]   WINTER, Martin; BESENHARD, Jürgen O.; SPAHR, Michael E. und NOVAK, Petr: Insertion electrode materials for rechargeable lithium batteries. *Advanced Materials* (1998), Bd. 10(10):S. 725–763

[Yan12]   YAN, Bo; LIM, Cheolwoong; YIN, Leilei und ZHU, Likun: Three Dimensional Simulation of Galvanostatic Discharge of $LiCoO_2$ Cathode Based on X-ray Nano-CT Images. *Journal of The Electrochemical Society* (2012), Bd. 159(10):S. A1604–A1614

[Zha10]   ZHANG, Wei-Jun: Comparison of the rate capacities of $LiFePO_4$ cathode materials. *Journal of The Electrochemical Society* (2010), Bd. 157(10):S. A1040–A1046

Werkstoffwissenschaft @ Elektrotechnik /
Universität Karlsruhe, Institut für Werkstoffe der Elektrotechnik

Die Bände sind im Verlagshaus Mainz (Aachen) erschienen.

Band 1   Helge Schichlein
          **Experimentelle Modellbildung für die Hochtemperatur-Brennstoff-
          zelle SOFC.** 2003
          ISBN 3-86130-229-2

Band 2   Dirk Herbstritt
          **Entwicklung und Optimierung einer leistungsfähigen Kathoden-
          struktur für die Hochtemperatur-Brennstoffzelle SOFC.** 2003
          ISBN 3-86130-230-6

Band 3   Frédéric Zimmermann
          **Steuerbare Mikrowellendielektrika aus ferroelektrischen
          Dickschichten.** 2003
          ISBN 3-86130-231-4

Band 4   Barbara Hippauf
          **Kinetik von selbsttragenden, offenporösen Sauerstoffsensoren
          auf der Basis von $Sr(Ti,Fe)O_3$.** 2005
          ISBN 3-86130-232-2

Band 5   Daniel Fouquet
          **Einsatz von Kohlenwasserstoffen in der Hochtemperatur-Brennstoff-
          zelle SOFC.** 2005
          ISBN 3-86130-233-0

Band 6   Volker Fischer
          **Nanoskalige Nioboxidschichten für den Einsatz in hochkapazitiven
          Niob-Elektrolytkondensatoren.** 2005
          ISBN 3-86130-234-9

Band 7   Thomas Schneider
          **Strontiumtitanferrit-Abgassensoren.
          Stabilitätsgrenzen / Betriebsfelder.** 2005
          ISBN 3-86130-235-7

Band 8   Markus J. Heneka
          **Alterung der Festelektrolyt-Brennstoffzelle unter thermischen
          und elektrischen Lastwechseln.** 2006
          ISBN 3-86130-236-5

Band 9   Thilo Hilpert
          **Elektrische Charakterisierung von Wärmedämmschichten mittels
          Impedanzspektroskopie.** 2007
          ISBN 3-86130-237-3

Band 10   Michael Becker
           Parameterstudie zur Langzeitbeständigkeit von Hochtemperatur-
           brennstoffzellen (SOFC). 2007
           ISBN 3-86130-239-X

Band 11   Jin Xu
           Nonlinear Dielectric Thin Films for Tunable Microwave Applications.
           2007
           ISBN 3-86130-238-1

Band 12   Patrick König
           Modellgestützte Analyse und Simulation von stationären Brennstoff-
           zellensystemen. 2007
           ISBN 3-86130-241-1

Band 13   Steffen Eccarius
           Approaches to Passive Operation of a Direct Methanol Fuel Cell. 2007
           ISBN 3-86130-242-X

Fortführung als

Schriften des Instituts für Werkstoffe der Elektrotechnik, Karlsruher Institut für Technologie (1868-1603)

bei KIT Scientific Publishing

Die Bände sind unter www.ksp.kit.edu als PDF frei verfügbar oder als Druckausgabe bestellbar.

Band 14   Stefan F. Wagner
           **Untersuchungen zur Kinetik des Sauerstoffaustauschs an
           modifizierten Perowskitgrenzflächen.** 2009
           ISBN 978-3-86644-362-4

Band 15   Christoph Peters
           **Grain-Size Effects in Nanoscaled Electrolyte and Cathode Thin Films
           for Solid Oxide Fuel Cells (SOFC).** 2009
           ISBN 978-3-86644-336-5

Band 16   Bernd Rüger
           **Mikrostrukturmodellierung von Elektroden für die Festelektro-
           lytbrennstoffzelle.** 2009
           ISBN 978-3-86644-409-6

Band 17   Henrik Timmermann
           **Untersuchungen zum Einsatz von Reformat aus flüssigen Kohlen-
           wasserstoffen in der Hochtemperaturbrennstoffzelle SOFC.** 2010
           ISBN 978-3-86644-478-2